华东地区丹霞地貌特征调查与研究

朱 诚 蔡天赦 杨昊坤 张 娜 等 著

国家科技基础性工作专项重点项目（2013FY111900）
国家自然科学基金面上项目（41371204，41571179） 共同资助
江苏省科技支撑计划项目（BE2014705）

科 学 出 版 社

北 京

内 容 简 介

本书是对国家科技基础性工作专项重点项目（2013FY111900）华东区丹霞地貌调查研究的总结，主要是对华东地区江西龙虎山和龟峰、福建武夷山和泰宁、浙江江郎山5处“中国丹霞”世界自然遗产和江西、福建、浙江、江苏、安徽五省其他共计45处包括世界地质公园、国家地质公园、国家级风景名胜区、全国重点文物保护单位、省级风景名胜区、省级文物保护单位、市政公园等开展的丹霞地貌、构造、岩性、植被、自然生态与文物保护现状的基础调查和岩体采样后的岩性分析、偏光显微镜鉴定、岩体抗压试验、造景地貌景观成因分析等，并对丹霞地貌的研究方法和华东地区丹霞地貌发育规律及特征进行了系统总结，对华东地区丹霞地貌成因研究提出了新思路和科学依据。

本书可供自然地理学、地貌学与地质学教学科研参考，对当前“中国丹霞”世界自然遗产地和各类丹霞地貌的地质成因调查具有较高参考价值，也可供地质学界、地貌学界、旅游学界相关工作人员、高等院校师生和丹霞地貌风景区管理人员参考。封面照片说明（照片均由朱诚拍摄）：上左，福建武夷山；上中，江西龟峰；上右，江西九仙山；下左，浙江汤江岩；下中，江西小武当山；下右，安徽齐云山五老峰。

图书在版编目（CIP）数据

华东地区丹霞地貌特征调查与研究 / 朱诚等著. —北京：科学出版社，2019.

ISBN 978-7-03-061370-7

Ⅰ. ①华… Ⅱ. ①朱… Ⅲ. ①丹霞地貌－研究－华东地区 Ⅳ. ①P942.570.76

中国版本图书馆 CIP 数据核字（2019）第 108816 号

责任编辑：王腾飞 / 责任校对：杨聪敏
责任印制：师艳茹

科学出版社出版

北京东黄城根北街16号
邮政编码：100717
http://www.sciencep.com

北京九天鸿程印刷有限责任公司印刷

科学出版社发行 各地新华书店经销

*

2019年6月第 一 版 开本：787×1092 1/16
2019年6月第一次印刷 印张：30
字数：780 000

定价：298.00 元

（如有印装质量问题，我社负责调换）

序　言

2010 年 8 月 1 日我国广东丹霞山、湖南崀山、福建泰宁、江西龙虎山和龟峰、贵州赤水、浙江江郎山这六处丹霞地貌成功申报世界自然遗产并被列入《世界自然遗产名录》推动了我国丹霞地貌景区旅游业的发展。我国丹霞地貌区分布的数量位居世界前列，但我国对丹霞地貌的成因研究过去比较薄弱。该书作者曾对上述丹霞地貌遗产地中的五处做过现场实地调研采样和试验地貌学的成因研究，其研究成果在国际 *Geomorphology* 杂志上的发表已为 2010 年“中国丹霞”成功申报世界自然遗产做出贡献。

2013 年以来，该书作者对华东地区江西、福建、浙江、安徽和江苏五省 45 处丹霞地貌区开展了多年野外现场调研、钻探采样、岩性偏光显微镜鉴定、岩体抗压试验、岩体孔隙率分析、地质构造图的整理和造景地貌成因调研分析。该书作者通过研究发现：华东地区丹霞地貌岩性主要由砂岩、砾岩和火山岩构成，其岩体抗压强度和孔隙率与岩石沉积过程和构造运动以及火山作用影响密切相关。

该书作者根据对华东地区 45 个丹霞地貌区的研究发现：华东地区丹霞地貌的形成除了受构造运动、流水侵蚀、弯道螺旋环流作用形成大量凹槽外，还可能会受山间盆地三角洲沉积相变化的影响，以及崩塌、滑坡、堆积、地震、泥石流、火山爆发、高温高压变质作用和风化作用等影响。华东地区不同丹霞地貌所受的河流作用、火山作用、喀斯特地貌作用以及崩塌滑坡、泥石流和地震等影响的强度不同，因此形成的丹霞地貌类型也不完全一致。

该书作者根据研究还发现：华东和我国很多地区的丹霞地貌主要形成于侏罗纪和白垩纪，很多丹霞地貌区可能受过天体撞击的影响因此保留有很多恐龙化石，它们是天体撞击的地质历史纪录证据。该书作者的该项研究成果表明：当前要解决在国际上我国丹霞地貌数量居多及其成因问题，应开展多学科综合交叉集成等合作研究。

该书是南京大学博士生导师朱诚教授和他的团队，经历了五年艰苦调研的成果总结和地学论著。特别是在 2014 年 9 月，朱诚教授在工作途中，不幸被超载货车撞成重伤，并经历两次开颅手术后，仍能坚持投身艰苦的野外调研，圆满完成了项目任务，他的勤勉敬业精神值得学习与弘扬。

值此论著出版之时，谨向朱诚教授和他的学生们表示祝贺！

中国科学院院士
发展中国家科学院院士
国际欧亚科学院院士

2017 年 11 月 22 日

前言

2010 年 8 月 1 日我国广东丹霞山、湖南崀山、福建泰宁、江西龙虎山和龟峰、贵州赤水、浙江江郎山这六处丹霞地貌区成功申报世界自然遗产并被列入《世界自然遗产名录》，从而推动了我国丹霞地貌景区旅游业的发展。我国从事丹霞地貌研究的创始人之一黄进先生经多年调研发现，我国丹霞地貌区有一千多处，其主要特征是顶平、坡陡、麓缓，从数量上看我国丹霞地貌位居世界首位。在丹霞地貌国际学术会议期间，国外学者曾提问：为何中国发育有一千多处丹霞地貌？中国的丹霞地貌是怎么形成的？回答和解决这一学术问题是当前我国在注重丹霞地貌旅游业发展的同时，应高度关注的多学科综合交叉集成研究的新领域。

本书作者曾在我国六处丹霞地貌申报世界自然遗产过程中对其中五处做过细致调研和成因研究，并在申遗成功之前就在国际 *Geomorphology* 杂志上发表中国首篇丹霞地貌研究论文。2013 年以来，作者在承担科技部科技基础性工作专项重点项目中，对华东地区江西、福建、浙江、安徽和江苏五省 45 处丹霞地貌区开展了多年野外现场调研、钻探采样、岩性偏光显微镜鉴定、岩体抗压试验、岩体孔隙率分析、地质构造图的整理和造景地貌成因调研分析。

通过对华东地区典型丹霞地貌的上述研究，发现该区丹霞地貌的地层大部分是侏罗系和白垩系地层，其岩性主要由 3 类构成：砂岩、砾岩和火山岩，砂岩以中细粒砂岩和不等粒砂岩为主；砾岩以粒状结构和块状结构为主，砾岩中砾石直径大小不一；火山岩中主要以火山碎屑岩、流纹岩和凝灰岩为主，并有较多侵入岩体入侵。同时，砂岩、砾岩岩屑中多含有火山岩岩屑，说明研究区丹霞地貌岩体沉积的母岩中含有火山岩成分，在红层盆地形成的过程中火山作用较为明显；岩石样品总体上呈现磨圆度中到差、分选较差的特征，说明丹霞地貌物质来源较近，可能来源于研究区周边深断裂上大大小小的隆起；填隙物以钙质、铁质和黏土杂基为主，含少量硅质填隙物。

华东地区丹霞地貌岩体单轴抗压强度有一定的区域特征，浙江和江西北部丹霞地貌岩体单轴抗压强度普遍较高，福建和江西南部相对较低，而各采样点之间岩体样品抗压强度波动性较大。火山岩对研究区丹霞地貌岩体特征产生较大影响，含有火山岩岩屑的砂岩、砾岩岩体抗压强度普遍高于不含火山岩岩屑的岩体。

岩石样品孔隙率试验表明其孔隙率对砂岩、砾岩和火山岩的岩性差异性起到一定指示作用，同一地区砂岩、砾岩总孔隙率相近，但砂岩孔隙率相对高于砾岩，砾岩孔隙率大于火山岩。砂岩、砾岩孔隙率的不同可以验证两者抗侵蚀能力的差异性。后期侵入的火山侵入岩孔隙率较低，形成不透水层，可对丹霞地貌岩体起到一定的保护作用。

美国地貌学家戴维斯（W. M. Davis）在对河流地貌类型划分时，提出老年期、壮年期和幼年期类型。河流地貌主要受地质构造抬升、河流下切、河流侵蚀、河流改道和弯道螺旋环流以及气候变化作用的影响。作者根据近年对华东地区 45 个丹霞地貌区和湖南崀山等地的调研对比发现，华东地区丹霞地貌的形成可不像河流地貌的形成过程那么简单。它除了受构造抬升、流水下切侵蚀、弯道螺旋环流作用形成大量凹槽外，还可能会受到山间盆地三角洲沉积相变化的影响，以及崩塌、滑坡、堆积、地震、泥石流、火山爆发、高温高压变质作用和风化作用等多种作用影响，所以不是仅用河流地貌学的老年期、壮年期、青年期和幼年期的划分就能为丹霞地貌类型做分类的。例如，将江西龙虎山丹霞地貌现状与地质构造图对比就会发现：在该区山间盆地边缘区存在老年期山峰，在山间盆地中间却存在青年期和幼年期地貌类型。

华东地区尤其是浙江省的丹霞地貌受火山作用影响显著，江郎山辉绿岩脉较多就是受火山作用影响所致。实际上华东不同丹霞地貌区受河流作用、火山作用、喀斯特地貌作用以及崩塌、滑坡、泥石流和地震等影响的强度不同，因此形成的丹霞地貌类型也不完全一致。

多年调研还发现：华东地区和我国很多地区的丹霞地貌主要形成于侏罗纪和白垩纪，很多地区可能受过天体撞击的影响，华东和广东南雄盆地等丹霞地貌区经常发现恐龙蛋和恐龙化石，它们同时也是天体撞击导致恐龙灭绝的地质历史记录。调研发现华东丹霞地貌区存在大量蚁狮，它自恐龙时代就已出现，尽管其物理风化作用相对微弱，但仍促进丹霞地貌区岩石后期的进一步风化，其对丹霞地貌岩石的风化量值得作进一步的深入研究。2016 年作者在贵州赤水丹霞地貌会议上曾提出：我国丹霞地貌已列入世界自然遗产名录，当前我国最需要的是调动多学科综合、交叉、集成等合作研究力量来及时揭开我国众多的丹霞地貌及其造景地貌究竟是如何形成的成因之谜。

作　者

2017 年 10 月 26 日

目　　录

第二篇　福建省丹霞地貌特征

第三篇 浙江省丹霞地貌特征

第四篇　安徽省丹霞地貌特征

第五篇 江苏省丹霞地貌特征

第六篇 丹霞地貌成因研究

第一篇　江西省丹霞地貌特征

［江西省概况］[①]

江西省简称“赣”，省会南昌。江西位于我国东南部，长江中下游以南，春秋战国时属楚、吴、越地，秦置九江郡，汉属扬州，东晋置江州，唐属江南西道，宋属江南东、西两路，元置江西行省，明设江西布政使司，清为江西省。现辖11个地级市、11个县级市、63个县及26个市辖区。全省面积16.71万平方千米，人口4592.3万，有汉、畲、回、蒙古、苗、满、壮等民族。2016年地区生产总值为18364.4亿元。

① 数据来源：江西省2016年国民经济和社会发展统计公报.

第1章 龙 虎 山

1.1 基 本 信 息

1. 名称及保护性命名

龙虎山位于江西省鹰潭市。从保护性命名看，1985 年被评为省级风景名胜区，1988 年被评为国家重点风景名胜区，1993 年被列入省级自然保护区，2001 年被评为国家地质公园，2007 年加入世界地质公园网络，2010 年 8 月被列入世界自然遗产名录，2012 年被评为国家 AAAAA 级旅游区。

2. 概况（面积/高程/位置/行政区划/交通）

龙虎山其景区面积 220km^2，其丹霞地貌区面积为 70km^2。从高程看，其最低海拔 50m，其最高海拔 327m，其一般海拔 120～220m。其经纬度范围北至 116°55′55″E、28°11′10″N，南至 117°03′35″E、27°57′54″N，东至 117°06′25″E、28°01′57″N，西至 116°54′44″E、28°08′43″N，中心点坐标 116°59′05″E、28°04′15″N。

在政区位置上，龙虎山位于江西省东北部，鹰潭市南 20km 的贵溪市境内。北起弋阳的弋江，南至上清镇天台山，西起鹰潭洪湖，东至铅山杨梅石，总体呈北东-南西向不规则带状展布。

在对外交通上，在航空领域，龙虎山到福建武夷山机场 116km、南昌昌北机场 150km、景德镇机场 150km。在铁路交通领域，浙赣、皖赣、鹰厦三大铁路干线在鹰潭交汇。在公路领域，其周边有沪昆高速、银福高速、济广高速和 206、316、320 国道。在水路领域，信江是江西五大河流之一，与鄱阳湖水系贯通，构成了鹰潭通江达海的黄金水道。鹰潭港是信江沿线之重要港口，市区有水陆联运码头 4 个，千吨级船舶可以直抵长江各口岸。

1.2 地 质 数 据

1. 地质概况

龙虎山位于江西省东部东西长约 180km、南北宽约 10～40km 的信江盆地，该盆地面积 3148km^2，呈狭长带状展布于武夷山脉与怀玉山脉之间。其形成的时代为白垩纪初，形成于含火山岩和火山岩碎屑的塘边组（K_2t）和河口组（K_2h）（图 1.1）。

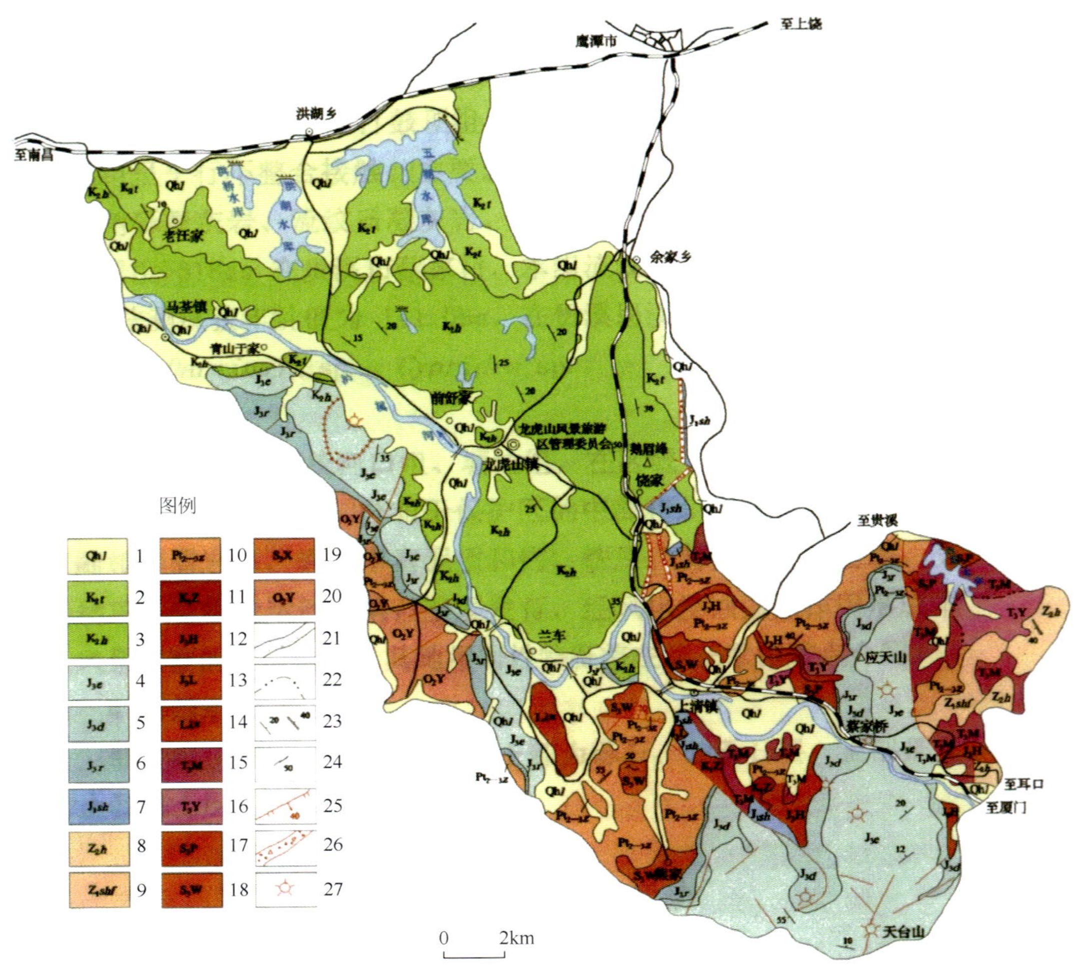

1、第四纪全新世联圩组：亚砂土、砾石层；2、白垩纪晚世塘边组：含砾砂岩；3、河口组：砾岩、砂质砾岩；4、侏罗纪晚世鹅湖岭组：流纹质熔结凝灰岩层；5、打鼓顶组：凝灰质粉砂岩，角砾凝灰岩；6、如意亭组：凝灰质粉砂岩、含砾砂岩；7、水北组：含砾石英粗砂岩；8、震旦纪晚世洪山组：云母片岩、石英片岩；9、震旦纪早世沙畈组：二云母片岩；10、晚远古代—中远古代周潭杂岩：二云母片岩、黑云斜长变粒岩、石榴硅线黑云片岩；11、白垩纪早世株树兜单元：细料白云母花岗岩；12、侏罗纪晚世化山岗单元：黑云钾长花斑岩；13、老雅尖单元：石英二长斑岩；14、老石港侵入体：流纹斑岩；15、三叠纪晚世满坑单元：细-微粒二云二长花岗岩；16、玉龙峰单元：细-微粒花岗闪长岩；17、志留纪晚世彭湾单元：细粒二长花岗岩；18、望古单元：细粒花岗闪长岩；19、小岭头单元：细粒英云闪长岩；20、奥陶纪中世洋背单元：细粒英云闪长岩；21、整合界线，不整合界线；22、脉动侵入界线；23、地层产状、片理产状；24、片麻理产状；25、正断层；26、硅化破碎带；27、火山口

图 1.1　龙虎山区域地质概况[1~3]

2. 地层描述

从地层特征看：其红层时代初始沉积为早白垩世，晚白垩世沉积结束。其 K_2lh 莲荷组总厚度 2600m；上部砖红-紫红色含砾砂岩、中细粒砂岩、粉砂岩；下部砾岩、砂砾岩、中细粒砂岩。其 K_2t 塘边组总厚度 462m；上部砖红色中粗粒砂岩、含钙细砂岩、粉砂岩；下部砖红色岩屑石英砂岩、细砂岩、粉砂岩，产恐龙蛋等化石。其 K_2h 河口组

总厚度 650m；主要为红色砾岩、砂砾岩、含砾砂岩、粉砂岩，产轮藻、恐龙蛋、恐龙骨骼等化石。河口组主要分布于地质公园的南侧，为河流相沉积，地层倾角为10°～28°，受南侧边界断层活动影响，越接近边界地层产状越陡，主要为硅铁质或钙质胶结的砾岩和砂质砾岩，质地坚硬，抗风化能力强，因此地貌景观以方山石寨、悬崖峭壁、孤峰、石林为主；而其间所夹钙质细-粉砂岩为相对较弱岩层，在流水的冲刷和溶蚀下易形成各种小型洞穴景观。塘边组主要分布于信江盆地的中部，为滨湖相、浅湖相及湖泊三角洲相沉积，以中、粗厚层砂岩为主，钙质泥质胶结，岩性变化相对稳定，以大型交错层理为特征，形成天然壁画[4～6]。

从沉积相看，其冲积扇相主要发育于晚白垩世河口组和莲荷组，多沿信江盆地南北缘断裂带分布。冲积扇体系是由中-粗砾岩、砾质粗砂岩、砾质砂岩及中-粗粒杂砂岩所组成。其冲积-辫状河相主要发育在塘边组下部，岩性为紫红色中-厚层状砂岩及薄层状粉砂岩，夹少量含砾细砂岩及薄层状粉砂岩，发育大型交错层理。

3. *岩性描述*

从砾岩岩性特征看，其粒级砾石约占 22%，最小的砂屑粒径为 0.1～0.3mm，以 1～3mm 居多；其颜色新鲜面呈灰紫色，胶结物褐红色（图 1.2）。其碎屑成分主要为石英岩和硅质岩；其胶结物以铁质胶结为主，含少量钙质胶结。其结构构造为巨厚层、块状，与砂岩互层，局部含粉砂质夹层。岩体多为强度抗性、坚硬，单轴干抗压强度108.33MPa，抗风化能力强。其地貌多为崖壁和正地貌。图 1.3 是河豚堡穿洞砾岩偏光显微镜照片。从砾岩试验数据看，其碎屑以不同程度碎裂和重结晶的硅质岩和含晶屑霏

图 1.2 龙虎山砾岩

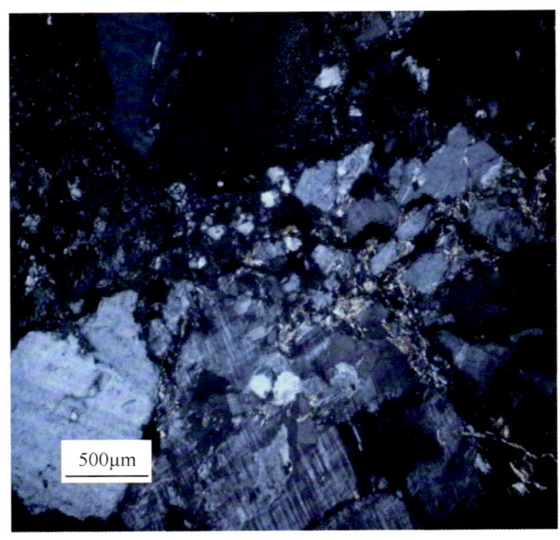

图 1.3　河豚堡穿洞砾岩偏光显微镜照片

细岩为主。具粒状变晶结构的石英岩为变质岩，具波状消光和变形纹的石英来自变质岩。被熔蚀的石英和长石晶屑应与霏细岩类的酸性熔岩有关。有些斜长石晶屑有碳酸盐化。还有少量白云母晶屑。

从其砂岩岩性看，其砂岩粒级岩屑分布不均，粒级差别大，0.01～2mm 都有；其颜色呈棕红色、肉红色、砖红色、紫红色；其碎屑成分主要有石英、石英岩屑、硅质岩屑；胶结物主要有赤铁矿、方解石、泥质；结构构造主要为巨厚层-薄层、块状或层状，与砾岩互层，含粉砂质、泥质夹层，孔隙率约为 5.06%。砂岩较软，但单轴抗压强度 52.18MPa，抗风化能力较强。图 1.4 左侧第 1 列为龙虎山地区采集的岩芯样品。

图 1.4　龙虎山等地岩芯样品

从其地貌特征看，主要为崖壁、正地貌，砾岩夹砂岩时凹进为岩槽或浅洞，泥岩夹砂岩突出为岩脊。根据对龙虎山象鼻岩和一线天采集的岩石样品试验数据看，主要为紫红色，含砂屑砂岩，砂屑成分复杂，以石英为主（65%），其余为石英岩屑、硅质岩屑（10%）和长石（斜长石、钾长石占5%）、白云母（7%）、黑云母（1%）砂屑。杂基为石英粉砂（4%）、黏土和铁矿物及其红褐色氧化物（8%）。

4. 构造描述

龙虎山的大地构造位置处于西太平洋欧亚大陆东南部、扬子古板块和华夏古板块接合带东端，南靠武夷山隆起带，北临信江河谷盆地（准平原化）。其主要构造线，中新生代盆地受北北东向构造及其伴生的北西向构造控制明显，新生代北北东向构造主要受婺源-宁都-安远断裂带控制。该区地层呈宽缓褶皱，并具有北东向、北西向和近东西向三组断层，发育有北北东、北东东、北北西3个方向的节理。

从总体构造特征看：印支运动后，赣东北处于滨太平洋大陆边缘活动区，经历了伸展拉张、碰撞挤压、拉张断陷等构造发展过程，造成了晚侏罗世大规模的岩浆侵入和火山喷发，在武夷山隆起带北侧形成一系列的北东、北北东向火山岩盆地，堆积成数千米以酸性火山岩为主的火山岩系。白垩纪，受太平洋板块北北西向左行走化滑和俯冲碰撞作用减弱而转入伸展拉张的影响，信江盆地由拗陷转化为断陷，沉积了数千米厚的红色陆源河湖相岩屑系列，叠覆于火山岩盆地之上，共同组成了“下灰上红”独特的叠合式盆地[6, 7]。

1.3 地 貌 属 性

1. 地貌单元

龙虎山在大地貌单元上属于武夷山余脉，在大地貌部位上属于西太平洋构造域华南构造区信江中生代断陷盆地中段，南靠武夷山隆起带，其总地势南高北低。其总体特征属于武夷隆起北段的北西翼，呈南高北低的地貌形态特征[8]。从地貌分类特征，本区自南向北可分4类：①中山，分布在本区南端天台山（海拔1124.8m）、中源寺（海拔1131m）一带，是在古老褶皱基底上叠加了中生代强烈的火山喷发，形成了平岗山和幽深峡谷的奇特景观。②低山，分布在本区上清镇应天山（海拔811m）、圣井（海拔1090m），类似中山的地质成因，都由火山岩、花岗岩、变质岩组成，地形切割强烈，山峰、深沟峡谷、瀑布发育。③高丘陵，分布在本区上清镇周围及鹰厦铁路以东和泸溪河以西的丘陵地带，由变质岩、花岗岩及晚侏罗世火山岩风化而成（海拔300～500m），植被发育，交通方便。④中丘陵（海拔100～300m），本区中部和北部的大部分面积均属中生代红色断陷盆地[9]。

2. 地貌类型

依据岩性，以砂砾岩丹霞为主，下部基本是砾岩丹霞，中上段即二三段砂岩砾岩互层，总体为砂砾岩丹霞。依据产状，近水平丹霞（＜10°）为主，也存在缓倾斜丹霞（10°～30°）；

河口组地层成层性突出，因此地貌表面的顺层微地貌（顺软岩层凹槽、岩槽、洞穴和顺硬岩层凸起、岩坎）发育；硬岩层面往往形成陡崖上的缓和台阶。

依据外动力，龙虎山在气候上属于湿润区丹霞，依据主动力属于水蚀丹霞。虽然，水是主动力，但风化和重力作用仍是重要的常规动力。除了峡谷谷壁之外，陡崖坡基本上是崩塌后壁或被风化、水蚀改造的坡面。图 1.5 反映了龙虎山地区典型的丹霞地貌。

图 1.5　龙虎山近水平岩层构成的丹霞石堡和斜层理构成的单面山

3. 坡面特性

依据形态看，该区坡面类型以直立坡和陡崖坡为主；大多山块均有多级陡缓相间的坡面特点。其正地貌主要为丹霞方山、丹霞石峰、丹霞崖壁、石梁、石墙、石柱、丘陵、孤峰、孤石、丹霞峰林峰丛、丹霞猪背山、单面山（图 1.6，图 1.7）。龙虎山正地貌还有崩积体特征，一般陡崖坡下均有崩积堆，有些地段陡崖坡下被河溪或坡面流水侵蚀则无崩积堆。

图 1.6　文豪峰

图 1.7　龙虎山赤壁丹霞崖壁景观

龙虎山的负地貌有丹霞沟谷，线谷和巷谷、峡谷、围谷、深切曲流、宽谷均发育；崖壁岩槽，顺层凹槽、顺层岩槽、竖向沟槽均十分发育；丹霞洞穴，顺层洞穴、水平洞穴、穿层洞穴、穹形洞穴、蜂窝状洞穴、竖向洞穴、崩积洞穴、溶蚀洞穴、沟穸壶穴均十分发育。丹霞穿洞与石拱，侵蚀与风化穿洞、石拱、天生桥等均已发现多处，崩积石拱在沟谷和缓坡均有分布（图 1.8）。

图 1.8 壁龛式洞群

从发育阶段看，龙虎山处于壮年晚期丹霞或老年早期（簇群式宽谷-峰林-峰丛型丹霞，图 1.9）。平缓山顶面少于 10%，群体组合疏密相间，剥蚀量 55%～70%，其形成分为以下

图 1.9 簇群式（组团式）宽谷-峰林-峰丛型丹霞

阶段：①白垩纪末期，红盆结束沉积，进入丹霞地貌演化初期；②早期阶段，盆地边缘红层受构造及流水等作用形成一线天等景观，盆地中部及过渡地带则为信江冲积平原；③中期阶段，盆地边缘丹霞地貌发育已不如青年晚期至壮年早期阶段，信江两岸则进入幼年至青年阶段，过渡地带则零星发育，处于幼年阶段；④现阶段盆地，边缘处于壮年晚期至老年早期阶段，盆地中部处于幼年至青年阶段，过渡地带大部地区属于丹丘地貌，仅断层及水系发育地带发育丹霞地貌，处于青年至壮年期。

龙虎山丹霞石峰、石堡、石墙、石柱等簇群状散布在较宽阔的谷地中，山块疏密相间；山石高低、大小对比强烈，形成变化万千的丹霞地貌群体景观[6]。龙虎山陡崖的最大高度是257.5m，一般高度100～150m，陡崖最大坡度90°，一般坡度70°～90°，坡面形态平直型、波浪型、横向槽脊型均有。其边角特点以圆化型为主，崩塌面局部保持棱角型[10, 11]。

4. 重要景观

标志性景观主要有赤壁丹崖、簇群式宽谷-峰林-峰丛。

从个性化景观看，龙虎山丹霞地貌有仙女岩、仙水岩、象鼻山、金枪峰峰丛。

龙虎山的地貌造型景观有莲花石、排衙峰、僧尼峰、文豪峰、仙桃石、老人峰、一线天、马祖岩穿洞等。龙虎山的综合景观如图1.10所示。

图1.10　龙虎山田园景观

1.4　自然地理环境

1. 自然环境

龙虎山的气候类型，属于中亚热带湿润季风气候江南气候，1月均温5.3℃，7月均温

29.6℃，年均温 18.7℃，年降水量 1889.2mm。河流主要有泸溪河，流域面积 1076.4km^2，总径流量 6.63×10^{8}m^3，区内流程从南东往北西流经龙虎山园区，长 43km，丰水期 6～8 月。另一条是罗塘河，流域面积 646km^2，总径流量 7.23×10^{8}m^3，区内流程全长 72km，丰水期 6～8 月，罗塘河亦属于信江中段一级支流。

龙虎山土壤类型属于红壤类型，该区土壤具有明显的垂直分带特点。其土壤肥力因地而异。在海拔 30～50m 的河谷平原区，主要为冲积土和水稻土，一般有机质含量为 2%～2.5%、氮 0.089%～0.122%、磷 0.03%～0.0327%、速效钾 35～40ppm①，为耕地的主要土壤类型。在海拔 50～500m 的低山丘陵区，分布有大量酸性紫色土和红壤。有机质含量为 2.215%～2.58%、氮 0.108%～0.134%、磷 0.035%～0.147%、速效钾 91～120ppm，适合各种经济作物生长。海拔 500m 以上的中低山区，分布有山地黄壤和山地草甸土，成土母岩为花岗岩、变质岩和砂页岩等，一般显弱酸性。

该区植被属于亚热带季风常绿阔叶林，共 9 个植被类型：亚热带常绿阔叶林、亚热带针叶林、亚热带针阔混交林、常绿落叶阔叶混交林、高山矮林、亚热带竹林、人工经济林、不稳定落叶灌丛和疏林。其植被种类有乔木类、灌丛类、竹类和药材等四大类计 101 科、254 属、800 余种植物，其特色植物有南方红豆杉；国家 I 级重点保护植物 2 种；国家II级重点保护植物 18 种。

该区动物种类有鸟类 170 种以上，兽类 40 余种，鱼类计有 8 目 15 科 47 种，蛇类 10 种，蛙类 8 种，昆虫更是种类繁多，其中蝶类共计 8 科 40 余种，较名贵珍稀的有蛱蝶科的大豹蛱蝶和凤蝶科的玉带凤蝶。特色动物有华南虎、金钱豹、黑熊、云豹、苏门羚、眼镜蛇、虎纹蛙，并有国家 I 级重点保护野生动物（华南虎、金钱豹、云豹），国家II级重点保护野生动物 18 种，江西省重点保护野生动物 20 多种。

其综合自然地理环境是中亚热带丘陵森林景观（图 1.11）。

图 1.11 龙虎山泸溪河绿海丹峰景观

① ppm 含量浓度（parts per million），以溶质质量占全部质量的百万分比来表示含量或深度，也称百万分比含量/浓度。

从自然环境变化状况看，该区森林覆盖率 57.4%，林木绿化率 59.7%，基本无水土流失和荒漠化迹象，红层生态问题主要有外围林木的破坏与人工林化。

2. 地质环境

该区地质环境主要有崩塌灾害，崩塌落石现象比较常见，两处为崩塌堆积景观（拇指石、脸谱石）。其次是滑坡灾害，排衙石由大大小小的 11 处滑坡构成。野外调查表明，龙虎山景区范围内不具备发生泥石流的条件。总体来看，该区有灾害性气候，如霜冻（2008 年）、暴雨等，对地质灾害发育影响很大。某些危岩体（如金枪峰、象鼻山）在触发因素（如暴雨、地震、开山放炮）影响下，可能发生崩滑。其他地质环境问题主要是局部山顶植被破坏后的强侵蚀，导致山顶成裸岩。

1.5　地方文化及开发利用

1. 地方文化

龙虎山地区基本上是汉族，其宗教是道教，有上清宫、天师府、正一观等多处道观（图 1.12，图 1.13），该区建筑是客家与内地（徽派、赣派、浙派）风格相结合的复合型。该区史迹主要有张道陵到此炼丹，成为道教正一派“祖庭”；陆九渊创建的象山精舍（象山书院），是中国古代哲学中“顿悟心学”派的发源地；金龙峰马祖岩是马祖道早期参禅悟道的场所。丧葬文化主要是仙女岩的崖墓群，民俗活动为国家重点文物保护单位（崖墓群）的升棺表演。

图 1.12　天师府

图 1.13　正一观

2. 利用现状

从利用类型看，仙水岩、正一观、上清宫、马祖岩、天门山、应天山景区已作旅游开发。利用程度方面，已开放景区多个，初步利用，并推出观光产品。交通与设施方面，外部交通发达，内部联通较差，保护状况良好。

参 考 文 献

[1] 中国地质大学（北京），龙虎山世界地质公园管理委员会. 江西龙虎山世界地质公园总体规划，2009.

[2] 中国丹霞地貌世界自然遗产提名地-龙虎山-龟峰国家级风景名胜区（专家评审稿），2008.

[3] 江西省城乡规划设计研究院. 龙虎山风景名胜区总体规划（2012～2025），2012.

[4] 朱志军，黄宝华，郭福生，等. 江西龙虎山世界地质公园白垩系辫状河相沉积及其丹霞地貌发育特征. 地球学报，2013，33（3）：379～387.

[5] 任舫. 龙虎山地质公园丹霞地貌成因模式研究. 北京：中国地质大学（北京），2009.

[6] 郭福生，姜勇彪，胡中华，等. 龙虎山世界地质公园丹霞地貌成景系统特征及其演化. 山地学报. 2011，29（02）：195～201.

[7] 姜勇彪，郭福生，刘林清，等. 江西信江盆地丹霞地貌形成机制分析. 热带地理，2011，31（02）：146～152.

[8] 姜勇彪. 江西信江盆地丹霞地貌研究. 成都：成都理工大学，2010.

[9] 欧阳杰. 中国丹霞地貌申报世界自然遗产提名地试验地貌学研究. 南京：南京大学，2010.

[10] Zhu C，Peng H，Ouyang J，et al. Rock resistance and the development of horizontal grooves on Danxia slopes. Geomorphology. 2010，123（1-2）：84～96.

[11] 朱诚，马春梅，张广胜，等. 中国典型丹霞地貌成因研究. 北京：科学出版社，2015.

第2章 龟 峰

2.1 基本信息

1. 名称及保护性命名

龟峰位于江西省上饶市。从保护性命名看，其丹霞地貌区作为龙虎山地质公园的一部分于2007年被列入世界地质公园网络，并于2010年被列入世界自然遗产名录，2000年被评为国家森林公园，2001年被评为国家地质公园、国家AAAA级旅游区，2004年被评为国家级风景名胜区。

2. 概况（面积/高程/位置/行政区划/交通）

龟峰其景区面积97km^2，其丹霞地貌区面积为85km^2。从高程看，其最低海拔48m，其最高海拔401.10m，其大部分山峰海拔120～280m。其经纬度范围北至117°24′45″E、28°19′42″N，南至117°24′06″E、28°17′45″N，东至117°25′27″′E、28°18′23″N，西至117°23′41″E、28°19′14″N，中心点坐标117°24′16″E、28°20′16″N。

在政区位置上，龟峰位于江西省上饶市弋阳县近郊。东以规划的城西路为界；南起张家，经汪家、桃家、禾坑丁家、蒋家桥至刘家源；西起刘家源，经黄家坞、沿圭港公路、里山塘、坂背、水碓李家、老屋周家、湾里郑家、杨树桥至龟峰大道；北起龟峰大道，沿康伯路至城西路[1, 2]。

在对外交通上，在航空领域，龟峰最临近福建武夷山机场。在铁路领域，西距华东地区铁路枢纽之一的鹰潭站40km，东至上饶火车站50km。在公路领域，其周边有320国道、沪昆高速。在水路领域，信江是江西五大河流之一，穿弋阳而过，四季通航。

2.2 地质数据

1. 地质概况

龟峰位于江西省东部东西长约180km、南北宽约10～40km的信江盆地，该盆地面积3148km^2，呈狭长带状展布于武夷山脉与怀玉山脉之间。其形成的时代为白垩纪初，形成于含火山岩和火山岩碎屑的塘边组（K_2t）和河口组（K_2h）。

2. 地层描述

从地层特征看：其红层时代初始沉积为早白垩世，晚白垩世沉积结束。其K_2h河口组总厚度682.3m；紫红、砖红色砾岩、砂岩为主，夹含砾砂岩、中细粒砂岩，局部夹粉砂岩团块。其 K_2t 塘边组上部砖红色中粗粒砂岩、含钙细砂岩、粉砂岩；下部砖红色岩屑石英砂岩、细砂岩、粉砂岩，产恐龙蛋等化石。

河口组为山麓洪冲积扇-辫状河沉积相组合，底部常超覆于早白垩世地层之上。塘边组主要分布于信江盆地的中部，为滨湖相、浅湖相及湖泊三角洲相沉积，以中、粗厚层砂岩为主，钙质泥质胶结，岩性变化相对稳定，以大型交错层理为特征，形成天然壁画[3]。

冲积扇相主要发育于晚白垩世河口组和莲荷组，多沿信江盆地南北缘断裂带分布。冲积扇体系是由中-粗砾岩、砾质粗砂岩、砾质砂岩及中-粗粒杂砂岩所组成。冲积-辫状河相主要发育在塘边组下部，岩性为紫红色中-厚层状砂岩及薄层状粉砂岩，夹少量含砾细砂岩及薄层状粉砂岩，发育大型交错层理。

图 2.1 龙虎山-龟峰区域地质背景略图[4~6]

1 第四纪；2 晚白垩世莲荷组；3 晚白垩世塘边组；4 晚白垩世河口组；5 晚白垩世周田组；6 晚白垩世茅店组；7 早白垩世武夷群；8 前白垩纪；9 花岗岩；10 不整合界线；11 平行不整合界线；12 断层；13 韧性剪切带；14 古板块缝合线；15 恐龙骨骼化石；16 恐龙蛋化石

3. 岩性描述

从砾岩岩性特征看，其砾石粒级大小约 2～5mm，砂质碎屑颗粒粒径 0.5～2.0mm。颜色呈紫红色或棕红色，碎屑成分中岩屑 40%、长石 5%、石英 20%，胶结物为钙质胶结物，少量铁质氧化物。其结构构造以粗粒砂状-砾状结构为主，呈块状构造。其较为坚硬，单轴干抗压强度可达 90.70MPa，抗风化能力较强，地貌表现为崖壁、正地貌，有时见凹槽（图 2.2）。采样点龟源山庄海拔 170m、温度 32℃，经纬度 117°24′01″E、28°17′49″N，共采集 10～15cm 长度的砾岩岩芯 19 个。岩芯分析发现，以粗粒砂状-

砾状结构为主，碎屑颗粒分选差，磨圆度较好，以次圆状为主。岩石由 40%砾石、25%粗粒砂质碎屑和 35%填隙物组成。岩屑以酸性火山岩（熔结凝灰岩）岩屑为主，少量泥岩岩屑、浅变质石英砂岩岩屑（具有片理构造）、硅质岩岩屑等。长石主要为条纹长石。填隙物为黏土杂基（12%）、细砂-粉砂质碎屑（20%）、钙质胶结物（3%），少量铁质氧化物（图 2.3）。

图 2.2　龟峰砾岩地貌

图 2.3　龟峰砾岩偏光显微镜照片

从砂岩岩性分析看，其中粗粒碎屑约 45%，粒径为 0.3～1.4mm；细碎屑约 30%，粒径以0.1～0.2mm为主。颜色呈棕红色和砖红色。碎屑成分岩屑30%、石英40%、长石5%，胶结物主要为钙质胶结物和铁质氧化物。结构构造呈不等粒砂状结构和块状构造。抗压强度较为软弱，单轴干抗压强度可达38.26MPa，抗风化能力较弱。地貌主要为崖壁、正地貌，有时可见凹槽。图2.4为红色细-粉砂岩中发育的龟裂构造。岩芯分析发现碎屑颗粒占75%，岩屑以酸性火山岩岩屑为主，少量泥岩岩屑。填隙物占25%，主要为黏土杂基、铁质氧化物和钙质胶结物。钙质胶结物分布很不均匀，多局部富集呈斑块状充填于砂质碎屑颗粒之间（图2.5）。图2.6右侧最下方为作者在龟峰地区采集的岩芯采样。

图2.4 红色细-粉砂岩中发育的龟裂构造

图2.5 龟峰砂岩偏光显微镜照片

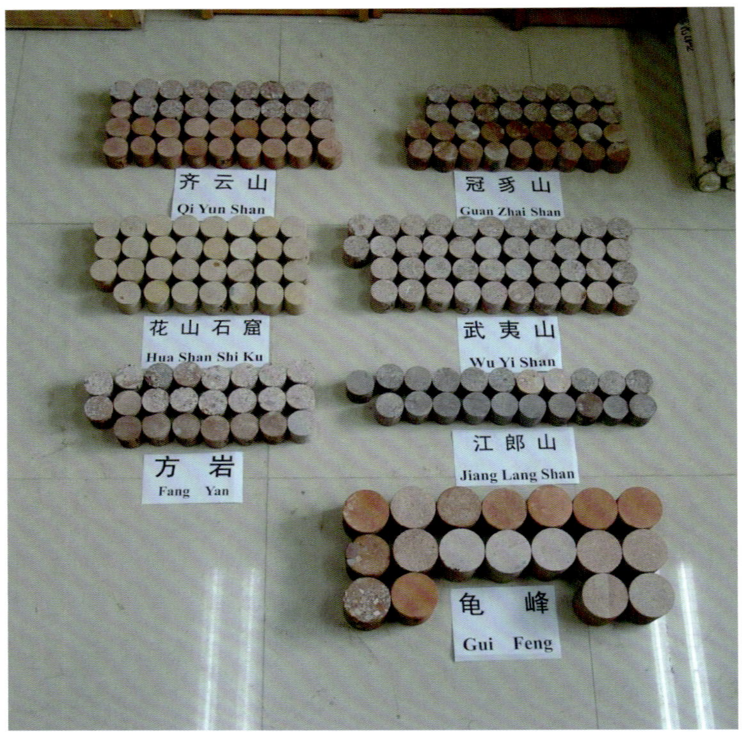

图 2.6　采集的岩芯样品照片

4. 构造描述

大地构造位置，龟峰与龙虎山相近，位于西太平洋欧亚大陆东南部、扬子古板块和华夏板块古接合带东端，南靠武夷山隆起带，北临信江河谷盆地（准平原化）。主要构造线，中新生代盆地受北北东向构造及其伴生的北西向控制明显，新生代北北东向构造受婺源-宁都-安远断裂带控制。褶皱同为宽缓褶皱，断层为北东向、北西向和近东西向三组断层。主要发育 3 个方向的节理，即北北东、北东东、北北西。

龟峰地区总体构造特征与龙虎山地区相同。

2.3　地 貌 属 性

1. 地貌单元

龟峰在大地貌单元上与龙虎山相同。在地势上由南西向北东逐渐降低。龟峰地处信江中段弋江南岸，发育峰林、峰丛、石柱、孤峰、残石、残丘、石梁、石墙、穿洞、天生桥、宽阔谷地、准平化湖泊等丹霞地貌景观。

2. 地貌类型

龟峰地区地貌类型与龙虎山相同，图 2.7 为龟峰近水平岩层构成的丹霞石堡。

图2.7 龟峰近水平岩层构成的丹霞石堡

龟峰地区丹霞地貌形成的外动力与龙虎山相同，属于湿润区丹霞地貌，主动力属于水蚀丹霞地貌，风化和重力作用是重要的常规动力。除了峡谷谷壁之外，陡崖坡基本是崩塌后壁或被风化、水蚀改造的坡面。

依据单体形态其正地貌的坡面类型与龙虎山相近，图2.8为龟峰地区的展旗峰，呈缓倾斜岩层构造。

图2.8 缓倾斜岩层构成的单面山（展旗峰）

龟峰负地貌与龙虎山相近，包括丹霞沟谷，线谷、巷谷、峡谷、围谷、深切曲流、宽谷均发育；崖壁岩槽，顺层凹槽、顺层岩槽、竖向沟槽均十分发育；由于丹霞组岩性的垂直差异较大，顺层沟槽比较发育，加上坡面流水侵蚀的竖向沟槽使得地貌坡面十分复杂；丹霞洞穴，顺层洞穴、水平洞穴、穿层洞穴、穹形洞穴、壁龛式洞穴、蜂窝状洞穴、竖向洞穴、溶蚀洞穴、沟谷壶穴均十分发育；丹霞穿洞与石拱，崩积石拱在沟谷和缓坡均有分布。

该区群体形态，主要有簇群式（组团式）宽谷-峰林-峰丛型，其发育阶段属于壮年晚期丹霞或老年早期[7, 8]。平缓山顶面少于 10%，群体组疏密相间，剥蚀量超过 55%～70%。其形成与龙虎山相同。

3. 坡面特性

龟峰陡崖的最大高度为 210m，一般高度 80～120m；陡崖最大坡度 90°，一般坡度 70°～90°；坡面形态平直型、波浪型、横向槽脊型、竖向槽脊型均有。边角特点圆化型为主，崩塌面局部保持棱角型。

4. 重要景观

龟峰的标志性景观是展旗峰，其个性化景观是老人石、兔子峰、骆驼峰、神龟迎宾。其地貌造型主要有龟峰湖、龟三叠、孝子哭坟、南天一柱等（图 2.9）。

老人石

兔子峰

孝子哭坟

神龟迎宾

图 2.9　龟峰标志性丹霞景观

2.4 自然地理环境

1. 自然环境

龟峰地区气候类型为中亚热带湿润季风气候。河流为信江，流域面积 15941km^2，总径流量 95×10^{8}m^3，区内流程 25km，丰水期 6～8 月。信江干流位于信江盆地的中部，主河道长 356km，其两岸分布大量的丹霞地貌，III类水质。

龟峰地区土壤同属红壤类型，土壤具有明显的垂直分带特点，与龙虎山相同。图 2.10 为清水湖，是龟峰地区中亚热带丘陵森林景观。

图 2.10 清水湖景观

2. 地质环境

该区有崩塌灾害，在丹霞地貌区，由于凹槽和洞穴的不断扩大，顶部凌空的岩体在重力作用下，便会沿着破裂面崩塌滑落，形成崩积石[8]（图 2.11），但少见滑坡灾害，而且龟峰景区范围内不具备发生泥石流的条件。综合来看，龟峰对安全具有较大威胁的主要地

图 2.11 龟峰崩积石

质灾害是崩塌或落石；滑坡灾害主要发生在修路和人工建筑切坡处，一般规模较小。

其他地质环境问题是局部山顶植被破坏后的强侵蚀，导致山顶成为裸岩区。

2.5　地方文化及开发利用

1. 地方文化

该区民族主要是汉族，有部分畲族。宗教为佛教。主要建筑有叠山书院、儒学宫、将军楼、文星塔、方志敏纪念馆。史迹有摩崖石刻、古驿道、谢叠山墓（图 2.12）。

龟峰摩崖石刻

图 2.12　龟峰地区著名景点

2. 利用现状

龟峰大部分景区已开发利用，已开放景区具有观光产品；交通设施与外部交通发达，内部联通较差，保护状况良好。

参 考 文 献

[1] 龙虎山 • 龟峰风景名胜区遗产管理协调委员会. 龙虎山（龟峰）世界自然遗产提名地保护管理规划（2008～2012），2008.

[2] 中国丹霞地貌世界自然遗产提名地-龙虎山-龟峰国家级风景名胜区（专家评审稿），2008.

[3] 姜勇彪，郭福生，刘林清，等. 江西信江盆地丹霞地貌形成机制分析. 热带地理，2011，31（02）：146～152.

[4] 朱志军，黄宝华，郭福生，等. 江西龙虎山世界地质公园白垩系辫状河相沉积及其丹霞地貌发育特征. 地球学报，2013，33（3）：379～387.

[5] 中国地质大学（北京），龙虎山世界地质公园管理委员会. 江西龙虎山世界地质公园总体规划，2009.

[6] 陈娟. 弋阳盆地构造特征与构造演化研究. 合肥：合肥工业大学，2016.

[7] 姜勇彪. 江西信江盆地丹霞地貌研究. 成都：成都理工大学，2010.

[8] 欧阳杰. 中国丹霞地貌申报世界自然遗产提名地试验地貌学研究. 南京：南京大学，2010.

第 3 章　会昌汉仙岩

3.1　基 本 信 息

1. 名称及保护性命名

汉仙岩风景区位于江西省赣州会昌县筠门岭境内，坐落在闽、粤、赣三省交界处，为赣南最为典型的丹霞地貌景观，自古以来就有“虔南第一山”和“江南小蓬莱”的称誉。从保护性命名看，1995 年被评为省级重点风景名胜区，2010 年被列为国家级水利风景区，2011 年被评为国家 AAAA 级旅游风景区，2017 年入选国家级风景名胜区。

2. 概况（面积/高程/位置/行政区划/交通）

会昌汉仙岩其景区面积 75km^2，其丹霞地貌区面积为 41.5km^2。从高程看，其最低海拔 200m，其最高海拔 550m，一般高度 200～300m。其经纬度范围北至 25°13′8″N、115°46′37″E，南至 25°7′52″N、115°49′55″E，东至 25°9′04″N、115°50′17″E，西至 25°10′34″N、115°46′05″E。

在政区位置上，会昌汉仙岩位于江西省赣州市会昌县，筠门岭镇东南约 5km。在交通上，至赣州黄金机场 129km，距赣龙铁路会昌北站 45km，紧邻 S325，西距 G35 筠门岭出口仅 10km。

3.2　地 质 数 据

1. 地质概况

会昌汉仙岩位于信江盆地。其晚侏罗世岩浆侵入和火山喷发，在武夷山隆起地带形成了一系列的北东、北北东向火山岩盆地（图 3.1）。

2. 地层描述

从地层特征看：其红层时代初始沉积茅店组（K_2m），为会昌盆地白垩纪红层最底部沉积。呈北北东向展布，角度不整合地覆于印支期花岗岩体之上。

茅店组分为两段。第一段（K_2m^1）分布在站塘乡一带，红层主要以洪积相、山麓相沉积为主。岩石沿走向相变较大，与下伏片岩、片麻岩呈断层接触或不整合接触。下部岩层主要由粗中砾岩、砂砾岩组成。中部可见橄榄玄武岩、角闪安山岩夹层。上部岩层主要由紫红色砾岩、长石石英砂岩、粉砂岩、泥岩组成，自下而上呈现出由粗变细的层序。

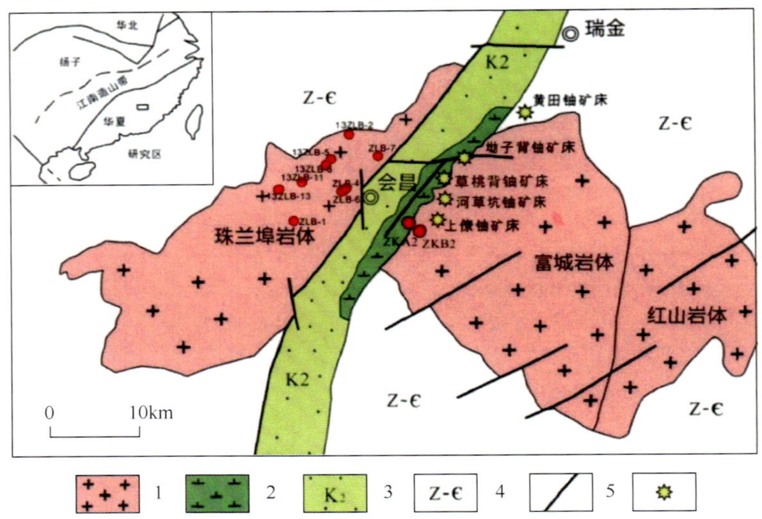

1-花岗岩；2-早白垩世火山岩；3-晚白垩世赣州组红色碎屑沉积岩；
4-震旦系-寒武系地层；5-断裂破碎带

图 3.1　会昌地区地质简图[1]

茅店组第二段（K_2m^2）分布在会昌站塘西侧和盆地的南缘，该段主要为河流冲积相沉积。地层中下部岩石的颜色为紫红色，岩石组成为砾岩、砂砾岩、细砂岩和泥岩。该段地层的中上部岩石颜色为紫红色，碎屑颗粒主要由厚层状砾岩、砂砾岩、长石石英砂岩和薄层状砂砾岩组成。

周田组（K_2z）出露于会昌盆地东部的筠门岭镇，以湖泊相的细碎屑岩沉积为主，岩性为紫红色钙质粉砂岩、黄色薄层状泥岩与紫红色粉砂岩、泥岩呈不等厚互层，间夹数层杂色泥岩。

3. *岩性描述*

从砾岩岩性特征看，其砂质碎屑颗粒粒径 3～7mm。颜色新鲜面呈褐红色，碎屑成分有石英、长石碎屑以及火山岩、硅质岩等，胶结物主要为铁质胶结物和硅质胶结物。其结构构造为巨厚层，块状，与砂岩互层。其单轴干抗压强度 101.74MPa，抗风化能力强。地貌表现多为崖壁、石柱、石峰等正地貌。该砾岩样品采样点在济广高速公路汉仙亭观景台旁。图 3.2 为会昌盆地茅店组砾岩。图 3.3 为会昌砾岩的偏光显微镜照片。

从采集的砂岩岩性分析看，其粒级为巨粒砂岩-细粒砂岩（2～0.125mm）。颜色呈棕红色、紫红色；碎屑成分石英、长石和黑云母，胶结物主要为钙质和铁质胶结物。结构构造呈巨厚层，块状和层状，与砾岩互层，含粉砂质夹层。岩体单轴干抗压强度 8.39MPa，抗风化能力弱。地貌表现一般为崖壁、石柱、石峰等正地貌以及崩塌堆积。图 3.4 为会昌盆地茅店组砂岩。图 3.5 为会昌地区砂岩偏光显微镜照片。图 3.6 为采集的岩芯样品照片。

图 3.2　会昌盆地茅店组砾岩

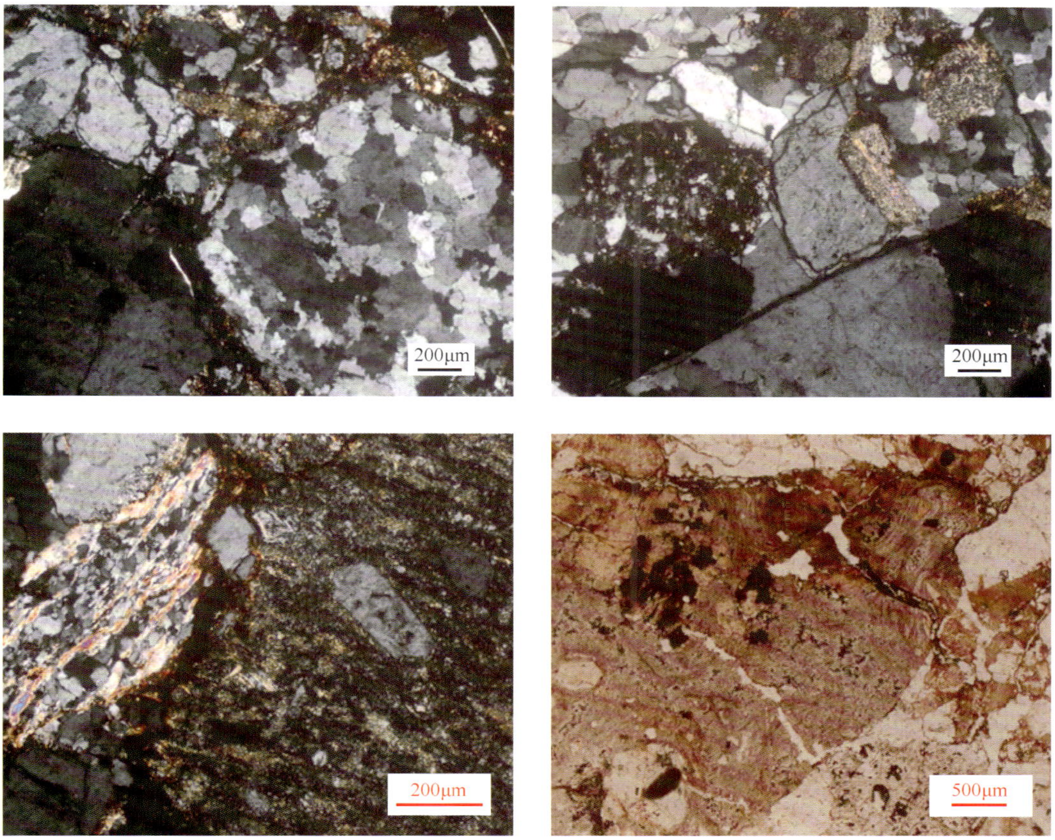

图 3.3　会昌地区砾岩偏光显微镜照片

左上图为正交偏光，砾岩中的石英岩岩屑；右上图为正交偏光，砾岩中的长石碎屑，发育次生加大边；左下图为正交偏光，砾岩中的火山岩岩屑（凝灰岩）和片岩岩屑；右下图为单偏光，砾岩中的火山岩岩屑

图 3.4　会昌盆地茅店组砂岩

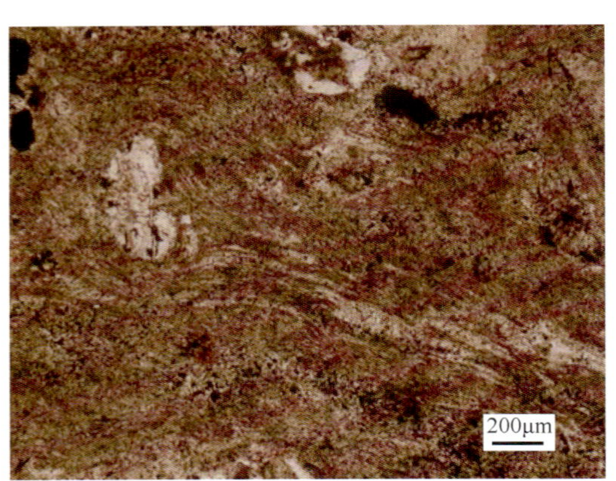

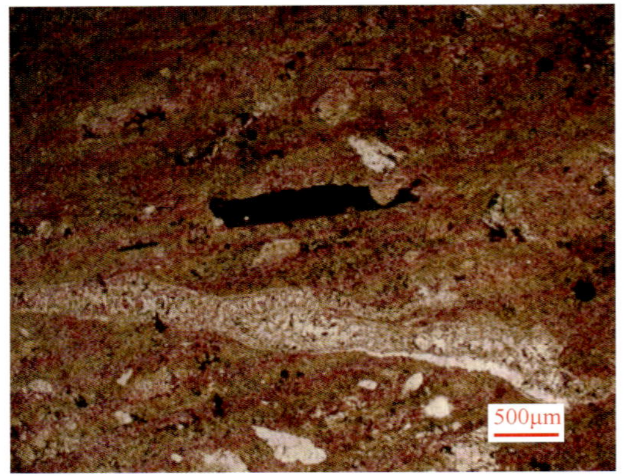

图 3.5　会昌地区砂岩偏光显微镜照片

左图为正交偏光，熔结凝灰岩，具假流纹构造，塑变玻屑与少量浆屑大致平行排列，并绕晶屑弯曲；右图为单偏光，熔结凝灰岩，含浆屑和强烈暗化的黑云母晶屑

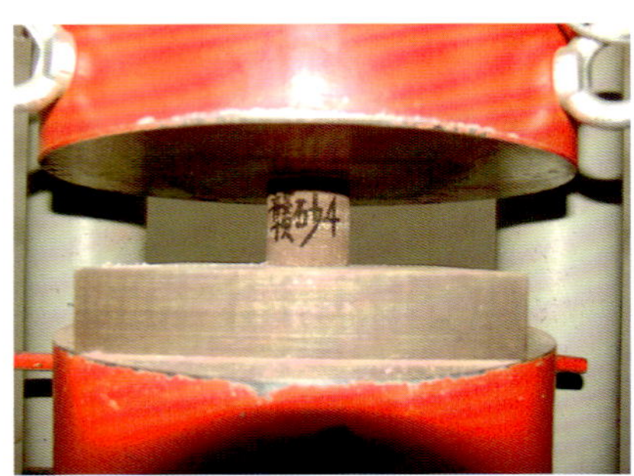

图 3.6　采集的岩芯样品照片

4. 构造描述

从大地构造位置看：会昌盆地位于加里东期和印支-燕山期形成的武夷山造山带西缘，邵武-河源断裂带中部，晚侏罗世发生大规模的岩浆侵入和火山喷发，在武夷山隆起地带形成火山岩盆地，早白垩世晚期以后，盆地由拗陷转为断陷，沉积了巨厚的红色碎屑岩系。主要构造线呈北东、北北东向。主断裂是邵武-河源断裂带。发育有会昌-寻乌断陷盆地和瑞金-石城断陷盆地。褶皱主要有瑞金向斜，因受多组断裂的破坏，残缺不全。在会昌盆地丹霞地貌内共发育北北东、北东、北北西、北西 4 组节理。

邵武-河源断裂带包含 3 条形态各异、特征不同的较大断裂带，北段为邵武-石城断裂带，中段为瑞金-寻乌断裂带，南段为龙川-河源断裂带。会昌断裂是邵武-河源断裂带的组成部分，全长约 90km，总体向东、东南或北东倾斜，倾角中等到小，构成会昌盆地的西界。

3.3 地貌属性

1. 地貌单元

会昌汉仙岩在大地貌单元上属于武夷山系，在大地貌部位位于武夷山南段西侧的会昌盆地。在地势上总体保持盆地形势，河流两岸局部地区发育丹霞地貌景观，其他地区以低山丘陵为主。盆地内以 200～300m 的低山丘陵为主，局部发育丹霞地貌，海拔在 500m 左右。

2. 地貌类型

会昌汉仙岩以砂砾岩和泥岩丹霞为主，下部以砾岩和砂砾岩为主，主要为河流相沉积，上部以泥岩为主。该区丹霞山整体产状倾向为北西 280°，倾角约 10°近水平。在盆地边缘较陡，为 25°～30°（图 3.7）。

近水平发育层理

近水平发育斜层理

图 3.7　汉仙岩丹霞地貌层理

从外动力看，该区地处中亚热带湿润季风气候区，区内雨量充沛，气候湿润，为湿润区丹霞；在主动力区内，水系发达，有贡水、绵水、湘水 3 条河流，为水蚀丹霞，风化和重力作用也是重要的常规动力。除了峡谷谷壁之外，陡崖坡基本上是崩塌后壁或被风化、水蚀改造的坡面。从单体形态看其正地貌石峰和石林，主要经历过抬升作用，红层受断裂切割，经流水侵蚀和重力崩塌作用，形成顶圆的石峰，石峰大量出现，形成峰林，图 3.8 为汉仙岩石峰。因石峰四周常形成陡崖，崩落的岩石在陡崖下堆积，随着进一步流水侵蚀和重力崩塌作用，形成石柱。会昌汉仙岩负地貌峡谷，受边界断层活动的影响，内部产生许多派生节理，其中与边界主断裂近平行的北北东向节理延伸较远，沿着这组节理面，在差异风化、流水侵蚀和重力崩塌作用下，形成壁坡陡直、有一定深度和宽度的巷谷，沿着节理面的石缝不断扩大延伸，形成丹霞地貌景区常见的一线天。受红层岩性差异的影响，崖壁上的砾石层受风化的程度有所不同，软岩层在流水作用下被溶蚀，常常形成一些规模较小、深浅不一的蜂窝状洞穴；岩性相对较均一的地方，也有洞穴的发育，流水作用将红层中的钙质胶结物和周围被胶结的岩石带走，形成一些外宽内窄的扁平状洞穴（图 3.9）。

图 3.8　汉仙岩石峰

图 3.9　汉仙岩丹霞地貌中的一线天和洞穴

依据群体形态，多见深大节理与块状山体型丹霞地貌。汉仙岩发育阶段属幼年期丹霞地貌。其典型特征是节理裂隙发育，岩体崖壁陡直，高差较大。

3. 坡面特性

汉仙岩陡崖的最大高度为550m，一般高度200～325m；陡崖最大坡度90°，一般坡度70°～90°；坡面形态平直型、波浪型、横向槽脊型、竖向槽脊型均有。边角特点以圆化型为主，崩塌面局部保持棱角型。

碎屑沉积层沿节理发生溶蚀和重力崩塌，使丹崖不断向后退缩，风化形成的碎屑物质在丹崖底部不断堆积，在水动力作用下被侵蚀搬运，由最初的节理裂隙，形成“一线天”。

4. 重要景观

会昌汉仙岩的标志性景观是深大节理与块状山体型丹霞地貌。其个性化景观是官帽山、问天台、万丈石、合掌门、汉仙湖、仙人晒靴、雄鹰展翅、仙人弈乐。地貌造型主要有寿星观景、双蟒出水、洞天福地、天子万年、群像出山等（图3.10）。

雄鹰展翅

仙人弈乐

图3.10　汉仙岩典型丹霞地貌景观

3.4　自然地理环境

1. 自然环境

该区气候类型为中亚热带湿润季风气候，1月均温8.3℃，7月均温28.7℃，年均温19.3℃，年降水量1624mm。主要河流为湘水，流域面积2049.3km^2，总径流量722×10^{8}m^3，会昌县境内流程78.2km，丰水期6～8月，湘水发源于寻乌剑溪天湖。

其土壤属水稻土、潮土、紫色土、石灰土、红壤类型。石灰土有机质含量较低；潮土通透性良好，适合旱作植物；水稻土整体属于中低产田；红壤多分布于500m以下丘陵地带，以酸性和强酸性为主。

植被类型，据2004年资源调查统计，会昌县有林地面积202 157.2公顷，其中竹林1240.1公顷。植物种类82科472种。特色植物中珍稀植物有国家一级保护植物银杏、南方红豆杉、突托蜡梅；国家二级保护植物香樟、翠柏、楠木。

动物类型，据初步调查，会昌县野生动物有 500 多种。其中常见的有野猪、刺猬、狐狸、鹿、山羊、黄鼠狼、野兔、燕子、竹鸡、野鸡、鹧鸪、麻雀、斑鸠、杜鹃、喜鹊、竹鼠、赤链蛇、红点锦蛇、中国水蛇。2009 年调查发现区内特色动物有国家一级保护动物云豹、蟒蛇；国家二级保护动物金猫、斑林狸、河鹿、水鹿、虎纹蛙、穿山甲、黑冠鹃隼、乌雕、灰背隼、小鸦鹃、蛇雕、黑麂等。综合自然地理环境具有山区立体气候明显的特征。图 3.11 为会昌汉仙岩丹霞地貌景区的风光照片。

图 3.11　会昌汉仙岩丹霞地貌景区

该区森林覆盖率为 79.47%，水土流失与荒漠化迹象基本无，红层生态问题主要有外围林木的破坏与人工林化。

2. 地质环境

该区有崩塌灾害，由于岩体崖壁陡直，易发生崩塌现象（图 3.12）。对安全具有较大威胁的主要地质灾害是崩塌或落石。滑坡灾害主要发生在修路和建筑人工切坡处。滑坡灾害主要由持续强降雨引发。2010 年 4 月会昌白鹅乡一处山体发生滑坡，造成人员伤亡。该地区暂不具备发生泥石流灾害的条件。

图 3.12　汉仙岩景区处崩塌落石（壹天阁）

3.5　地方文化及开发利用

1. 地方文化

该区域民族以汉族人口居多，全县有汉、回、苗、侗、壮、畲、傣、高山、满共 9 个民族。宗教以道教为主，汉仙岩因八仙之一的汉钟离在此修炼成仙而得名。主要建筑为客家与内地风格结合。史迹有中国共产党粤赣省委旧址、会寻安中心县委旧址、筠门岭旧址群、盘古山、羊角水堡等（图 3.13）。民俗活动有民间灯彩包括龙灯、马灯、狮灯、香火龙等，花鼓，木偶戏、帐子戏等。

筠门岭旧址群

羊角水堡建筑

图 3.13　汉仙岩景区人文景观

2. 利用现状

会昌汉仙岩大部分景区已作旅游开发，大部分景区已开放。景区内旅游基础设施较完善，景区内外交通较方便，环境保护状况良好。

参考文献

[1]　江西省地质矿产局. 江西省区域地质志. 北京：地质出版社，1984.

第 4 章　龙南九连山

4.1　基 本 信 息

1. 名称及保护性命名

龙南九连山现名九连山，别名九龙山。从保护性命名看，其丹霞地貌区 1975 年被列为天然林保护区，1981 年被列为省级自然保护区，1986 年设中国科学院院级野外台站，1995 年纳入中国人与生物圈保护区网络，2003 年被列为国家级自然保护区，2007 年被列为国家级原始森林公园。

2. 概况（面积/高程/位置/行政区划/交通）

九连山其景区面积 134.116km^2，其丹霞地貌区面积为 30km^2。从高程看，其最低海拔 280m，最高海拔 1430m，一般高度 600～800m。其经纬度范围北至 114°36′38″E、24°46′7″N，南至 114°36′4″E、24°35′58″N，东至 114°38′45″E、24°42′18″N，西至 114°30′18″E、24°38′10″N，中心点坐标 114°34′39″E、24°40′38″N。

在政区位置上，九连山位于江西省南部，赣州龙南西南部，与江西全南、广东连平交界。在对外交通上，在航空领域，附近有赣州黄金机场；在铁路领域，距离京九铁路龙南站 60km；在公路领域，位于 G45 大广高速杨村出口处。

4.2　地 质 数 据

1. 地质概况

九连山位于塘口-夹湖-大丘田红层盆地，其盆地总面积约 218.2km^2，其中红层分布面积约 191.9km^2，其形成时代为晚白垩世早期，红层时代初始沉积于晚白垩世早期，结束于晚白垩世中晚期[1]（图 4.1）。

2. 地层描述

从地层特征看，K_2g 赣州组的地层厚度 985m，未见底、顶不全，以其特有的颜色（紫红色，其外貌表皮暗褐色或黑色）和形成的丹霞地貌为特征。

从岩石组合看，主要以厚-巨厚层状及块状紫红色复成分砾岩为主，上部夹有紫红、灰紫等色的砂岩、粉砂岩、泥岩。其下部砾岩特征为具杂基支撑结构，碎屑颗粒主要为粒径不等的砾石和岩屑。砾石成分很杂，见有大量侏罗系火山岩砾石和花岗岩、变质岩及石英、硅质岩、砂岩及少量灰岩砾石。砾石磨圆度较差，多呈次圆状至次棱角状，分选程度

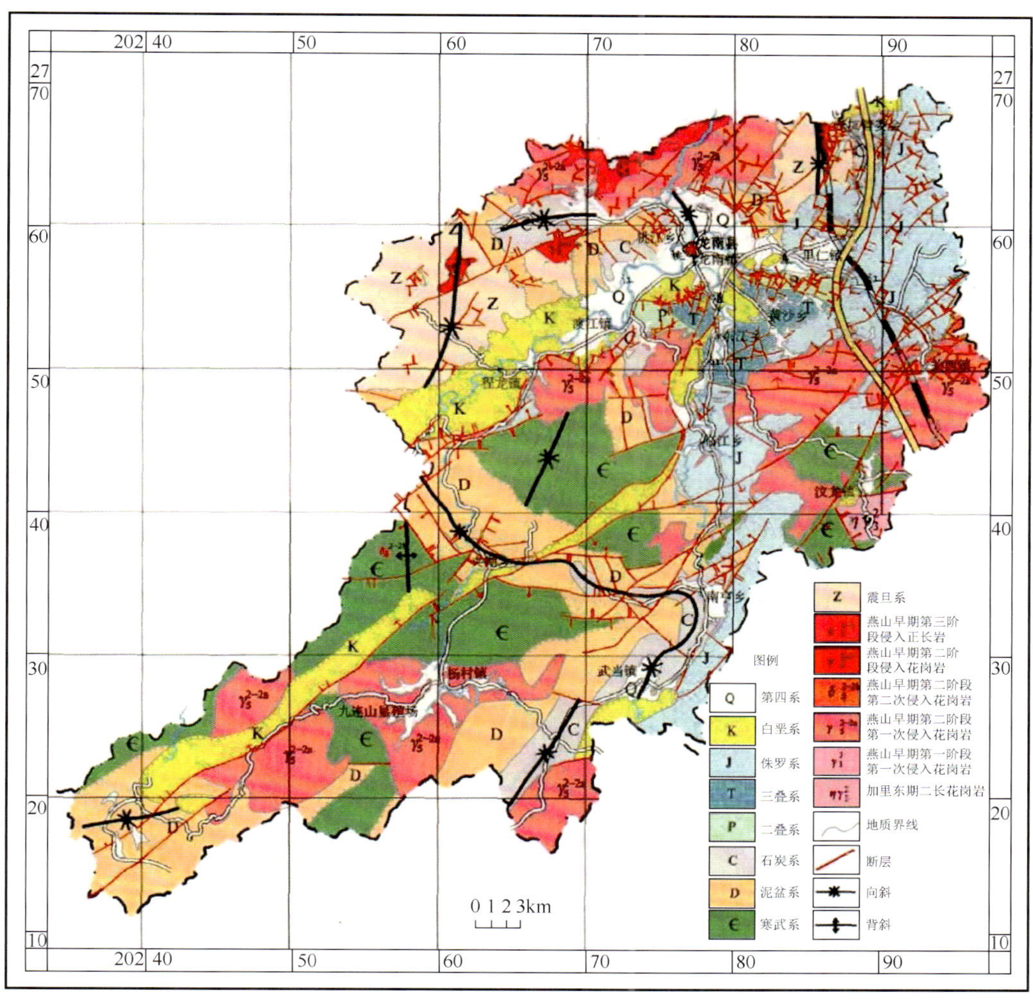

图 4.1　龙南县地质图[1]

低，大小混杂。填隙物以砂、粉砂、泥等细碎屑物为主，具铁质胶结和钙质胶结。其特征属于地壳快速抬升、盆地快速沉陷之构造环境的产物[1]。

白垩系地层，是区内一个具有特色的地层单位，其分布面积仅次于寒武系和泥盆系，主要分布于大丘田-水电站一带，呈北东向带状分布，受断层控制明显，地层产状平缓，总体倾向南东，倾角 10°～20°，不整合于寒武系、泥盆系及花岗岩之上，属于中生代山间断陷盆地沉积产物。

该区地层另一特征是具有由上至下，岩石结构由粗渐细，砾石层厚度渐薄，层理构造发育明显之特点。

沉积相，河湖相和洪积相多为洪积砾岩，下部偶见冲刷构造（图 4.2）。该区河床相砾石发育，磨圆度一般。该区河漫滩-河间洼地相多为细粒粉砂岩、黏土岩。该区湖盆相以粉砂岩、黏土岩为主，见水平层理（图 4.3）。

图 4.2　龙南九连山地区洪积砾岩

图 4.3　湖盆相水平层理

3. 岩性描述

从砾砂岩特征看，粒径大小以 2～5mm 为主，砂质物大小以 0.2～1.5mm 为主，颜色褐红色，碎屑成分约 85%，其中砂质物约 50%，砾石约 35%（图 4.4）。主要成分为石英、长石和岩屑，少量白云母和蚀变黑云母。偶见重矿物蓝色电气石。岩屑为花岗岩岩屑，长石为条纹状长石和微斜长石，含少量强烈风化的斜长石。粗大的石英碎屑可见较强的波状消光。蓝色电气石具很强的多色性和吸收性。胶结物约 15%，主要为黏土矿物（已重结晶为正杂基），少量铁质氧化物，呈褐红色，半透明-不透明。其结构呈砾状结构，砾石之间为砂状结构，巨厚层，块状，与砂岩互层；局部含粉砂质、泥质夹层。其抗压强度坚硬，单轴干抗压强度为 40.17MPa，抗风化能力强。地貌表现为崖壁、正地貌。采样点为九连山保护区水电站附近。

图 4.4　龙南九连山砾岩偏光显微镜照片

从中细粒岩屑砂岩特征看，其粒级碎屑物粒径多为 0.15～0.50mm，少数可达 1.0mm。颜色呈棕红色、肉红色、砖红色、紫红色。碎屑成分约 70%，主要成分为石英（30%）、长石

(15%)、岩屑（25%），含少量白云母和重矿物电气石、锆石。有的石英具较强的波状消光。长石主要为微斜长石和正长石，含少量斜长石。微斜长石风化微弱，具格子双晶。正长石具泥化，表面较浑浊。斜长石具聚片双晶。岩屑为泥岩岩屑和硅质岩岩屑。泥岩岩屑主要由细小鳞片状黏土矿物伊利石组成。硅质岩岩屑为细晶结构，由细小它形粒状石英晶粒组成，为细晶燧石。电气石呈深蓝色-浅褐黄色，具很强的多色性和吸收性。胶结物 30%，为铁质氧化物胶结物和黏土杂基。铁质氧化物呈褐红色-黑色，不透明，边缘半透明。结构构造为中细粒砂状结构，巨厚层-薄层，块状或层状，与砾岩互层，含粉砂质、泥质夹层。抗压强度较坚硬，单轴抗压强度为 25.22MPa，抗风化能力较强。地貌表现为崖壁、正地貌（图 4.5）。

图 4.5　龙南九连山砂岩地貌

砂岩试验数据表明，碎屑物可见燧石岩屑、斜长石、石英、重矿物电气石，填隙物主要为铁质氧化物（图 4.6）。图 4.7 中可见龙南九连山地区采集的岩芯样品照片。

图 4.6　龙南九连山砂岩偏光显微镜照片

图 4.7　岩芯样品照片

4. 构造描述

大地构造位置，该区位于南岭纬向构造带东段与武夷山北东向构造带南段的复合部西侧，属于九连山隆起构造带。主要构造线为多方向复合交织的构造格局，主要为受北东向断裂控制的断块差异升降构造。褶皱分布于中生代陆相沉积盆地的掀斜构造中，主要见于大丘田至电站一带的晚白垩世盆地。其主要特点是沉积盆地受盆缘断层控制，属单边断陷盆地，也称“箕状盆地”，伴随着盆地的单边沉降作用，沉积地层形成单斜构造和微弱的褶皱。断层区内断裂构造非常发育，不同方向的断裂构造纵横交错，其对地质构造格局起控制作用的为近东西向断裂和北东向断裂。其中，平坑-大坳-电站坝北东向断裂带斜贯全区，两端伸入区外，规模较大，总体延长约 100km。断裂性质具有正断层特点，倾向北西，倾角 40°～65°，上盘下降。发育断裂带，宽度十余米至数十米，具硅化、破碎等现象，间有片理化现象。对区内晚白垩世盆地的形成与演化起直接控制作用，对区外如北东段夹湖温泉的形成也有明显的控制意义。综合而言，该断裂构造形成于中生代，具有多期活动现象，切割深度较大。节理带内岩石片理化和节理发育。

九连山自然保护区主要构造形迹有：①褶皱构造，基地褶皱构造、盖层褶皱、九连山背斜、虾公塘向斜、中生代陆相沉积盆地的掀斜构造。②断裂构造，近东西向断裂构造、北东向断裂构造、坪坑-大坳-电站坝北东向断裂带、下北湖东向断裂带、黄牛石-鸡啼石北东向片理化构造带。

4.3　地 貌 属 性

1. 地貌单元

九连山在大地貌单元上属于南岭山系，其大地貌位置位于南岭山系东段九连山北坡，地处南岭腹地，在地势上北高南低，西部突起。总体描述方面，九连山自然保护区总体上属于中-低山地貌，最高峰黄牛石海拔 1430m，最低海拔 280m，最大相对高差 1150m，一般相对高度也达 600～800m。由于区内地质构造背景复杂，地质小单元多且差异大，构造具多方向，由此控制着区内微地貌小单元的多样性和地貌形态上的差异性。全区地貌大致具有盆岭相间、棋盘格状展布的格局，这与构造格局基本吻合，也与地层及岩性条件密切相关。

2. 地貌类型

依据岩性以砂砾岩丹霞为主，依据产状以倾斜岩层为主（>15°）。地层成层性突出，因此地貌表面的顺层微地貌（顺软岩层凹槽、岩槽）发育。从外动力气候看，该区属于湿润区丹霞和水蚀丹霞。需要说明的是流水是主动力，但风化和重力作用也是重要的常规动力。坡面类型以直立坡和陡崖坡为主，山石包括丹霞单面山、石峰、石梁、石柱、丘陵、孤峰（图 4.8）。

图 4.8　龙南九连山丹霞单面山

从单体形态看，其正地貌崩积体，一般陡崖坡下均有崩积堆，崩积岩块一般分布于陡崖坡下或沟谷底部，散布或成群。负地貌丹霞沟谷，该区线谷、巷谷、峡谷、围谷、深切曲流和崖壁岩槽如顺层凹槽、顺层岩槽、竖向沟槽均有发育。该区坡面流水侵蚀的竖向沟槽使得丹霞山地貌坡面十分复杂（图 4.9）。该区丹霞山的水平洞穴、顺层洞穴、穹形洞穴，蜂窝洞穴、溶蚀洞穴等均十分发育。丹霞穿洞与石拱，崩积石拱在沟谷和缓坡均有分布，侵蚀与风化穿洞等均有分布。

图 4.9　岩层中的小型凹槽

从发育阶段看，本区在经过陆地环境演化之后，于中泥盆世受到西南部古特提斯洋的裂陷活动影响，地壳裂陷，海水自西南向北东侵没，地质环境从陆地向滨海-浅海逐步发展，沉积形成了晚古生代海相沉积盖层。直至中三叠世末发生了一场具重要变革意义的构造运动——印支运动，整个华南地区在经过这次构造运动后完成了由海到陆的重大转变，并成为欧亚超级大陆板块的一部分，标志着区域地质发展历史进入一个新的发展阶段。印支运动之后，区域转为大陆环境，地质历史揭开了新的篇章。中、新生代发展阶段中，陆生植物和动物得到了空前发展。其中晚中生代时期，由于受太平洋板块西缘俯冲作用的影响，区域（整个华南）地史上出现了最引人注目的地质事件，称为“燕山运动”，包括大规模的岩浆侵入与喷发活动、陆内造山运动、断块差异运动、区域性成矿作用等。在地貌方面，形成了区域性盆岭相间的格局。燕山运动使整个华南地区的地壳结构、物质组成、山形地貌等发生了一些重大调整与改造。地球环境出现了多次重大变化，特别是白垩纪末，出现了大批生物集群的灭绝事件，包括其中称为“地球霸主”的恐龙也在这个时期绝灭，至今仍是一大地学之谜。燕山运动之后，基本奠定了现今地质构造格局。

3. 坡面特性

九连山陡崖的最大高度为430m，一般高度75～110m，陡崖最大坡度90°，一般坡度65°～90°（图 4.10）。坡面形态平直型、波浪型、横向槽脊型、竖向槽脊型均有。边角特点以圆化型为主，崩塌面局部保持棱角型。

图 4.10　九连山陡崖

4. 重要景观

九连山的标志性景观是赤壁丹崖，簇群式峰林-峰丛（图 4.11）。其个性化景观是丹霞飞瀑、仙人台、六角尖、笔架山。其地貌造型主要有鸡啼山、帽山、旗山、观天坳、仙人坳。

赤壁丹崖

簇群式峰林-峰丛

图 4.11　九连山标志性丹霞地貌景观

4.4 自然地理环境

1. 自然环境

九连山所在地区气候类型为亚热带季风气候，1 月均温 6.8℃，7 月均温 24.4℃，年均温 16.4℃，年降水量 2155.6mm。河流为大丘田河，流域面积 81.31km^2，总径流量 0.55×10^{8}m^3，区内流程 20.1km，丰水期 6～8 月，沟谷溪流流水潺潺，是赣江上游主要支流桃江的源头地区。墩头河流域面积 30.38km^2，总径流量 0.12×10^{8}m^3，区内流程 10.4km，丰水期 6～8 月，区内水源涵养效益高，水源丰富，水质Ⅱ～Ⅲ类。

其土壤有山地红壤、山地黄壤、山地草甸土。其山地红壤的有机质、全量氮和钾、阳离子交换量和盐基饱和度都很低，全磷量稍高，硅铝铁率较低。山地黄壤的有机质、全量氮和钾、阳离子交换量和盐基饱和度与山地黄红壤相差无几，而硅铁铝比例不一。山地草甸土的有机质、全氮量特高，全磷量和钾中等。

该区植被类型主要有亚热带常绿阔叶林、亚热带低山丘陵针叶林、山顶矮林和山地草甸。植物种类有植物 196 科 1170 种，其中苔藓植物 10 科 13 种，蕨类植物 24 科 62 种，裸子植物 9 科 16 种，被子植物 153 科 1079 种。特色植物为三叠纪至侏罗纪出现的前被子植物的后裔——木兰目及其他多心皮类植物群。

动物种类有陆生脊椎动物 327 种，隶属 25 目 81 科。其中哺乳动物 7 目 18 科 57 种，鸟类 16 目 50 科 226 种，爬行动物 2 目 13 科 44 种。特色动物有重点保护动物 14 种，一级保护动物有 3 种，二级保护动物有穿山甲、豺、水貂等 11 种。

该区综合自然地理环境属亚热带常绿阔叶林，自然环境森林覆盖率 94.7%，基本无水土流失和荒漠化迹象。红层生态问题主要有外围林木的破坏与人工林化。

2. 地质环境

该区有崩塌灾害，崩塌落石现象常见，但滑坡较少见，九连山范围内不具备发生泥石流的条件。对安全具有较大威胁的主要地质灾害是崩塌或落石。图 4.12 可见当地岩石中的裂隙节理。而滑坡灾害主要发生在修路和建筑人工切坡处，一般规模较小。某些山体岩石在暴雨等的影响下可能发生崩塌滑落，区内山高坡陡，地质构造背景与地形地貌条件各地不一，森林生态系统与地表植被的保存状况也有差异。根据地质构造背景条件分析，区内存在 3 个生态地质环境脆弱背景区，即花岗岩类生态地质环境脆弱背景区、晚白垩世红色砂砾岩生态环境脆弱背景区和泥盆纪砂岩生态环境脆弱背景区。其他地质环境问题包括水土流失现象，也与地质背景条件相关，但诱发因素与人类不合理的开发利用自然资源和破坏植被直接相关。

图 4.12 岩石中的裂隙节理

4.5 地方文化及开发利用

1. 地方文化

该区民族以汉族人口居多，少数民族人口居少。宗教以佛教为主。主要建筑有复合型的客家与内地风格相结合。民俗活动有九连山客家区民俗，保留较多原生状态习俗（图 4.13）。

2. 利用现状

该自然保护区，南北长约 17.5km，东西宽约 15km，分为核心区、缓冲区和试验区 3 个功能区。景区交通设施便利，保护状况良好。

图 4.13　龙南地区客家民俗

参 考 文 献

[1]　江西省地质矿产局. 江西省区域地质志. 北京：地质出版社，1984.

第5章　九仙山白花岩

5.1　基本信息

1. 名称及保护性命名

九仙山白花岩位于铜钹山国家森林公园，九仙山又称九千山。从保护性命名看，九仙山古堡1987年被评为江西省级文物保护单位，铜钹山2002年被评为国家森林公园、2014年被列入国家级自然保护区、2016年被评为国家AAAA级风景名胜区，九仙湖2013年被评为国家水利风景区。

2. 概况（面积/高程/位置/行政区划/交通）

九仙山白花岩其景区面积320km^2，其丹霞地貌区面积为122 6km^2。从高程看，其最低海拔150m（北部的溪东），最高海拔1534.6m（境南的铜钹山尖），一般高度200～400m。其经纬度范围北至28°20′37″N、118°15′34″E，南至27°59′12″N、118°16′13″E，东至28°6′36″N、118°28′29″E，西至28°5′19″N、118°1′43″E，中心点丛标28°13′44″N、118°14′50″E。

在政区位置上，九仙山位于江西省东北部，上饶市广丰区南部，属武夷山脉东段北麓。在对外交通上，在航空领域，武夷山机场距此180km；在铁路领域，京福高铁、沪昆高铁上饶站距此44km；在公路领域，九仙山位于G3京台高速广丰出口和206国道以及320国道沿线。

5.2　地质数据

1. 地质概况

九仙山白花岩位于广丰盆地中的桐畈次级小盆地，广丰盆地总面积约920km^2，其中的铜钹山丹霞地貌及穿插其间的红岩丘陵面积共122.6km^2，受北东向江山-绍兴断裂带、上饶-玉山-常山断裂带和北北西向广丰断裂带组复合控制。广丰盆地与赣杭构造带内的其他中生代盆地一起，经历了两次断陷作用，即晚侏罗世-早白垩世早期的火山杂色断陷盆地，早白垩世晚期-晚白垩世陆相红色断陷盆地的演化历史。红层时代初始沉积于早白垩世晚期，晚白垩世沉积结束（图5.1）。

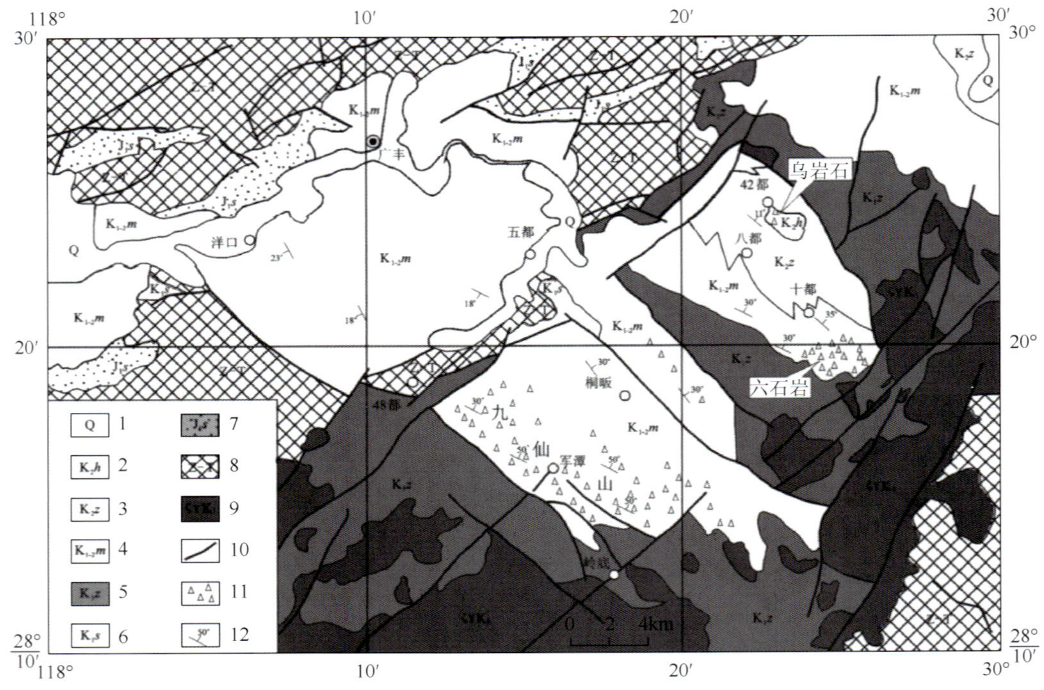

图 5.1　广丰盆地地质略图[1]

1 第四系；2 河口组；3 周田组；4 茅店组；5 中墩组；6 石溪组；7 水北组；8 基底地层；9 早白垩世侵入岩；10 断层；11 丹霞地貌分布区；12 地层产状

2. 地层描述

从地层特征看，赣州群茅店组上部 $K_{1\text{-}2}m^3$ 为厚层紫红色砂砾岩，砾石成分以火山岩为主，有少量灰岩、砂岩砾石，砾石大小不一，分选较差，粒径 2～20mm 不等，有基性火山岩喷出。赣州群茅店组中部 $K_{1\text{-}2}m^2$ 为中厚层砂岩、粉砂岩、泥岩及透镜状淡水灰岩，中间又夹有一套巨厚层含砾砂岩，有辉绿岩墙侵入（图 5.2）。赣州群茅店组下部

图 5.2　九仙山白花岩典型砾岩地层

左为茅店组上部的厚层紫红色砂砾岩，有基性火山岩喷出；右为茅店组中部中厚层砂岩、粉砂岩、泥岩及透镜状淡水灰岩

$K_{1-2}m^1$ 碎屑岩为紫红色厚层、巨厚层砾岩、砂砾岩和粗砂岩，砾石成分主要为酸性火山岩，分选差，磨圆度中等，来源于其西侧中墩组火山岩，为近源冲积扇相快速堆积，夹有酸性火山岩（图 5.3）。

图 5.3　茅店组下部的粗粒砂岩

赣州群为广丰白垩纪红色盆地沉积岩系的主体，广泛出露于盆地之内，为一套河湖相红色碎屑岩系。下部以粗碎屑岩为主，下夹玄武岩或中、酸性火山碎屑岩；上部以细粒碎屑岩为主，上夹透镜状淡水灰岩。下以砾岩或砂砾岩不整合于中墩组火山岩之上，上以细碎屑岩与圭峰群河口组砾岩呈平行不整合接触。根据岩性不同又可划分为两个组，即下部茅店组和上部周田组。在广丰盆地 3 个次级小盆地内，赣州群由于沉积相的不同，在岩性上表现出很大的区别。桐畈盆地位于广丰盆地的西南部，出露茅店组碎屑岩系[1]。

3. 岩性描述

从角砾岩岩性特征看，其粒级砾状、角砾状，颜色灰褐色，碎屑成分以火山岩岩屑为主，少量石英、长石碎屑，胶结物为铁质胶结物、黏土杂基和细小的碎屑颗粒。结构构造厚层，块状或层状，含砂岩夹层。岩体抗压强度坚硬，单轴干抗压强度为 59.76MPa。地貌多为正地貌崖壁、石堡、石柱、峰丛等。角砾岩的采样点为白花岩广福寺附近。试验数据表明主要为火山角砾岩碎屑物（砾石与角砾）90%，晶穴具溶蚀边。火山岩岩屑为火山碎屑岩（凝灰岩）和酸性火山熔岩。凝灰岩中晶屑为石英、长石，石英晶屑具熔蚀边。填隙物 10%，为铁质胶结物、黏土杂基和细小的碎屑颗粒（图 5.4）。

从酸性熔岩特征看，其粒级主要为粗粒砂岩。颜色呈灰黑色、暗褐色。矿物成分为石英、长石，无胶结物，结构构造为块状构造，斑状结构。岩体抗压强度坚硬，单轴干抗压强度为 42.97MPa。酸性熔岩的采样点为铜钹山镇高阳村九仙山山底。试验数据表明

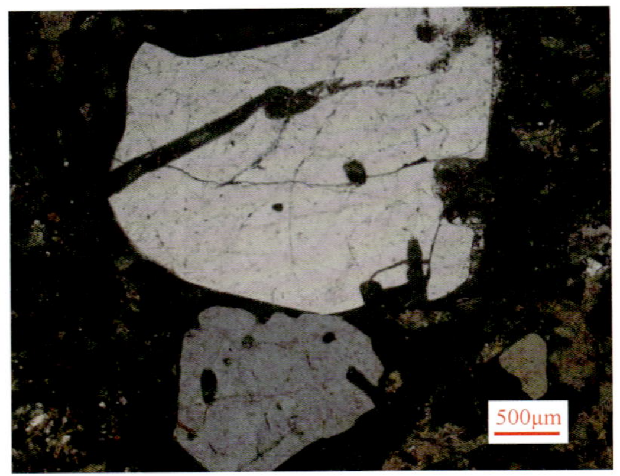

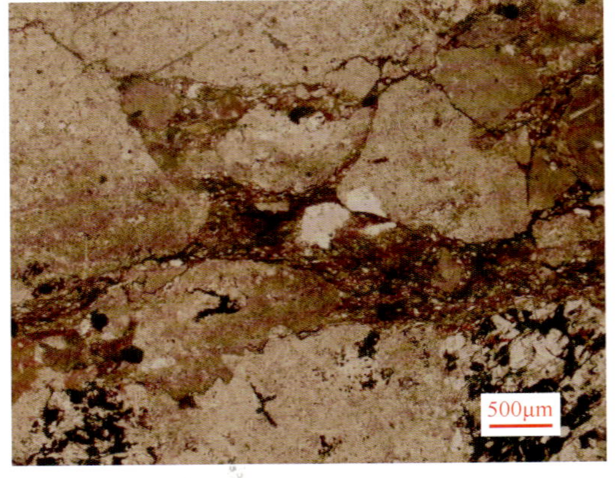

图 5.4　白花岩典型砾岩偏光显微镜照片

左为 2.5 倍正交，沉火山角砾岩，含石英晶屑（具熔蚀边）；右为 2.5 倍单偏光，沉火山角砾岩，角砾成分以火山岩岩屑为主，填隙物主要为铁质胶结物、黏土杂基和细小的碎屑颗粒

酸性熔岩（酸性火山喷出岩）呈斑状结构，基质为微晶结构、嵌晶结构。斑晶为 20%，为石英、长石，大小 0.3～2.8mm，多为自形晶体。石英斑晶无色、清洁透明。长石为斜长石和钾长石，斜长石斑晶具有密集的聚片双晶，钾长石表面风化较混浊。基质占 80%，由微小的自形板状长石（50%）和粗大的不规则它形粒状石英（30%）组成。长石宽度仅为 0.02mm 左右，长度不足 0.1mm。较多的微小自形板状长石包裹在粗大的不规则它形粒状石英之中，构成嵌晶结构（图 5.5）。图 5.6 为九仙山白花岩地区采集的岩性样品抗压强度试验的现场照片。

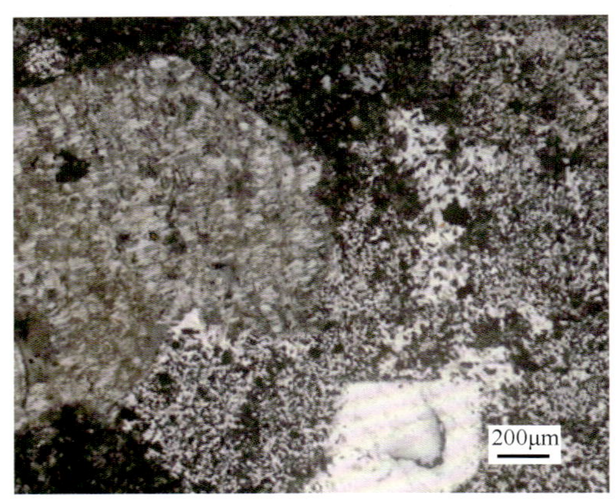

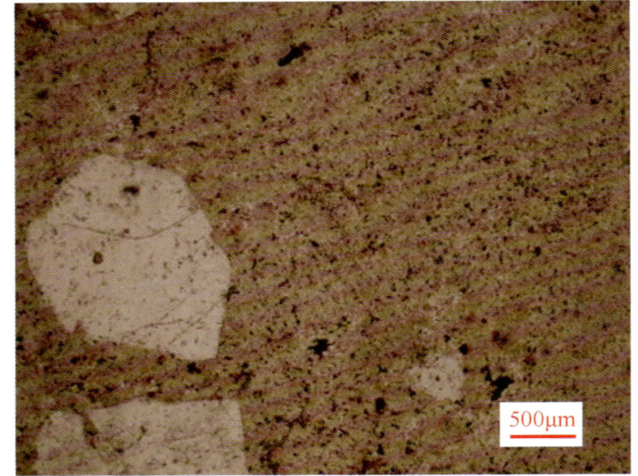

图 5.5　白花岩典型砂岩偏光显微镜照片

左为 5 倍正交，酸性熔岩，斑状结构，斑晶为石英和长石，基质为细小的长英质矿物；右为 2.5 倍单偏光，酸性熔岩，斑状结构，斑晶为高温石英，呈短柱状

图 5.6　九仙山白花岩地区岩性样品和岩芯抗压强度试验

4. 构造描述

大地构造位置，该地区属于中生代中晚期断陷盆地，大地构造处于扬子地块和华夏地块的东段接合部赣杭构造带的中段部位；东侧延至浙江江山境内，南侧延至福建莆田境内，与西侧上饶-横峰-铅山、贵溪-鹰潭、北侧玉山-沙溪等次级盆地一起构成信江中生代断陷盆地。主要构造线受北东向江山-绍兴断裂带、上饶-玉山-常山断裂带和北北西向广丰断裂带组复合控制；经历了晚侏罗世-早白垩世早期的火山杂色断陷盆地，早白垩世晚期-晚白垩世陆相红色断陷盆地两次断陷作用。晚古生代沉积盖层褶皱比较发育，以近北东及北北东向褶皱为主，中生代褶皱微弱，以拱曲和凹陷为主。断层有江山-绍兴断裂带，上饶-玉山-常山断裂带和北北西向广丰断裂带，近北北西向和北东向断层。节理有北西向和北东向，两组节理发育密度随远离断层带而减小[1]。

中部为下白垩统陆相红色碎屑岩系，自下而上划分为石溪组和赣州群，构成了主体部分。随武夷山的隆升，区内处于剥蚀环境，缺失圭峰群中上部地层。进入古近纪以来，随区域地壳隆升，受边界断层差异升降控制，红层中发育两组垂直断裂，其中一组与边缘断层平行，另一组呈大角度与前一组断裂相交，将红层切割成网格状，在流水侵蚀、重力崩塌和差异风化作用下，形成复式单斜山、石寨、石峰、峰林、石柱、石崖、巷谷、一线天、造型石等类型的丹霞地貌景观[1]。

5.3　地 貌 属 性

1. 地貌单元

九仙山白花岩在大地貌单元上属武夷山脉，位于武夷山脉东段北麓，地势北高南低，中部突起。总体受红层岩石类型、边界断裂活动以及动力地质作用共同制约，使得丹霞地貌景观类型多样。

2. 地貌类型

该区岩性以砂砾岩丹霞为主，其产状在盆地的西南边缘由于受边界断裂活动影响发生差异隆升，军潭九仙山一带红层产状发生较大变化，地层倾角达 50°，向东到盆

缓倾斜岩层构成的丹霞单面山

近水平岩层构成的丹霞石堡

图 5.7　九仙山白花岩地区典型丹霞正地貌

地中部桐畈一带地层倾角为 35°。该区属于湿润区丹霞，从主动力看属水蚀丹霞地貌。需要说明的是形成铜钹山丹霞地貌的外力作用，主要有流水、崩塌、风化等。流水对地表进行剥蚀、侵蚀和下切作用，产生流水丹霞地貌。崩塌形成丹霞赤壁。风化主要形成凹片状风化剥落地貌与凸片状风化剥落地貌。生长在岩石表面的藻类、地衣、苔藓等低等植物对丹霞地貌的发育和颜色等方面有一定影响。其正地貌坡面类型以直立坡和陡崖坡为主，山体丹霞单面山、石峰、丘陵、石墙、石堡等均有（图 5.7）。负地貌崩积体有崩积堆和崩积石块。丹霞沟谷，巷谷、峡谷、宽谷均发育。崖壁岩槽，顺层凹槽、顺层岩槽、竖向沟槽均发育。丹霞洞穴，发育水平洞穴和顺层洞穴。

九仙山白花岩丹霞地貌发育处于壮年期（图 5.8）。

图 5.8　九仙山白花岩地区典型壮年期丹霞地貌

3. 坡面特性

九仙山白花岩陡崖的最大高度为 400m 左右，一般高度约 200m；陡崖最大坡度 90°，一般坡度 70°；坡面形态平直型、波浪型、横向槽脊型、竖向槽脊型均有。边角特点圆化型为主，崩塌面局部保持棱角型。

4. 重要景观

九仙山白花岩的标志性景观是九仙群峰，其个性化景观是九仙山、九仙湖、军潭山、杯交石、白花岩、灵鹫峰、梳头峰、美乳峰。地貌造型主要有公婆石、别一洞天、白花岩石、老人峰、羚羊石（图 5.9）。

九仙群峰

军潭山九仙湖

白花岩

别一洞天

公婆石

图 5.9　九仙山白花岩重要丹霞地貌景观

5.4　自然地理环境

1. 自然环境

九仙山地区气候类型为亚热带季风气候，1 月均温 2.9℃，7 月均温 21.2℃，年均温 11.0℃，年降水量 1739.4mm。河流为丰溪河，流域面积 2143km^2，年平均径流量 1431×10^{4}m^3，区内流程总长 117km，丰水期 6～9 月。丰溪河是信江上游南岸的主要支流，发源于仙霞岭，在广丰县五都镇折向西流，至洋口清湖流出广丰境，经上饶汇入信江，再向西汇入鄱阳湖，经长江入东海。

其土壤有山地红壤、山地黄红壤、山地黄壤、山地暗黄色棕壤、灌丛草甸土、山地沼泽土等。土壤类型多样，分异规律明显。海拔 500m 以下的山麓和丘陵区为山地红壤，海拔 500～700m 为山地黄红壤，700～1200m 为山地黄壤，1200～1500m 为山地暗黄色棕壤，1500m 以上为山地灌丛草甸土。

植被类型主要有针叶林、阔叶林、山顶矮林、灌草丛、湿生植被。特色植物有被列为国家一类保护树种的南方红豆杉树种，还有银杏、木莲、云锦杜鹃、兰花等。

动物有野生脊椎动物共 275 种，隶属 5 纲 32 目 86 科，占江西野生脊椎动物总数的 32.54%。其中，鱼类 4 目 9 科 22 种，两栖类 2 目 7 科 23 种，爬行类 2 目 10 科 36 种，兽类 8 目 19 科 46 种，鸟类 16 目 41 科 148 种。特色动物有云豹、黑熊、穿山甲、角雉、红腹锦鸡、娃娃鱼等国家级保护动物。

图 5.10　江南天池——九仙湖

其自然地理环境属亚热带丘陵森林景观。该区森林覆盖率达 95%，基本无水土流失和荒漠化现象，红层生态问题主要有红层泥岩边坡风化块。图 5.10 为号称“江南天池”的九仙湖自然环境景观。

2. 地质环境

该区有崩塌灾害如崩塌落石现象。滑坡发生次数较多，泥石流灾害发生少。对安全有较大威胁的主要地质灾害是滑坡或崩塌，灾害主要发生在修路、建筑人工切坡处及高陡岩体等地段（图 5.11）。其他地质环境问题主要有局部山坡或山顶植被被人类活动破坏、境内石矿开采、河道取沙石等。

图 5.11　九仙山白花岩地区地质环境

左为白花岩广福寺附近沿裂隙脱落的岩石；右为巨块崩塌落石

5.5　地方文化及开发利用

1. 地方文化

该区民族以汉族人口居多。宗教有佛教，宗教建筑有位于白花岩景区的广福寺和悟道尖上的马氏夫人庙。白花岩在岭底乡铜钹山区，岩顶石壁上镌有“白花岩”三个大字，系明代进士、文学家吕怀所书。岩旁还有“别一洞天”“东南第一峰”“真佛仙岩”等题刻和题诗。白花岩内，唐朝便建有广福寺，现存寺庙是清代重修，但保留明代的特色和风味。正殿后的墙壁上，有人物神态各异、造型生动的二十四诸仙壁画，现存二十二仙，壁画栩栩如生，具有很高的人文价值。悟道尖坐落于铜钹山镇叶家村，海拔 1298.5m，属广丰第三高峰。悟道尖上还建有悟道庵，庵中有千年古钟，因庵中供奉的是马氏夫人，后人也把它叫做马氏夫人庙。马氏夫人原名陈凤，相传系七仙女下凡。马氏夫人成佛后，人们就塑立了马氏夫人的佛像，供奉于庙里，香火渐旺，悟道尖马氏夫人庙远近闻名。建筑是复合型现代与古代相结合，别具风格（图 5.12）。

该地区附近有非物质文化遗产龙溪祝氏宗祠建筑造技艺。史迹有红军时期的苏维埃政府旧址、九仙山农民起义军古城堡和张叔夜故里（图 5.13）。该区民俗活动包括当地的非物质文化遗产——蜡烛会。

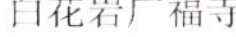
白花岩广福寺

悟道尖马氏夫人庙

图 5.12　九仙山白花岩地区宗教遗迹

图 5.13　九仙山古堡

2. 利用现状

从旅游开发看，该区交通便利。九仙山古城堡是清朝杨文起义军的遗址，1987 年被江西省人民政府批准为省级文物保护单位，也是江西省唯一一处保护绞好的省保农民起义军古遗址。当年起义军在山上修栈道、建营寨、筑城堡。目前，东、南、西、北四座城墙墙基保存较好，20 世纪 80 年代修缮了南城门并修建了杨文的衣冠冢。

参 考 文 献

[1]　江西省地质矿产局. 江西省区域地质志. 北京：地质出版社，1984.

第6章 通 天 寨

6.1 基 本 信 息

1. 名称及保护性命名

通天寨现名通天寨风景区，别名通天寨国家地质公园。从保护性命名看，其丹霞地貌区 1983 年被评为国家级风景名胜区，2011 年被评为国家 AAAA 级旅游景区，其所处的石城国家地质公园于 2014 年被列为国家级地质公园。

2. 概况（面积/高程/位置/行政区划/交通）

通天寨其景区面积 27.1km²，其丹霞地貌区面积为 6km²。从高程看，其最低海拔 173m，最高海拔 717.3m，一般高度 200～500m。其经纬度范围北至 116°22′15″E、26°17′7″N，南至 116°22′31″E、26°15′59″N，东至 116°23′1″E、26°16′30″N，西至 116°21′43″E、26°16′15″N，中心点坐标 116°22′23″E、26°16′31″N。

在政区位置上，通天寨位于江西省赣州市石城县县城东南 6km 处的大畲村境内。其对外交通上，在航空领域，距赣州黄金机场 170km，距连城冠豸山机场 90km；在铁路领域，距龙赣铁路瑞金站 60km；在公路领域，位于 G72 泉南高速石城南出口和 206 国道附近。

6.2 地 质 数 据

1. 地质概况

通天寨位于瑞金-石城断陷盆地，其盆地面积 1581.53km²，形成时代为白垩纪早期。红层时代初始沉积于白垩纪早期，晚白垩世晚期结束[1]。

2. 地层描述

从地层特征看，K_2m 赣州群茅店组，为洪冲积相砾岩、砂岩互层。K_2h 圭峰群河口组，为洪冲积相砾岩、砂岩互层（图 6.1）。

石城白垩纪盆地出露地层主要有晚白垩世赣州群和圭峰群，其中圭峰群是石城地质公园丹霞地貌景观的主要载体[2]。

赣州群仅出露茅店组，可划分为上、下两个岩性段。下段 K_2m^1 岩性为紫红色砾岩、砂砾岩、含砾砂岩；上段 K_2m^2 岩性为灰白色砂岩、紫红色泥岩夹似层状橄榄玄武岩，局部还夹有英安岩、凝灰岩和条纹条带状硅质岩。

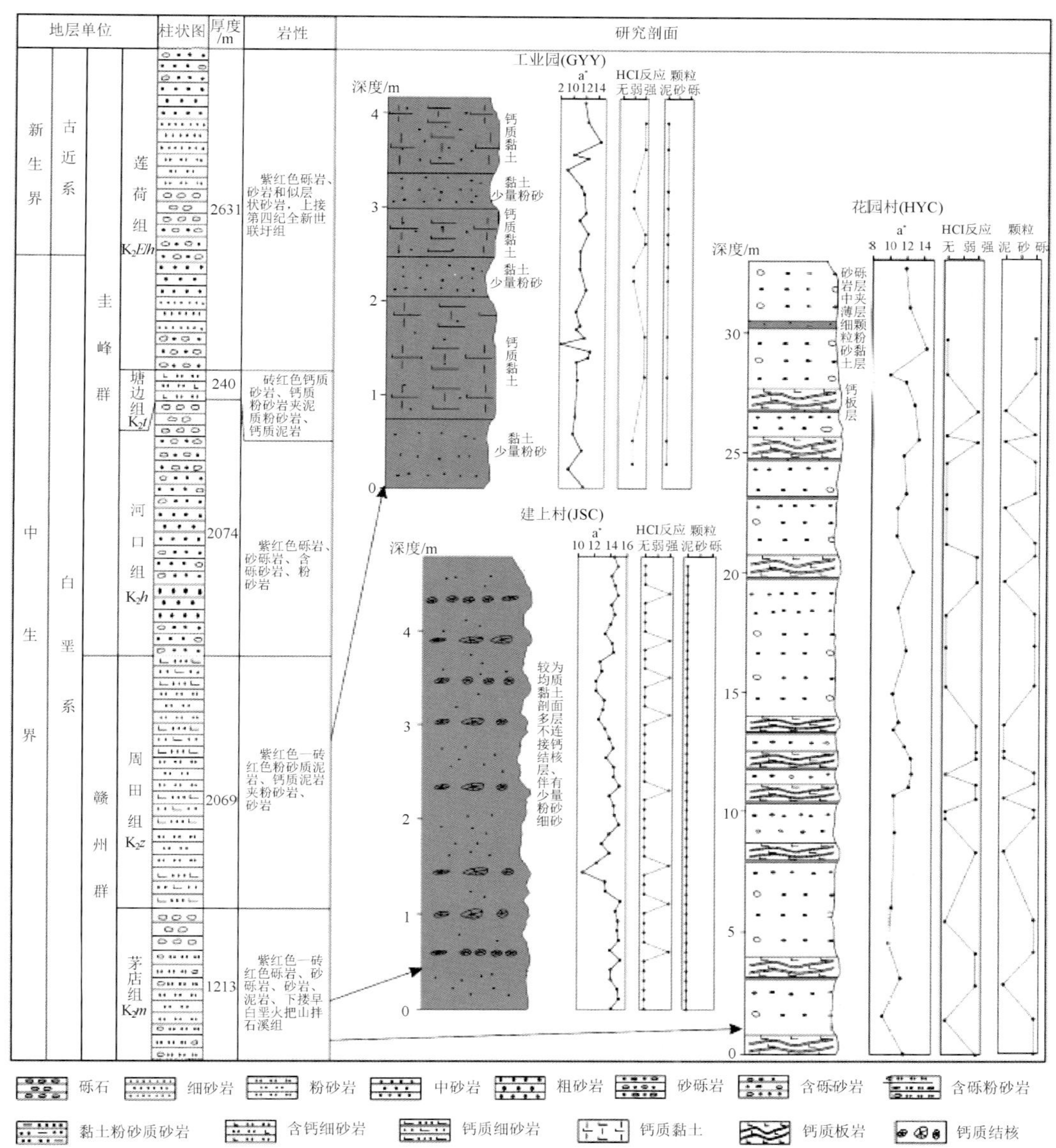

图 6.1 石城盆地红层剖面柱状图[1]

圭峰群仅出露河口组，可划分为近端相、中端相、远端相 3 个非正式段级岩石地层单位。近端相（K_2h^a）为紫红色砾岩、砂砾岩，砾岩成分主要为下伏赣州群泥岩、火山岩，层理构造不发育，为厚-巨厚层状，由于砾石成分以抗风化能力弱的泥岩、火山岩为主，地层易于风化，难以形成典型的丹霞地貌，以低缓圆形山丘地貌为主。中端相（K_2h^b）为紫红色砾岩、砂砾岩、含砾砂岩互层，组成地层的基本层序为正粒序层序，下组元为砾岩，向上渐变为砂砾岩、含砾粗砂岩，砾石成分主要是砂岩和脉石英，填隙物为泥砂质，层理构造清晰可见，单层厚 5～20cm，为中-薄层构造。岩石较坚硬，抗风化能力较强，形成以单面山为主要特征的丹霞地貌。远端相（K_2h^c）为紫红色细砾岩与泥质（钙质）粉砂岩、泥岩互层，组成地层的基本层序为韵律型层序，下组元为砾岩、砂砾岩、含砾砂岩互层，上组元为泥质（钙质）粉砂岩或泥岩，上下组元间为突变接触关系。下组元砾岩砾石成分主要是砂岩和脉石英，填隙物为泥砂质，单层厚 70～100cm；上组元粉砂岩（或泥岩）层理不发育，为块状构造，单层厚 20～50cm。本套地层自下而上，组成基本层序的下组元逐渐变薄（从数十厘米至数厘米）、上组元逐渐变厚（从数十厘米至几米，甚至几十米）[1, 2]。

沉积相分为河湖相和河床相。河床相有卵砾岩、含砾砂岩和砂岩，茅店组下段较为常见。河漫滩-河间洼地相，细砂-粉细砂夹黏土岩，常见泥裂填充构造，河口组远端相可见。湖盆相以粉砂岩、黏土岩为主，河口组可见（图 6.2）。

图 6.2　通天寨湖盆相沉积的粉砂岩-黏土地层

3. 岩性描述

从砂岩岩性特征看，其粒级以中粒砂状结构为主，碎屑物粒径多数为 0.2～0.5mm。其颜色呈棕色、灰白色。碎屑成分岩屑种类有白云母石英片岩岩屑、泥岩岩屑和燧石岩屑（图 6.3）。胶结物中填隙物占 30%，主要为黏土杂基，少量铁质胶结物。铁质胶结物均匀混杂于黏土杂基之中，使黏土杂基染成褐红色。结构构造为不等粒砂状结构；单轴干抗压强度为 32.24MPa，抗风化能力较弱。地貌表现一般为崖壁、正地貌。采样点位于江西赣州石城通天寨景区山顶入口处，倾向南东 150°，倾角 15°，海拔 541m。试验数据表明主要为泥质砂岩和不等粒砂状结构，碎屑物分选差（图 6.4）。

图 6.3 通天寨千佛丹崖砂岩

图 6.4 通天寨泥质砂岩偏光显微镜照片

上方的泥质砂岩为不等粒砂状结构，碎屑物分选差，填隙物主要为黏土杂基；下方的泥质砂岩碎屑物主要为石英，少量片岩、石英岩、燧石等岩屑，填隙物以黏土杂基为主从砾岩特征看，该区砾石大小 2～15mm，砂质碎屑大小以 0.2～1.2mm 为主。颜色呈棕色、灰白色。岩屑种类为泥质细砂岩岩屑、粉砂质泥岩岩屑、白云母石英片岩岩屑和石英岩岩屑。胶结物主要为岩屑（59%）和石英（15%），少量（1%）白云母。结构构造为砾状结构，砾石之间为砂状结构，岩体呈强度抗性，单轴干抗压强度 21.97MPa，抗风化能力较弱。地貌多为崖壁等正地貌。图 6.5 为南雄组下部厚层至巨厚层状砾岩、砂砾岩层。试验数据表明砾岩含粗大的泥质细砂岩岩屑，填隙物黏土杂基为主（图 6.6）。

图 6.5　南雄组下部厚层至巨厚层状砾岩、砂砾岩层

图 6.6　通天寨砾岩偏光显微镜照片

从泥质砂岩特征看，其粒级不等粒砂状结构，多数粒径 0.15～0.80mm，少数可达 1.10mm。颜色呈棕红色、砖红色，少量灰绿色细砂岩。矿物成分碎屑物 65%，主要成分为石英（55%）、岩屑（9%），少量白云母（1%）。胶结物填隙物 35%，主要为黏土杂基，少量硅质胶结物（图 6.6）。黏土杂基已重结晶。硅质胶结物环绕石英碎屑颗粒分布，

两者消光方位一致，构成石英碎屑颗粒的次生加大边。结构构造为砂状结构。强度抗性，龟裂岩岩石样品规格不满足抗压试验要求。地貌表现正地貌，部分小裂纹为后期表生作用形成。

4. 构造描述

大地构造位置为武夷山隆起带。该区总体为一个地层产状向南东东缓倾斜的断陷单斜盆地，地层倾向 100°～130°、倾角 5°～20°；盆地东边，由于受后期断裂作用影响而反转，倾向为 250°～320°，近断层处倾角可近直立。盆地内断裂构造非常发育，主要表现为北东向、北北东向多期次的断裂构造，其次为北西向断裂。具有晚古生代沉积盖层褶皱，主要为瑞金向斜。断层有寻乌-石城深断裂带。节理以垂直节理为主，龟裂包由表生作用形成[3, 4]。

通天寨地质公园及其周边地区前泥盆纪变质地层、白垩纪地层和志留纪花岗岩出露广泛，泥盆-石炭纪仅有零星分布。可划分为加里东、印支、燕山-喜马拉雅 3 个构造层。加里东构造层由晚元古-早古生代海相地层组成，根据岩性、岩相、变质程度的差异，大致以鹰潭-宜黄-宁都-安远一线为界，可分为桂湘赣地层分区和武夷地层分区。武夷地层分区以河源-邵武断裂带（江西省内称寻乌-瑞金深断裂）为界，可分为南武夷地层小区和北武夷地层小区。印支构造层由泥盆纪-中二叠纪海陆交互相地层组成，燕山-喜马拉雅构造层由晚侏罗世-第四纪陆相地层组成，各构造层间均以区域角度不整合界面相隔[3, 4]。

6.3 地 貌 属 性

1. 地貌单元

通天寨在大地貌单元上属武夷山脉，位于武夷山脉中段西麓，其地势根据地貌成因与形态特征，可分为侵蚀构造中低山地形，剥蚀构造丘陵地形和构造剥蚀单斜盆地三类。丹霞地貌分布于低山、丘陵地区，坡度多大于 30°，其形态与展布方向明显受岩性及断裂、节理构造控制，且地形复杂，山势陡峭，山谷切割深。

2. 地貌类型

其岩性以砂岩、砾岩为主；产状以有一定倾斜角度的丹霞地貌为主，倾角一般介于 5°～15°（图 6.7）。从外动力气候看属于湿润区丹霞。该区地貌的流水是塑造主动力。该区坡面类型复杂，缓坡、直立坡、陡崖坡都有存在。该区景观丰富，单面山、石峰、石柱、大块孤石、岩墩均有形成（图 6.8）。正地貌有崩积体、崩积堆，一般形成在陡崖坡的下部。负地貌如丹霞沟谷、线谷及巷谷、峡谷、宽谷、深切曲流等地貌均有发育。崖壁岩槽如顺层凹槽、顺层岩槽、竖向沟槽等地貌景观十分发育。顺层沟槽和竖向沟槽式的丹霞山地貌坡面比较复杂。丹霞洞穴如顺层洞穴、水平洞穴、蜂窝状洞穴、竖向洞穴、崩积洞穴等各种形式的洞穴较为发育（图 6.9）。该区群体形态有簇群式峰丛-峰林式、簇群式龟裂包。该区丹霞地貌在发育阶段上属于壮年中晚期。

图 6.7　通天寨典型丹霞产状

图 6.8　通天寨丹霞石柱

图 6.9 通天寨的负地貌洞穴景观

左为生命之门；右为达摩洞

3. 坡面特性

通天寨陡崖的最大高度为 180m，一般高度 70～160m，陡崖最大坡度 90°，一般坡度 60°～80°。坡面形态平直型、波浪型、横向槽脊型、竖向槽脊型、平缓型均有。边角特点圆化型为主，坡面发育水蚀平行沟谷，沟壑纵横，新鲜崩塌面局部保持棱角。近水平薄层软岩的风化岩槽与近垂直节理的侵蚀悬沟互相交织，形成方形网状槽、沟系统，槽、沟之间则形成方形凸块，使整个岩壁形成窗棂状。

4. 重要景观

通天寨的标志性景观是赤壁丹崖（色如渥丹、灿若明霞）和龟裂石景观（图 6.10），图 6.11 为野外调研时的工作照。其个性化景观是仙人犁田、石笋干霄、龟裂凸包、岩墩。其地貌造型主要有仙人下棋、石笋干霄、仙女岩、神龟峰、千佛丹霞、鸳鸯观战、祥云石、鱼鳞石、龟寿石（图 6.12）。

图 6.10 通天寨典型龟裂石

图 6.11　通天岩野外工作照

仙人犁田北崖的
仙人托石岩柱

仙人下棋岩墩

通天寨千佛丹崖

龟寿石

图 6.12　通天寨典型丹霞景观

6.4 自然地理环境

1. 自然环境

该区气候类型为亚热带季风气候，1月均温7.5℃，7月均温30.4℃，年均温19.1℃，年降水量1900mm。河流为琴江，流域面积1469.1km^2，总径流量13.03×10^{8}m^3，区内流程总长90.4km，丰水期6～8月，为赣江之源。

其土壤有红壤、山地红黄壤、酸性紫色土。该区土地肥沃，结构较好。

植被类型有亚热带季风常绿阔叶林，亚热带沟谷雨林及硬叶灌丛。植物种类有高等野生植物236种，珍稀树种30余种，特色植物有伯乐树、南方红豆杉、银杏和珙桐等。

动物种类有101种，不乏多种国家和省级重点保护动物。特色动物有云豹、豹和蟒蛇。

该区自然地理环境属亚热带丘陵森林景观，森林覆盖率核心区可达90%以上，边缘缓冲区约70%左右，基本无水土流失和荒漠化现象，红层生态问题主要有外围林土的破坏和人工林化，图6.13为当地景观。

图6.13 通天寨山水田园景观

2. 地质环境

该区有崩塌灾害，发生在雨季，约2～3年会发生一次，但规模通常不大，也无人员伤亡。通天寨滑坡灾害主要出现在人工切坡的坡积物及风化壳上。通天寨不具备发生泥石流灾害的条件。该区对安全具有较大威胁的主要地质灾害是崩塌或落石（图6.14）。

图 6.14　风化崩塌的落石

其他地质环境问题主要为通天寨景区内局部植被破坏，出现侵蚀现象，甚至成为裸岩区。

6.5　地方文化及开发利用

1. 地方文化

该区所在县汉族占人口总数的 99.8%以上，此外还有畲族、回族、苗族、壮族、布依族、满族、白族等 16 个少数民族。建筑为客家与内地风格复合的风格类型。景点有石笋干霄、仙人犁田、将军桥、万人坑、试剑石、净土岩、马栏等，几乎每个风景点都有美丽动人的传说或详实的历史记载，从宋朝开始至近代，此处多次发生战争，至今残墙废垒处处可见。狮子石、万人坑、主簿寨、长庚门等都留下了当年战争的印迹。寨上石碑、石刻甚多，尤增风雅。民俗活动有东岳庙菩萨出神、岩岭过漾、小姑婚俗、大由蛇灯、石城守岁、木兰班桥灯、长溪七郎佛主诞辰生日、拜塔神、拜桥神、送花灯、小松猴王庙会。

2. 利用现状

该区丹霞地貌约 1/4 面积用于旅游开发，外部交通和景区内交通都较为发达，景区保护状况良好。

参 考 文 献

[1]　温昌辉，刘秀铭，吕镔，等. 江西石城盆地白垩纪红色地层中成壤特征及古环境分析. 第四纪研究，2016，36（6）：1403～1416.

[2]　温昌辉，江西石城盆地白垩纪红色地层中成壤特征及古环境分析. 福州：福建师范大学，2016.

[3]　马宥卿，江西石城盆地通天寨丹霞景观特征及旅游开发研究. 抚州：东华理工大学，2015.

[4]　姜勇彪，吴志春，郭福生，等. 江西石城县通天寨龟裂凸包景观成因初探. 东华理工大学学报（社会科学版），2013，32（03）：213～220.

第 7 章　弋阳南岩山

7.1　基 本 信 息

1. 名称及保护性命名

弋阳南岩山现名南岩山。从保护性命名看，2004 年被评为国家级风景名胜区，2010 年与龟峰捆绑被列为世界自然遗产，2011 年和龟峰捆绑被评为世界地质公园，2012 年被评为国家 AAAA 级旅游风景区。

2. 概况（面积/高程/位置/行政区划/交通）

弋阳南岩山其景区面积 30km^2，其丹霞地貌区面积为 8km^2。从高程看，其最低海拔 48m，其最高海拔 201.1m，一般高度为 120～280m。其经纬度范围北至 117°24′45″E、28°19′42″N，南至 117°24′06″E、28°17′45″N，东至 117°25′27″E、28°18′23″N，西至 117°23′41″E、28°19′14″N，中心点坐标 117°24′16″E、28°19′16″N。

在政区位置上，弋阳南岩山位于江西省上饶市弋阳县近郊。在对外交通上，在航空领域最临近机场为武夷山机场；在铁路领域，西距华东铁路枢纽鹰潭站 40km，东至上饶火车站 50km；在公路领域，临近 311 高速、320 国道、沪昆高速。

7.2　地 质 数 据

1. 地质概况

弋阳南岩山位于信江盆地，该盆地位于江西省东部，东西长约 180km，南北宽 10～40km，面积 3148km^2，呈狭长带状展布于武夷山脉与怀玉山脉之间。形成时代为白垩纪初，形成含火山岩和火山岩碎屑的塘边组（K_2t）和河口组（K_2h）。红层时代初始沉积于早白垩世，晚白垩世沉积结束[1]。

2. 地层描述

从地层特征看，K_2h 河口组的总厚度为 682.3m；紫红、砖红色砾岩、砂砾岩为主，夹含砾砂岩、中细粒砂岩，局部夹粉砂岩团块。K_2t 塘边组的上部为砖红色中粗粒砂岩、含钙细砂岩、粉砂岩；下部砖红色岩屑石英砂岩、细砂岩、粉砂岩，产恐龙蛋等化石。河口组为山麓洪冲积扇-辫状河沉积相组合，底部常超覆于早白垩世地层之上（图 7.1）。

图 7.1　冲积扇河流相沉积

沉积相中的风积相主要发育在塘边组下部，岩性为紫红色中-厚层状砂岩及薄层状粉砂岩，夹少量含砾细砂岩及薄层状粉砂岩，发育大型交错层理[1]（图 7.2）。

图 7.2　风积相层理

3. 岩性描述

从砂岩岩性特征看，其碎屑颗粒多数粒径为 0.07～0.4mm，个别达 0.6～0.7mm；其颜色呈砖红色或肉红色（图 7.3）。碎屑主要成分石英占 50%，岩屑 15%，长石 10%，偶见重矿物蓝色电气石。胶结物为钙质铁质胶结物，结构构造为巨厚-薄层，呈块状或层状。岩体单轴抗压强度为 37.58MPa，抗风化能力较弱。地貌表现多为岩壁和正地貌，凹进时为岩槽。岩体采样点在南岩山山脚，试验数据表明中细粒砂状结构分选差，磨圆度差，以次棱角状为主。碎屑物中个别石英具有次生加大边，岩屑种类有燧石岩屑、泥岩岩屑，偶见石英岩岩屑，长石为斜长石和微斜长石。岩石中溶蚀孔洞较多，个别孔洞边缘可见熔蚀残留的方解石（图7.4）。

图7.3　弋阳南岩山砂岩

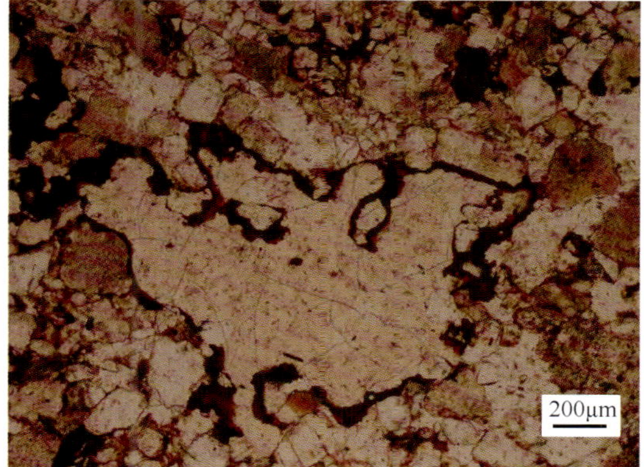

图7.4　弋阳南岩山砂岩样品偏光显微镜照片

4. 构造描述

大地构造位置，该区位于西太平洋欧亚大陆东南部，扬子古板块和华夏古板块古接合带东端，南靠武夷山隆起带，北临信江河谷盆地（准平原化）。主要构造线，中新生代盆地受北北东向构造及其伴生的北西向断裂控制明显；新生代北北东向构造，特别受婺源-宁都-安远断裂带控制。宽缓褶皱，北东向、北西向和近东西向三组断层，发育有3个方向的节理，北北东、北东东、北北西。

印支运动后，赣东北处于滨太平洋大陆边缘活动区，经历了伸展拉张、碰撞挤压、拉张断陷等构造发展过程，造成了晚侏罗世大规模的岩浆侵入和火山喷发，在武夷山隆起带北侧形成一系列的北东、北北东向火山岩盆地，堆积数千米以酸性火山岩为主的火山岩系。

白垩纪该处构造受太平洋板块北北西方向左行走化滑，俯冲碰撞作用减弱而转入伸展拉张的影响，信江盆地由拗陷转化为断陷，沉积了数千米厚的红色陆源河湖相岩屑岩系列，叠覆于火山岩盆地之上，共同组成了“下灰上红”独特的叠合式盆地[1, 2]。

7.3 地貌属性

1. 地貌单元

弋阳南岩山在大地貌单元上属武夷山余脉，其地貌位于西太平洋构造域华南构造区信江中生代断陷盆地中段，南靠武夷山隆起带，地势由南西向北东逐渐降低。总体由南西向北东逐渐降低，南岩山地处信江中段弋江南岸。

2. 地貌类型

该区岩性以砂岩地貌为主；产状以水平丹霞（<10°）为主，也存在缓倾斜丹霞（10°～30°）（图 7.5）。

近水平丹霞岩壁

岩壁层面倾角5°

图 7.5　典型缓倾斜丹霞地貌

河口组地层成层性突出，因此地貌表面的顺层微地貌（顺软岩层凹槽、岩槽、洞穴和顺硬岩层凸起、岩坎）发育，硬岩层面往往形成陡崖上的缓和台阶。其主动力为水蚀丹霞，依据气候，属于湿润区丹霞。流水是主动力，但风化和重力作用也是重要的常规动力，陡崖坡基本上是崩塌后壁或被风化、水蚀改造的坡面。

其正地貌坡面类型以直立坡和陡崖坡为主，大多数山体均有多级陡缓相间的坡面特点。此外，丹霞方山、丹霞单面山均有发育。在一般陡崖坡下均有崩积堆，有些地段陡崖坡下被河溪或坡面流水侵蚀则无崩积堆。负地貌丹霞沟谷如巷谷、峡谷均发育。崖壁岩槽如凹槽发育较少，多为水蚀凹槽。丹霞洞穴有顺层洞穴、水平洞穴，无丹霞穿洞与石拱。从发育阶段看，该区属于壮年晚期丹霞或老年早期簇群式宽谷-峰林-峰丛型丹霞。平缓山顶面<10°，群体组合疏密相间，剥蚀量超过 55%～70%[2, 3]。

其他描述：①白垩纪末期，红盆结束沉积，进入丹霞地貌演化初期；②早期阶段，盆地边缘红层受构造及流水等作用形成一线天等景观，盆地中部及过渡地带则为信江冲积平原；③中期阶段，盆地边缘丹霞地貌已不如青年晚期至壮年早期阶段，信江两岸则进入幼年至青年阶段，过渡地带则零星发育，处于幼年阶段；④现阶段盆地，边缘处于壮年晚期至老年早期阶段，盆地中部处于幼年至青年阶段，过渡地带大部地区属于丘丘地貌，仅断层及水系发育地带发育丹霞地貌，处于青年至壮年期。

3. 坡面特性

弋阳南岩山陡崖的最大高度为 220m，一般高度 50m；陡崖最大坡度 90°，一般坡度 60°～90°（图 7.6）；坡面形态平直型、波浪型、横向槽脊型、竖向槽脊型均有。边角特点圆化型为主，崩塌面局部保持棱角型。

图 7.6　坡度接近 90°的南岩山丹霞单面山

4. 重要景观

弋阳南天岩的标志性景观是南岩山卧佛，其个性化景观是观音洞、南岩寺等（图 7.7）。

“中国最大的卧佛”弋阳南岩山卧佛

观音洞

南岩寺

图 7.7　弋阳南岩山典型丹霞景观

7.4　自然地理环境

1. 自然环境

该区气候类型为中亚热带湿润季风气候江南气候，1 月均温 5.3℃，7 月均温 29.6℃，年均温 18.7℃，年降水量 1889.2mm。河流为信江，流域面积 15941km^2，总径流量 95×10^{8}m^3，丰水期 6～8 月。信江干流位于信江盆地的中部，主河道长 356km，其两岸分布大量的丹霞地貌，该流域为III类水质。

其土壤属红壤类型，区内土壤具有明显的垂直分带特点。其土壤肥力因地而异，在海拔 30～50m 的河谷平原区，主要为冲积土和水稻土，一般有机质含量为 2%～2.5%、氮 0.089%～0.122%、磷 0.03%～0.0327%，是耕地的主要土壤类型。在海拔 50～500m 的低山丘陵区，分布有大量酸性紫色土和红壤，在龟峰、龙虎山、马祖岩等地也有分布，有机质含量为 2.215%～2.58%、氮 0.108%～0.134%、磷 0.035%～0.147%，适合各种经济作物生长。海拔 500m 以上的中低山区，分布有山地黄壤和山地草甸土，成土母岩为花岗岩、变质岩和砂、页岩等，一般呈弱酸性。

该区为亚热带季风常绿阔叶林带，主要有 9 个植被类型：亚热带常绿阔叶林、亚热带温针叶林、亚热带针阔混交林、常绿落叶阔叶混交林、高山矮林、亚热带竹林、人工经济林、不稳定落叶灌丛和疏林。植物种类有乔木类、灌丛类、竹类和药材等 4 大类计 101 科、254 属、800 余种植物。特色植物有南方红豆杉，国家 I 级重点保护植物 2 种，国家 II 级重点保护植物 18 种。

动物有鸟类 170 种以上，兽类 40 余种，鱼类有 8 目 15 科 47 种，贝介类有蚌、螺、蟹、虾等，蛇类 10 种，蛙类 8 种。昆虫更是种类繁多，其中蝶类共计 8 科 40 余种，较名贵珍稀的有蛱蝶科的大豹蛱蝶和凤蝶科的玉带凤蝶。特色动物有华南虎、金钱豹、黑熊、云豹、苏门羚、眼镜蛇、虎纹蛙。该区有国家 I 级重点保护野生动物 3 种，国家 II 级重点保护野生动物 18 种，江西省重点保护野生动物 20 多种。

综合自然地理环境属中亚热带丘陵森林景观（图 7.8）。该区自然森林覆盖率核心区 57%以上，基本上无水土流失和荒漠化迹象，红层生态问题主要是外围林木的破坏与人工林化。

图 7.8　弋阳南岩山景区

2. 地质环境

该区在丹霞地貌区有崩塌灾害，由于凹槽和洞穴的不断扩大，顶部凌空的岩体在重力作用下，便会沿着破裂面崩塌滑落，形成崩积石。该区对安全具有较大威胁的主要地质灾害是崩塌或落石，滑坡灾害主要发生在修路和建筑人工切坡处，一般规模较小，基本上无泥石流发生条件。

7.5　地方文化及开发利用

1. 地方文化

该区民族主要是汉族，有部分畲族。宗教有佛教，宗教设施有南岩寺、双岩寺（图 7.9）。主要建筑有叠山书院、儒学宫、将军楼、文星塔、方志敏纪念馆；史迹有徐霞客、高明等一批名人轶事遗迹、古驿道、谢叠山墓。民俗活动有横峰傀儡戏、鄱阳张王庙庙会、鄱阳饶河戏、鄱阳渔鼓。

观音洞

双岩寺

图 7.9　弋阳南岩山佛教文化景点

2. 利用现状

大部分景区已开发利用为旅游区，并有观光产品。对外交通发达，内部联通较差，环境保护状况良好。

参 考 文 献

[1] 江西省地质矿产局. 江西省区域地质志. 北京：地质出版社，1984.
[2] 朱诚，马春梅，张广胜，等. 中国典型丹霞地貌成因研究. 北京：科学出版社，2015.
[3] 姜勇彪. 江西信江盆地丹霞地貌研究. 成都：成都理工大学，2010.

第 8 章　铅山鹅湖书院

8.1　基 本 信 息

1. 名称及保护性命名

铅山鹅湖书院别名文宗书院。从保护性命名看，其丹霞地貌区 1957 年被列入省级重点文物保护单位，2006 年被列为国家级重点文物保护单位。

2. 概况（面积/高程/位置/行政区划/交通）

铅山鹅湖书院其景区面积 8km^2，其丹霞地貌区面积为不足 0.1km^2。从高程看，其最低海拔 40m，其最高海拔 690m，其一般高度 200m。其经纬度范围北至 28°15′44″N、117°49′33″E，南至 28°15′39″N、117°49′36″E，东至 28°15′41″N、117°49′37″E，西至 28°15′43″N、117°49′32″E，中心点坐标 28°15′42″N、117°49′35″E。

在政区位置上，铅山鹅湖书院位于江西省上饶市铅山县，东近浙江，西接赣中，南邻福建，北望安徽。在对外交通上，在航空领域临近上饶三清山机场，在铁路领域紧邻铅山站，在公路领域可乘车至江西各地。

8.2　地 质 数 据

1. 地质概况

铅山盆地位于江西省东部信江盆地，地质概况与弋阳南岩山接近，详见 7.2 节。

2. 地层描述

从地层特征看，塘边组主要分布于信江盆地的中部，为滨湖相、浅湖相及湖泊三角洲相沉积，以中、粗厚层砂岩为主，钙质泥质胶结，岩性变化相对稳定，以大型交错层理为特征，形成天然壁画。

沉积相有冲积扇相，主要发育于晚白垩世河口组和莲荷组，多沿信江盆地南北缘断裂带分布。冲积扇体系是由中-粗砾岩、砾质粗砂岩、砾质砂岩及中-粗粒杂砂岩所组成。

3. 岩性描述

从火山角砾凝灰岩特征看，其粒径以 0.1～6mm 为主，其中大于 2mm 的粗大晶屑构成火山角砾，其颜色为砖红色、肉红色（图 8.1）。结构呈巨厚-薄层，块状或层状，与砾石互层。岩体单轴抗压强度为 67.57MPa，抗风化能力较弱。地貌多为岩壁和正地貌。采样点位于铅山鹅湖书院上方慈济禅院路边，图 8.2 为该次采集样品。试验数据表明角砾凝灰结构呈假流纹构造，火山碎屑物中火山角砾约占 20%，火山角砾的粒径以 2～6mm 为主，火山灰占 80%。火山碎屑物的成分为玻屑和晶屑。玻屑成分约 60%，边界模糊不清，个体很小，大多已脱玻化。晶屑约占 40%，主要为石英、长石，少量黑云母。棱角状、磨圆度差，少数熔蚀呈浑圆状、分选差。石英晶屑多数已塑性变形，为塑变玻屑，定向-半定向排列，构成假流纹构造（图 8.3）。

图 8.1　鹅湖书院火山角砾岩岩相

图 8.2　岩芯样品照片

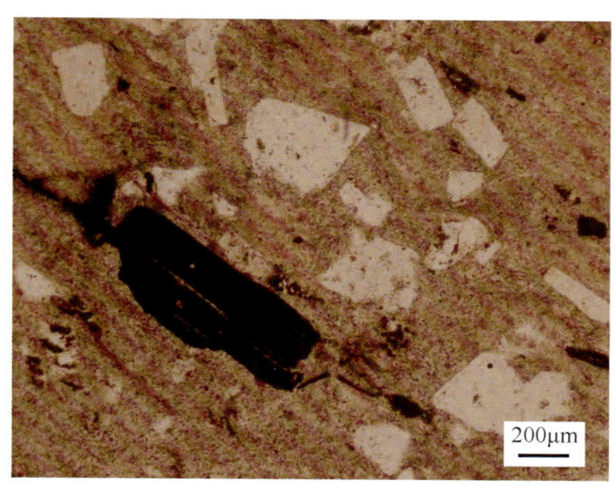

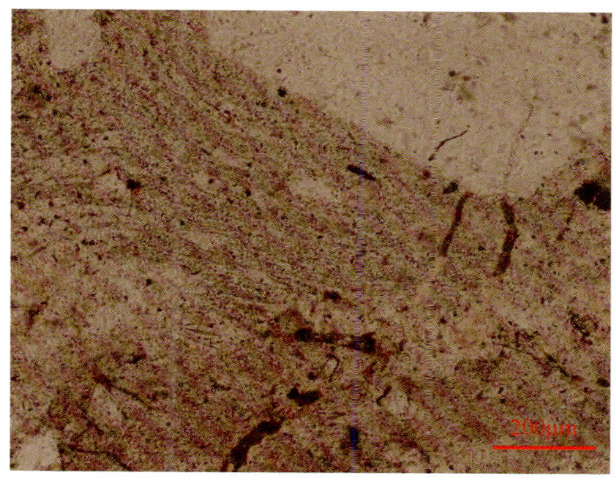

图 8.3　砾岩岩芯样品偏光显微镜照片

4. 构造描述

该区大地构造详见弋阳南岩山的构造描述。

8.3 地 貌 属 性

1. 地貌单元

铅山鹅湖书院在大地貌单元上属武夷山余脉，同弋阳南岩山一样，位于西太平洋构造域华南构造区，南靠武夷山隆起带，地势由南西向北东逐渐降低[1]。鹅湖书院地处信江中段铅山南岸，发育有石梁、石墙、穿洞、天生桥等丹霞地貌景观[2]。

2. 地貌类型

该区岩性以火山岩丹霞为主，产状以近水平丹霞（＜10°）为主（图 8.4），从外动力

图 8.4　火山岩丹霞地貌近水平产状露出面

和气候看，流水是主要动力，但风化和重力作用也是重要的常规动力，陡崖坡基本上是崩塌后壁或被风化、水蚀改造的坡面。正地貌坡面类型以直立坡和陡崖坡为主。山石发育较少。崩积体多为崩积堆，一般形成在陡崖坡的下部。单体形态负地貌丹霞洞穴主要发育为凹槽和穿洞崖壁岩槽，以水平岩槽发育为主，顺层凹槽、顺层岩槽等地貌景观十分发育。丹霞洞穴包括顺层洞穴、崩积洞穴、天生桥等各种形式的洞穴较为发育。从发育阶段看属于中年期丹霞[3]（图 8.5、图 8.6）。

丹霞凹槽

月亮山丹霞天生桥

图 8.5　单体形态丹霞负地貌

图 8.6　铅山中年期丹霞地貌

3. 坡面特征

铅山鹅湖书院陡崖的最大高度为 330m，一般高度为 100～180m。陡崖最大坡度 90°，一般坡度 80°～90°，坡面形态以直立陡坡和崖坡为主。边角特点以圆化型为主，崩塌面局部保持棱角型。

4. 重要景观

铅山的标志性景观是赤壁丹崖（色如渥丹、灿若明霞），其个性化景观是条带状纹路岩层（图 8.7、图 8.8）。

图 8.7　铅山鹅湖书院附近砂岩景观

图 8.8　条带状纹路岩层

8.4　自然地理环境

1. 自然环境

该区气候类型为亚热带季风性湿润气候，1 月最高气温和最低气温为 16℃和 5.6℃，7 月则为 29.4℃和 18.7℃，年均气温 17.9℃，年降水量保持在 2000mm 左右。流经该区的河流为信江，流域面积 15941km^2，总径流量 $95\times10^8m^3$，丰水期 6～8 月。信江中段干流位于信江盆地的中部，主河道长 356km，其两岸分布大量的丹霞地貌，此河流的水质为III类。

其土壤属红壤类型，特点与弋阳南岩山相同。

植被类型主要为亚热带季风常绿阔叶林等 9 种，详情参考弋阳南岩山。

植物种类和动物种类与弋阳南岩山相同。

图 8-9 为铅山鹅湖书院附近的综合自然地理景观。

图 8.9　铅山鹅湖书院综合自然地理景观

8.5　地方文化及开发利用

1. 地方文化

该区民族为汉族，宗教为佛教。古建筑有鹅湖书院、慈济禅院等（图 8.10），史迹有朱熹办学之处，民俗活动有铅山连四纸制作工艺和对山歌。

鹅湖书院

慈济禅院

图 8.10　铅山鹅湖书院地区古建筑

2. 利用现状

该景区丹霞地貌露出极小，人文景观利用程度较高，交通不太方便，内部联通较差，但环境保护状况较好。

参 考 文 献

[1] 江西省地质矿产局. 江西省区域地质志. 北京：地质出版社，1984.
[2] 朱诚，马春梅，张广胜，等. 中国典型丹霞地貌成因研究. 北京：科学出版社，2015.
[3] 姜勇彪. 江西信江盆地丹霞地貌研究. 成都：成都理工大学，2010.

第 9 章　宁都翠微峰

9.1　基 本 信 息

1. 名称及保护性命名

宁都翠微峰别名金精山。从保护性命名看，其丹霞地貌区 1991 年被列为省级地质公园，1994 年被列为国家地质公园，2012 年被评为国家 AAAA 级旅游区。

2. 概况（面积/高程/位置/行政区划/交通）

宁都翠微峰其景区总面积为 78.67km^2，其丹霞地貌区面积为 31km^2。从高程看，其最低海拔 6m，最高海拔 953m，一般高度 250～450m。其经纬度范围北至 26°31′25″N、115°59′18″E，南至 26°30′1″N、115°59′40″E，西至 26°30′40″N、115°58′52″E，东至 26°30′37″N、116°0′10″E，中心点坐标 26°30′47″N、115°59′30″E。

在政区位置上，宁都翠微峰位于江西省赣州市宁都县西北部，距宁都县城约 2.5km。在对外交通上，在航空领域，外省市游客可到赣州黄金机场或井冈山机场，井冈山机场至宁都驾车需 2 小时车程，赣州机场到宁都需 2.5 小时车程；在铁路领域，瑞金或兴国火车站至宁都约 1 小时车程；在公路方面，济（南）广（州）高速、泉（州）南（宁）高速在宁都均有出口，出口距离景区约 20 分钟车程。

9.2　地 质 数 据

1. 地质概况

宁都翠微峰地处古周田湖盆地北部，属新华夏系第二隆起带上的次一级构造单元，形成于早白垩世的中晚期，距今约 7000 万年。红层时代初始沉积于白垩纪中期，沉积结束于白垩纪晚期[1]。

2. 地层描述

从地层特征看 K_2lh 莲荷组的总厚度为 2631m，上部砖红-紫红色含砾砂岩、中细粒砂岩、粉砂岩；下部砾岩、砂砾岩、中细粒砂岩。K_2t 塘边组的总厚度为 240m，上部砖红色中粗粒砂岩、含钙细砂岩、粉砂岩；下部砖红色岩屑石英砂岩、细砂岩、粉砂岩，产恐龙蛋等化石。K_2h 河口组的总厚度为 2074m，红色砾岩、砂砾岩、含砾砂岩、粉砂岩，产轮藻、恐龙蛋、恐龙骨骼等化石[2]。沉积相为冲积扇相，主要发育于晚白垩世河口组和莲荷组，多沿盆地南北缘断裂带分布（图 9.1）。冲积扇体系是由中-粗砾岩、砾质粗砂岩、砾质砂岩及中粗粒杂砂岩所组成。冲积-辫状河相主要发育在塘边组下部，岩性为紫红色中厚层状砂岩及薄层状粉砂岩，夹少量含砾细砂岩及薄层状粉砂岩，发育大型交错层理（图 9.2）。

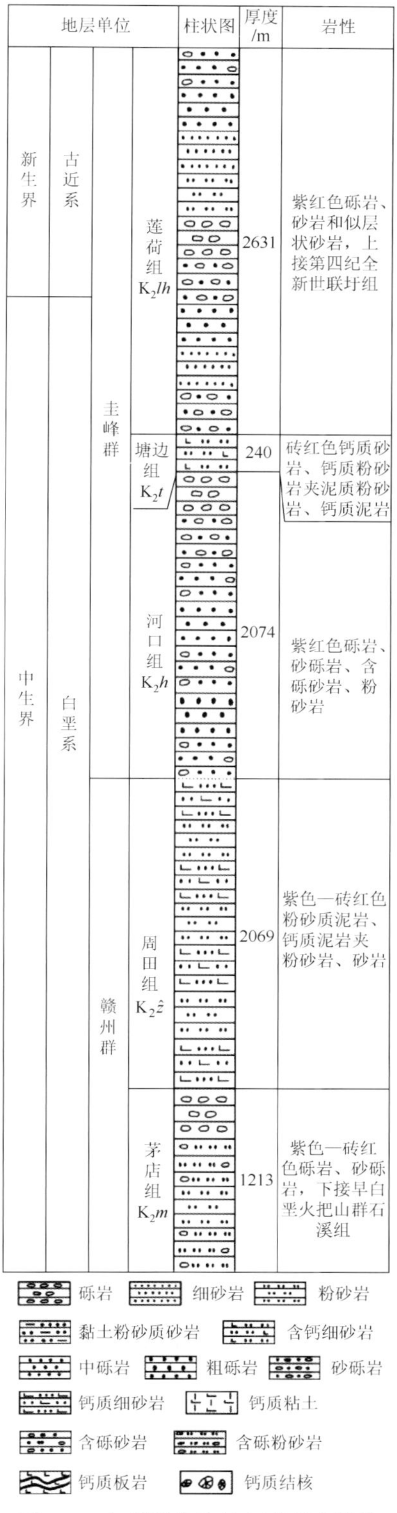

地层单位				柱状图	厚度/m	岩性
新生界	古近系	圭峰群	莲荷组 K_2lh		2631	紫红色砾岩、砂岩和似层状砂岩，上接第四纪全新世联圩组
中生界	白垩系		塘边组 K_2t		240	砖红色钙质砂岩、钙质粉砂岩夹泥质粉砂岩、钙质泥岩
			河口组 K_2h		2074	紫红色砾岩、砂砾岩、含砾砂岩、粉砂岩
		赣州群	周田组 $K_2\hat{z}$		2069	紫色—砖红色粉砂质泥岩、钙质泥岩夹粉砂岩、砂岩
			茅店组 K_2m		1213	紫色—砖红色砾岩、砂砾岩，下接早白垩火把山群石溪组

砾岩 细砂岩 粉砂岩
黏土粉砂质砂岩 含钙细砂岩
中砾岩 粗砾岩 砂砾岩
钙质细砂岩 钙质粘土
含砾砂岩 含砾粉砂岩
钙质板岩 钙质结核

图 9.1 宁都翠微峰地层柱状图[1, 2]

图 9.2　宁都翠微峰河湖相沉积

3. 岩性描述

从砾砂岩特征看，其粒级为 0.2～1.5mm，颜色呈红褐色。碎屑成分以变质岩岩屑为主，含少量沉积岩岩屑。岩体抗压强度为 45.34MPa。地貌主要为正地貌，主要有岩壁和石峰（图 9.3）。采样点位于宁都翠微峰金精洞，图 9.4 中有此次采样的岩芯样品。采样在偏光显微镜下定名为含砾砂岩，碎屑物（砾石和砂质物）占 90%，主要成分为石英（单晶石英）和脉石英（多晶石英）约 40%，长石约 15%，岩屑约 34%，少量（1%）黑云母、

图 9.3　宁都翠微峰砾岩岩相

白云母。石英碎屑中较大的颗粒具有强烈的波状消光，可能来源于变质岩。脉石英由不规则石英晶粒镶嵌而成，其中的石英略具定向性，晶粒之间呈不规则齿状-缝合线状接触，具有强烈的波状消光。变质岩岩屑为黑云母石英片岩和白云母石英片岩岩屑[3]，少量变质石英岩岩屑。沉积岩岩屑为石英砂岩岩屑，成岩作用很强。填隙物占 10%，主要为它形粒状方解石钙质胶结物，少量铁质氧化物和细小的粉砂级碎屑物（图 9.5）。

图 9.4　岩芯样品照片

图 9.5　翠微峰含砾砂岩偏光显微镜照片

从砂岩特征看，其粒级较细的碎屑物约占碎屑物总量的 80%，粒径以 0.06～0.20mm 为主，呈细粒砂状结构；较粗的碎屑物约占总量的 20%，粒径为 0.35～1.10mm，呈中-粗粒砂状结构。其颜色为红褐色，碎屑成分为石英岩岩屑和微晶灰岩岩屑（图 9.6）。微晶灰岩由非常细小的它形粒状微晶方解石组成。胶结物主要为钙质胶结物和它形中-细晶结构方解石，呈不等粒砂状结构。岩体抗压强度为 58.08MPa。地貌主要为负地貌，有洞穴、凹槽。采样点位于宁都翠微峰摩崖石刻附近。采样依据偏光显微镜鉴定后定名为泥质铁质砂岩，碎屑物磨圆度差，为棱角状-次棱角状，分选差，大小混杂。碎屑物约占 65%，主要成分为石英（47%）、长石（6%）、黑云母（10%），少量岩屑（1%）、白云母（1%），偶见重矿物锆石。长石以斜长石为主，少量微斜长石。黑云母风化微弱，深褐红色-浅黄色，具有很强的多色性和吸收性。岩屑为石英岩岩屑和微晶灰岩岩屑。微晶灰岩由非常细小的它形粒状微晶方解石组成。填隙物占 35%，以铁质胶结物和黏土杂基为主（约 32%），少量（约 3%）为钙质胶结物（图 9.7）。铁质胶结物为铁质氧化物，呈红褐色，不透明（边缘半透明）。

图 9.6　宁都翠微峰砂岩岩相

图 9.7　翠微峰泥质铁质砂岩偏光显微镜照片

4. 构造描述

大地构造位置，本区同样位于西太平洋欧亚大陆东南部。翠微峰构造裂隙位于翠微峰峰南，由多组 335°北西走向 72°倾角的构造裂隙组成，裂隙面为砾石层与砂砾岩层交错出现，层厚达 5～20cm。

9.3　地 貌 属 性

1. 地貌单元

宁都翠微峰属低山高丘地形，最高峰位于莲花山，地势由西北向东南倾斜。西北部岗地多且地势高，而北部、东部、中部和西南部则石峰林立，山体陡险，峡间溪流多而谷地少，地貌以低山丘陵为主，区域垂直地带分布明显。

2. 地貌类型

该区岩性由紫红、棕红色含砾砂岩、粉（细）砂岩和薄层泥质粉砂岩组成，岩层多呈层状-中厚层状，产状较稳定。走向北东 20°～50°，倾向北西，倾角 15°～20°。该区属亚热带季风性湿润气候，温和湿润，雨量充沛，无霜期长，四季分明。主动力为长期炎热的气候、流水作用及雨水的侵蚀。长期炎热的气候导致风化碎屑物质中的铁质大部分被氧化成红色的氧化铁；流水作用促使泥砂、砾石相间沉积，在重压之下，逐渐胶结成页岩、砂岩、砾岩等各种岩石。依据单体形态，正地貌类型坡面陡峭（图 9.8）。有的山体状如奔驰的骏马，有的像狮头兽面，有的像宝塔、石鼓，多数山峰呈圆弧形及馒头状。崩积体有的呈面状与线状，形成众多独立的巨石、方山、岩堡和奇岩怪洞。负地貌丹霞沟谷（图 9.9）多为高山低谷，峡间溪流，纵横交错，唯一较大的溪流石涧，由北向南贯穿南区汇入竹坑河。崖壁岩槽多为峭壁丹霞，石峰林立。因丹霞林立，形成较多奇岩怪洞和丹霞穿洞与石拱。山体陡崖发育呈堡状或塔状，具有典型的平顶、陡崖与底部缓坡的坡面形态。群体形态丹霞孤峰发育，公园丹霞地貌以平顶陡身石寨峰丛、峰林与圆顶石寨、峰丛峰林及孤峰残丘并存为标志，形成从幼年期→壮年期→老年期丹霞地貌的完整序列，尤以壮年期地貌为主体，以壮年早期最典型，体现了其发育与演化的完整信息（图 9.10）。

翠微峰单斜山

翠微峰石峰

图 9.8　翠微峰正地貌

翠微峰一线天

翠微峰洞穴群

翠微峰大型岩穴

图 9.9　翠微峰负地貌丹霞

图 9.10　翠微峰壮年期丹霞地貌景观

3. 坡面特性

宁都翠微峰陡崖的最大高度为 468.5m，一般高度 200m；陡崖最大坡度 90°，一般坡度 70°～90°（图 9.11）；坡面形态平直型、波浪型、横向槽脊型、竖向槽脊型均有。边角以圆化型为主，崩塌面局部保持棱角型。

图 9.11　翠微峰陡崖

4. 重要景观

宁都翠微峰的标志性景观是赤壁丹崖，丹霞孤峰，穿洞。其个性化景观是狮子峰、锦绣湖。综合景观是翠微峰山水结合（图 9.12～图 9.14）。

翠微峰赤壁丹崖

翠微峰赤壁孤峰

图 9.12　宁都翠微峰标志性景观

狮子峰

锦绣湖

图 9.13　宁都翠微峰个性化景观

图 9.14　翠微峰山水结合

9.4　自然地理环境

1. 自然环境

该区气候类型为亚热带季风湿润气候，1 月均温 6.3℃，7 月均温 26.8℃，年均温 17℃，年降水量 1650mm。流经该区的河流为梅江河，流域面积 7121km²，丰水期 6～8 月。

该区土壤为酸性紫色土、冲积土和红砂土、红色黏土发育的棕红壤。土壤多为团块状结构，土层下有较薄的风化层，基础是较坚硬的母质岩，因节理裂隙被侵蚀剥脱，故易形成峰林状的丹霞地貌。

植被类型属于亚热带常绿阔叶林，植物种类有59科189种。特色植物有用材植物、油料植物、果品植物、药用植物、观赏植物和菌类植物，图9.15为翠微峰全景。

图9.15　翠微峰全景

动物种类有野生动物40余种，其中兽类10余种，如山兔、灵猫、穿山甲等；鸟类25种，如喜鹊、杜鹃、百灵等；爬行类5种，如眼镜蛇、金环蛇等；特色动物有鹞鹰。

该景区属亚热带气候，雨水充沛，常年气候温和，生态环境良好，适宜植物生长和野生动物繁衍栖息，自然资源十分丰富。

该区森林覆盖率82.4%，基本无水土流失和荒漠化迹象，红层生态问题主要是外围林木的破坏与人工林化。

2. 地质环境

该区有崩塌灾害，崩塌落石现象比较常见（图9.16）。景区范围内不具备发生泥石流的条件。对安全具有较大威胁的主要地质灾害是崩塌或落石，滑坡灾害主要发生在修路和建筑人工切坡处，一般规模较小。

图9.16　翠微峰崩积石

9.5　地方文化及开发利用

1. 地方文化

该区民族以汉族为主。宗教有道教和佛教。建筑以客家建筑为主，史迹以红色旅游点为主。民俗活动盛行有四时八节，指上元节、花朝节、清明节、立夏节、端午节、中元节、中秋节、重阳节。

2. 利用现状

该景区已开发旅游，利用程度较高，交通发达，内部联通较差，环境保护状况良好。

参 考 文 献

[1]　江西省地质矿产局. 江西省区域地质志. 北京：地质出版社，1984.

[2]　朱诚，马春梅，张广胜，等. 中国典型丹霞地貌成因研究. 北京：科学出版社，2015.

[3]　徐有华. 赣南萤石矿成矿地质条件及成矿预测研究. 北京：中国地质大学（北京），2008.

第 10 章　龙南小武当山

10.1　基 本 信 息

1. 名称及保护性命名

龙南小武当山现名小武当山。从保护性命名看，其丹霞地貌区，1996 年被评为省级风景名胜区，2017 年被列为国家级风景名胜区。

2. 概况（面积/高程/位置/行政区划/交通）

龙南小武当山其丹霞地貌区面积为 $13.5km^2$。从高程看，其最低海拔 352m，最高海拔 864m，一般高度 503m。其经纬度范围北至 24°37′39″N、114°43′39″E，南至 24°32′26″N、114°43′50″E，东至 24°36′54″N、114°44′27″E，西至 24°36′46″N、114°43′7″E，中心点坐标 24°36′59″N、114°43′42″E。

在政区位置上，龙南小武当山位于江西省赣州市龙南县武当镇境内，亦为赣粤交界处。在对外交通上，在航空领域临近赣州黄金机场，龙南通勤机场已在建，在铁路领域有京九铁路，在公路领域有 105 国道一级公路、赣粤高速、大广高速。

10.2　地 质 数 据

1. 地质概况

龙南小武当山位于塘口-夹湖-大丘田红层盆地，其红层盆地总面积约 $218.2km^2$，形成于晚白垩世早期，沉积结束于晚白垩世中晚期。

2. 地层描述

从地层特征看，K_2g 赣州组[1]地层厚度 985m，未见底、顶不全，以其特有的紫红色（外貌表皮色暗褐色或黑色）和形成的特有地貌-丹霞地貌为特征（图 10.1）。

岩石组合，主要以厚-巨厚层状及块状紫红色砾岩为主，上部夹有紫红、灰紫等色的砂岩、粉砂岩、泥岩。其下部砾岩特征为具杂基支撑结构，碎屑颗粒主要为粒径不等的砾石及先成岩石碎块，砾石成分很杂，见有大量侏罗纪火山岩砾石和花岗岩、变质岩及石英、硅质岩、砂岩及少量灰岩砾石，砾石磨圆程度较差，多呈次圆状至次棱角状，分选程度低，大小混杂。填隙物以砂、粉砂、泥等细碎屑物为主，具铁质胶结和钙质胶结。该地层属于地壳快速抬升、盆地快速沉陷之构造环境的产物[1]。此白垩系地层，是区内一个具有特色的地层单位之一，其分布面积仅次于寒武系和泥盆系，主要分布于大丘田-水电站一带，呈北东向带状分布，受断层控制明显。地层产状平缓，总体倾向南东，倾角10°～20°，不整合于寒武系、泥盆系及花岗岩之上，属于中生代山间断陷盆地沉积产物。地层另一特征是由上至下，岩石结构由粗渐细、砾石层厚度渐薄、层理构造发育明显。沉积相，主要为河湖相洪积相（图10.1），见洪积砾岩，下部偶见冲刷构造。河床相，砾石发育，磨圆度一般。河漫滩-河间洼地相可见细粒粉砂岩、黏土岩。湖盆相以粉砂岩、黏土岩为主，见水平层理。

图10.1　小武当山河湖相沉积

3. 岩性描述

从火山碎屑岩看（图10.2），其粒级0.2～2.8mm。其颜色呈灰褐色。碎屑多为晶屑，约占25%，成分为石英和长石，胶结物多为黏土矿物和硅质矿物。结构多为微晶结构，岩体抗压强度高，为102.75MPa，抗风化能力强。地貌多为岩壁正地貌。采样点为龙南小武当山半腰一线天，图10.3中可见采集的样品。试验数据表明晶屑多呈棱角状，大小不一，分选差，微裂隙很发育。有的石英晶屑具熔蚀边（据此判断该岩体为火山碎屑岩），长石普遍风化强烈。微小的黏土矿物和硅质矿物，约占75%，粒径＜0.01mm，光性和形态特征模糊，这些微小的黏土矿物和硅质矿物可能是细小的火山碎屑物风化蚀变的产物（图10.4）。

图 10.2　龙南小武当山火山碎屑岩

图 10.3　龙南小武当山岩芯样品

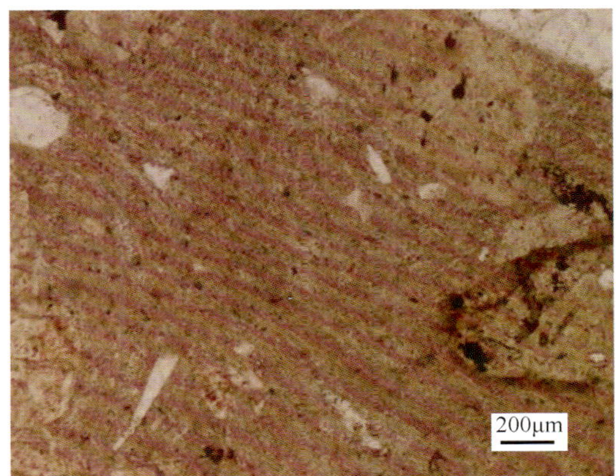

图 10.4　龙南小武当山火山碎屑岩偏光显微镜照片

从砂岩特征看，其粒级 0.15～0.60mm，呈红褐色（图 10.5）。碎屑成分占 70%，主要成分为石英 60%、长石 8%、岩屑 1%、白云母 1%，偶见重矿物锆石。岩屑为泥质细砂岩岩屑，长石为斜长石、微斜长石和条纹长石。胶结填隙物占 30%，为钙质胶结物 25%和铁质胶结物 5%，两者分布不均。以中粗粒砂状结构为主，少量细粒砂状结构。砂岩抗压强度为 37.25MPa，抗风化能力弱。地貌主要为岩壁等正地貌，砾岩夹砂岩时凹进为岩槽。采样点位于龙南小武当山半腰一线天。试验数据表明其分选性差，磨圆度中等，以次棱角状-次圆状为主。钙质胶结物为它形粒状方解石，多数晶粒 0.2～0.5mm，以中晶为主，局部较粗大，无色透明，强烈闪突起，呈白干涉色。铁质胶结物呈褐红色，透明度差，多环绕碎屑颗粒边缘分布（图 10.6）。

图 10.5　龙南小武当山砂岩

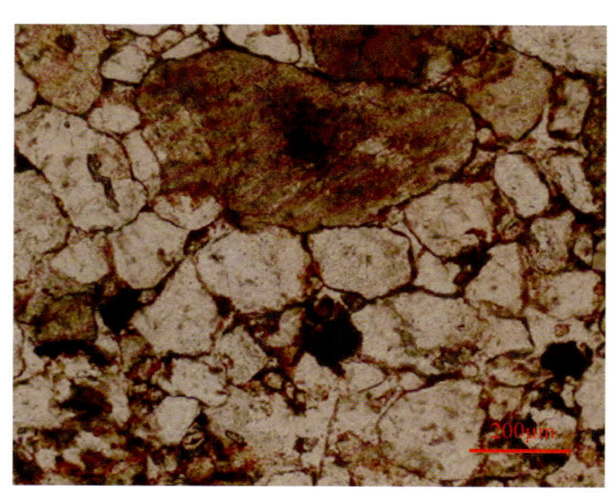

图 10.6　龙南小武当山砂岩偏光显微镜照片

4. 构造描述

该区位于南岭纬向构造带东段与武夷山北东向构造带南段的复合部位西侧，属于“九连山隆起构造带”。呈多方向复合交织的构造格局，主要为北东向断裂控制下的断块差异升降构造和中生代陆相沉积盆地的掀斜构造，主要见于大丘田至电站一带的晚白垩世盆地。其主要特点是沉积盆地受盆缘断层控制，属单边断陷盆地（也称“箕状盆地”），伴随着盆地的单边沉降作用，沉积地层形成单斜构造和微弱的褶皱。断层区内断裂构造非常发育，不同方向的断裂构造纵横交错，其对地质构造格局起控制作用的为近东西向断裂和北东向断裂。其中，坪坑-大坳-电站坝北东向断裂带斜贯全区，两端伸入区外，规模较大，总体延长近百千米。断裂具有正断层特点，倾向北西，倾角 40°～65°，上盘下降。发育的断裂带宽十余米至数十米，具硅化、破碎等现象，间有片理化现象。对区内晚白垩世盆地的形成与演化起直接控制作用，对区外如北东段夹湖温泉的形成也有明显的控制意义。综合而言，该断裂构造形成于中生代，具有多期活动现象，切割深度较大，节理带内岩石片理化和节理发育。

调研表明龙南小武当山主要构造形迹有：褶皱构造，基地褶皱构造、盖层褶皱、九连山背斜、虾公塘向斜、中生代陆相沉积盆地的掀斜构造；断裂构造，近东西向断裂构造、北东向断裂构造、坪坑-大坳-电站坝北东向断裂带、下北湖东向断裂带、黄牛石-鸡啼石北东向片理化构造带[1, 2]。

10.3　地 貌 属 性

1. 地貌单元

龙南小武当山属南岭山系，主要位于南岭山系东段九连山北坡，地处南岭腹地。地势北高南低，西部突起，其总体上属于中-低山地貌。由于区内地质构造背景复杂，地质小单元多且差异大，构造具多方向，由此控制着区内微地貌小单元的多样性和地貌形态上的差异性。全区地貌大致具有盆岭相间、棋盘格状展布之格局，这与构造格局基本吻合，也与地层及岩性条件密切相关[3]。

2. 地貌类型

依据岩性，以砂砾岩丹霞为主。其产状以近水平岩层为主（图 10.7），地层成层性突出，因此地貌表面的顺层微地貌（顺软岩层凹槽、岩槽）发育。该区属气候湿润区，类型主要为水蚀丹霞，流水是主动力，但风化和重力作用也是重要的常规动力。其形态主要为正地貌。坡面类型以直立坡和陡崖坡为主。山体主要有丹霞单面山、石峰、石梁、石柱、丘陵、孤峰（图 10.8）。丹霞沟谷中线谷发育。崖壁岩槽有顺层凹槽、顺层岩槽、竖向沟槽等。坡面流水侵蚀的竖向沟槽使得地貌坡面十分复杂。丹霞洞穴中水平洞穴、顺层洞穴、穹形洞穴、蜂窝洞穴、溶蚀洞穴等均十分发育（图 10.9）。丹霞穿洞与石拱中崩积石拱在沟谷和缓坡均有分布。其群体形态多为簇群式峰林-峰丛型。

图 10.7　近水平丹霞岩壁（倾角 5°）

小武当山“五女拜寿”峰丛

丹霞赤壁

图 10.8　小武当山典型正地貌类型

大型凹槽

一线天

丹霞岩穴

图 10.9　小武当山典型负地貌类型

3. 坡面特性

龙南小武当山陡崖的最大高度为 430m，一般高度 75～110m；陡崖最大坡度 90°，一般坡度 65°～90°。坡面形态平直型、波浪型、横向槽脊型、竖向槽脊型均有。边角特点以圆化型为主，崩塌面局部保持棱角型。

4. 重要景观

龙南小武当山的标志性景观是赤壁、一线天和丹霞峰丛。其个性化景观是金龟出山和五女拜寿。

10.4　自然地理环境

1. 自然环境

该区气候类型为亚热带季风气候，1 月均温 10℃，7 月均温 32℃，年均温 18.9℃，年降水量 1509.7mm。流经该区的河流为大丘田河，流域面积 81.31km^2，总径流量 0.55km^3，区内流程 20.1km，丰水期 6～8 月。该区沟谷溪流水潺潺，是赣江上游主要支流桃江的源头。

该地区所在龙南县土壤共有 7 个土类 13 个亚类 48 个土属 100 个土种。土壤可分为 7 个大类即水稻土、潮土、紫色土、石灰土、红壤、山地黄壤、山地草甸土。其中红壤是县内土壤的主要类型，分布在低山、丘陵地段，面积 2 064 414 亩，占土地总面积的 83.07%，有 3 个亚类，25 个土种，3 个亚类即红壤、红壤性土、山地性黄红壤。

植被类型属于常绿阔叶林、针阔叶混交林、针叶林、不稳定的灌丛类型、山地草甸类型。植物种类有 196 科 1170 种，其中苔藓植物 10 科 13 种，蕨类植物 24 科 62 种，裸子植物 9 科 16 种，被子植物 153 科 1079 种。特色植物有红豆杉、银杏、观光木。

动物种类有陆生脊椎动物 327 种，隶属 25 目 81 科。其中哺乳动物 7 目 18 科 57 种，鸟类 16 目 50 科 226 种，爬行动物 2 目 13 科 44 种。特色动物中重点保护动物有 14 种，Ⅰ级保护动物有华南虎、豹、云豹等 3 种，Ⅱ级保护动物有穿山甲、豺、水貂等 11 种。

其自然地理环境属于亚热带丘陵景观（图 10.10）。该区自然森林覆盖率 80.3%，基本无水土流失和荒漠化迹象，生态问题主要是外围林木的破坏与人工林化。

图 10.10　小武当山人与自然结合

2. 地质环境

该区有崩塌灾害，崩塌落石现象常见（图 10.11），滑坡灾害较少见。该区内不具备发生泥石流的条件。对安全具有较大威胁的主要地质灾害是崩塌或落石，滑坡灾害主要发生在修路和建筑人工切坡处，一般规模较小。其他地质环境问题是水土流失现象时有发生，与地质背景条件相关，但诱发因素与人类不合理的开发利用自然资源和破坏植被直接相关。

图 10.11　小武当山崩积体

10.5　地方文化及开发利用

1. 地方文化

该区盆地内基本是汉族，有客家和佛教文化（图 10.12）。建筑呈复合型，即客家与内地风格的结合融合。客家区民俗古朴，保留较多原生习俗，内容可分 4 个部分[4]：①客家服饰，原生衣裤、童帽、花鞋、棕履、头帕等；②生活用具，如炊具、餐具、烟具、雨具、睡具、灯具等；③生产工具，如锄铲、柴刀、畚箕、竹篓等；④加工工具，如砻、碓、磨、风车等。

摩崖石刻

古寺庙

图 10.12　小武当典型佛教文化遗迹

2. 利用现状

该区已作为景区开放，交通较为便利，龙南县城和广东省连平县每天都有客运汽车直达该区，赣粤高速公路经过龙南，京九铁路在龙南设有火车站。保护区距 105 国道仅 18km，距龙南县城 65km，环境保护状况较好。

参 考 文 献

[1] 江西省地质矿产局. 江西省区域地质志. 北京：地质出版社，1984.

[2] 欧阳海金. 龙南县地质灾害发育特征及稳定性评价. 南京：南京大学，2014.

[3] 朱诚，马春梅，张广胜，等. 中国典型丹霞地貌成因研究. 北京：科学出版社，2015.

[4] 廖彩烈，龙南县志编修工作委员会. 龙南县志. 北京：中共中央党校出版社，1994.

第 11 章　赣州通天岩

11.1　基 本 信 息

1. 名称及保护性命名

赣州通天岩现名通天岩。从保护性命名看，其丹霞地貌区 1988 年被列为国家级重点文物保护单位，1996 年被评为省级风景名胜区，2001 年被评为国家 AAAA 级旅游区。

2. 概况（面积/高程/位置/行政区划/交通）

通天岩其景区总面积为 $6km^2$，其丹霞地貌区面积为 $1.5km^2$。从高程看，其最低海拔 27m，最高海拔 191m，一般高度 52m。其经纬度范围北至 25°55′45″N、114°54′42″E，南至 25°54′51″N、114°54′59″E，东至 25°55′N、114°55′10″E，西至 25°55′27″N、114°54′19″E，中心点坐标 25°55′17″N、114°54′51″E。

在政区位置上，通天岩位于江西省赣州市章贡县西北郊 6.8km 处。在对外交通上，航空有赣州市黄金机场，在铁路领域有京九客运专线，在公路方面有 339 省道和 G76 夏蓉高速。

11.2　地 质 数 据

1. 地质概况

通天岩位于吉泰盆地，该盆地面积约 $18700km^2$，形成于白垩纪早期，绕吉泰盆地的山脉有西部的罗霄山脉、东部和南部的雩山山脉，北部则为玉华山等小山峰和丘陵。雩山山脉和罗霄山脉高大绵长，几乎隔绝了盆地与东西两侧的联系。江西最大的河流赣江从南向北贯穿该盆地，赣江河谷成为盆地与北面的赣抚平原、南面的赣州相连的重要通道。盆地腹地则是赣江及众多支流构成的河谷地带。此区红层时代初始沉积于早白垩世，沉积结束于晚白垩世[1]。

2. 地层描述

从地层特征看，第一段（K_2m^1）红层主要以洪积相、山麓相沉积为主。岩体沿走向相变较大，与下伏片岩、片麻岩呈断层接触或不整合接触。下部岩层主要由粗中砾岩、砂砾岩组成。中部可见橄榄玄武岩、角闪安山岩夹层。上部岩层主要由紫红色砾岩、长石石英砂岩、粉砂岩、泥岩组成。第二段（K_2m^2）主要为河流冲积相沉积（图 11.1）。地层中下部岩体的颜色为紫红色，岩体组成为砾岩、砂砾岩、细砂岩和泥岩。该段地层的中上部岩体颜色为紫红色，碎屑颗粒主要由厚层状砾岩、砂砾岩、长石石英砂岩和薄层状砂砾岩组成。周田组（K_2z）以湖泊相的细碎屑岩沉积为主，岩性为紫红色钙质粉砂岩、黄色薄层状泥岩，呈不等厚互层，间夹数层杂色泥岩。沉积相中河湖相红层主要以洪积相、山麓相沉积为主（图 11.2）。

组	岩性描述
周田组	灰红色钙质中细粒石英砂岩、粉砂岩、泥岩，小型交错、水平层理，上部见古土壤、石膏
	猪肝色含细砾钙质细砂岩、中砂岩、夹粉砂岩，中细砂岩透镜体，平行层理，见石膏细脉
	棕褐色中-厚层状含粗砂钙粉砂岩，钙质细砂岩
茅店组	猪肝色薄层状钙质细砂岩与泥质粉砂岩互层，下部中砾岩与细砾互层
	灰黄色厚层状中砾岩与粉砂岩互层，夹细砂岩、泥岩
	砂岩、含砾粗砂岩，细砂岩、粉砂岩，夹细砾岩
	玄武岩、夹砂岩
	长石石英细砂岩与钙质粉砂岩
	含砾长石粗砂岩、钙质细粉砂岩，夹泥质粉砂岩，含砾粗砂岩透镜体
	巨厚层状粗砾岩，夹含砾长石砂岩、细砂岩，下部为玄武岩
	紫红色巨厚层状泥质粉砂岩，中层状钙质含砾粉砂岩，夹细砾岩透镜体及玄武岩
	猪肝色薄层状钙质结核细砂岩与夹薄层状粉砂岩
	中-厚层状钙质细砂岩，岩屑杂砂岩、粉砂岩、砂砾岩
	厚-薄层状砂砾岩、钙质砂岩、粉砂岩、夹泥岩，顶部含钙质结核，中部见生物扰动
300m	棕褐色层状砾岩，平行层理
	中层状砂砾岩，含砾粗砂岩，中、细砂岩，夹岩透镜体
	巨厚层状砂岩，砂砾岩，平行层理
	凝灰质砂砾岩，岩屑砂岩，厚层状杂砾岩，含砾砂岩，上部夹粉砂岩，平行层理
	巨厚层状巨砾岩，砂砾岩、含砾泥质细砂岩，细-粗粒砂岩，板状、平行层理

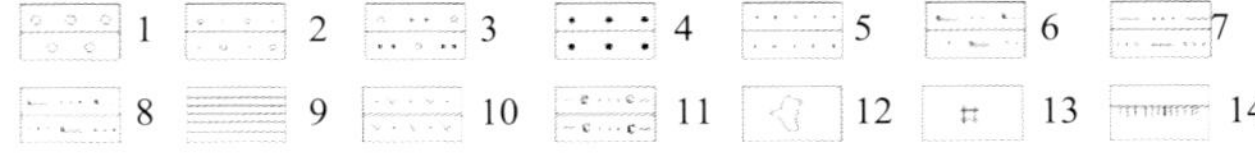

图 11.1　赣州通天岩地层柱状图[1][2]

1-砾岩；2-砂砾岩；3-含砾砂岩；4-粗砂岩；5-中细粒砂岩；6-钙质细砂岩；7-细粉砂岩；8-钙质粉砂岩；9-钙质泥岩；10-玄武岩；11-炭质粉砂岩；12-钙质结核；13-石膏；14-古土壤层或古风化壳

3. 岩性描述[2, 3]

从砾岩、砾砂岩看，其粒级大小 2.5～15mm，其颜色呈红褐色。碎屑主要成分为岩屑，含少量长石碎屑。岩屑有泥岩、砂岩、硅质岩、石英片岩、花岗岩等。硅质岩岩屑主要由微晶-隐晶质矿物组成，含少量碳酸盐矿物（呈星散状均匀分布于硅质矿物之间），含微体古生物化石“骨针”（图 11.3）。胶结物占 15%，充填于砾石与砂质物之间。以钙质胶结物为主，少量铁质胶结物。钙质胶结物为它形粒状中-粗晶方解石，方解石粒径 0.3～2.0mm 为主，个别＞2mm。在结构构造上呈砾状结构，砾石之间为砂状结构。岩体抗压强度为 28.41MPa。地貌表现为岩壁等正地貌。采样点位于赣州通天岩观心岩上方。试验数据表明该区岩体主要呈砾状结构，砾石之间为砂状结构，碎屑物分选差，磨圆度不等，以次圆状为主，少数硅质岩岩屑磨圆度差，呈棱角状（图 11.4）。

图 11.2　通天岩河湖相沉积

图 11.3　赣州通天岩砾岩

从砂岩特征看，其碎屑物粒径以 0.08～0.25mm 为主，少数颗粒粒径 0.4～1.6mm，呈红褐色。碎屑物占 70%，以石英为主（67%），少量长石（3%），偶见砂岩岩屑、白云母和黑云母。长石为斜长石和条纹长石。胶结物占 30%，为钙质胶结物和铁质胶结物，两者分布不均，局部以钙质胶结物为主。钙质胶结物为它形粒状细晶方解石（图 11.5）。砂岩岩体多为细粒砂状结构，岩体抗压强度 58.36MPa。在地貌上主要为岩壁、正地貌，砾岩夹砂岩处易凹进为岩槽。采样点在赣州通天岩观心岩上方。试验数据表明在细粒砂状结构中，碎屑物分选性好，磨圆度差，以次棱角状为主（图 11.6）。

图 11.4　赣州通天岩砾岩偏光显微镜照片

图 11.5　赣州通天岩砂岩

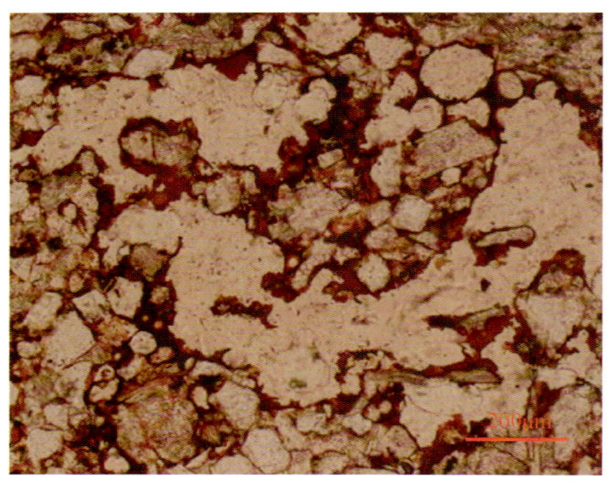

图 11.6　赣州通天岩砂岩偏光显微镜照片

4. 构造描述

大地构造位置：该区位于加里东期和“印支-燕山”期形成的武夷山造山带西缘。吉泰盆地位于邵武-河源断裂带中部，晚侏罗世发生大规模的岩浆侵入和火山喷发，在武夷山隆起地带形成火山岩盆地，早白垩世晚期以后，盆地由拗陷转为断陷，沉积了巨厚的红色碎屑岩系。盆地内主要构造线呈北东、北北东向。主断裂是邵武-河源断裂带。褶皱主要有瑞金向斜，因受多组断裂的破坏，残缺不全。发育有会昌-寻乌断陷盆地和瑞金-石城断陷盆地。节理在盆地丹霞地貌内，共发育北北东、北东、北北西、北西 4 组节理[3, 4]。

11.3 地 貌 属 性

1. 地貌单元

通天岩属武夷山系，大地貌位于武夷山南段西侧的吉泰盆地。地势总体保持盆地形势，河流两岸局部地区发育丹霞地貌景观，其他地区以低山丘陵为主。在总体上该盆地内以 200～300m 高的低山丘陵为主，丹霞地貌局部海拔在 500m 左右。

2. 地貌类型

该区岩性以砂砾岩和泥岩丹霞为主，下部以砾岩和砂砾岩为主，主要为河流相，上部以泥岩为主。通天岩整体产状倾向为北西 280°，倾角约 10°。在盆地边缘倾角较陡，为 25°～30°。该区属于中亚热带湿润季风气候区，区内雨量充沛，气候湿润，水系发达，水蚀丹霞地貌景观较多。

流水是主动力，但风化和重力作用也是重要的常规动力，除了峡谷谷壁之外，陡崖坡基本上是崩塌后壁或被风化、水蚀改造的坡面（图 11.7）。

该区正地貌如石峰和石林，系红盆抬升，红层受断裂切割，经流水侵蚀和重力崩塌作用，形成顶圆的石峰，石峰大量出现，形成峰林（图 11.8）。石峰四周常形成陡崖，崩落的岩体在陡崖下堆积，随着进一步流水侵蚀和重力崩塌作用，形成石柱。崩积堆一般位于陡崖坡下，沟谷底部有散布的或成群的崩积岩块，有些地段陡崖坡下因河溪或坡面流水侵蚀则无崩积堆。

该区负地貌如嶂谷，系受边界断层活动的影响，红层内部产生许多的派生节理，其中与边界主断裂近平行的北北东向节理延伸较远，沿着这组节理面，在差异风化、流水侵蚀和重力崩塌作用下，形成壁坡陡直、有一定深度和宽度的巷谷，沿着节理面的石缝不断扩大延伸，形成丹霞地貌景区常见的一线天。丹霞洞穴方面受红层岩性差异的影响，崖壁上的砾石层受风化程度有所不同，软岩层在流水作用下被溶蚀，常常形成一些规模较小、深浅不一的蜂窝状洞穴。岩性相对较均一的地方，也有洞穴的发育，流水作用将红层中的钙质胶结物和周围被胶结的岩体带走，形成一些外宽内窄的扁平状洞穴[3]（图 11.9）。

图 11.7　通天岩单斜山岩层（倾角 15°）

图 11.8　通天岩石峰

从发育阶段看，通天岩属幼年期丹霞地貌（图 11.10）。通天岩位于贡水支流湘水的源区，流水侵蚀不是很强，丹霞洞穴与幽深的线谷、壁立陡直的块状岩体是其主要景观，这是幼年期丹霞地貌的典型特征。

图 11.9　通天岩典型丹霞负地貌

图 11.10　通天岩幼年期丹霞地貌

3. 坡面特性

通天岩坡面形态平直型、波浪型、横向槽脊型、竖向槽脊型均有。边角以圆化型为主，崩塌面局部保持棱角型。该区岩体岩屑中钙质含量较高，多发育有岩穴。

4. 重要景观

通天岩的标志性景观是忘归岩、翠微岩、观心岩（图 11.11）。地貌造型主要为顺层凹槽。其个性化景观是龙虎岩、卧佛（图 11.12）。其综合景观是通天岩综合景观（图 11.13）。

观心岩

忘归岩

翠微岩

图 11.11　通天岩标志性景观

图 11.12　通天岩个性化景观

图 11.13　通天岩综合景观

11.4　自然地理环境

1. 自然环境

该区气候类型为亚热带季风湿润气候，1 月均温 8℃，7 月均温 36℃，年均温 19.4℃，年降水量 1461.22mm。流经该区的河流为赣江，流域面积 $8.35\times10^4km^2$，总径流量 686 亿 km^3，区内章江、贡江交汇合流后为赣江，丰水期 7～8 月[4]。

该区土壤类型有水稻土、潮土、紫色土、石灰土、红壤。在紫色土有中性和酸性土，石灰土有机质含量较低。潮土通透性良好，适合旱作植物。水稻土整体属于中低产田。红壤多分布于海拔 500m 以下丘陵地带，以酸性和强酸性为主。

据历年多次森林植物调查资料估算，该区森林野生有经济价值的植物主要有 3 类 220 科 2298 种。其中蕨类植物 31 科 74 种，裸子植物 9 科 29 种，被子植物 180 科 2195 种。该区特色植物，在海拔 500m 以下丘陵岗地，林木树种多为马尾松、杉木、油茶、毛竹、黄竹、茅栗、白栗、樟树、苦槠、银木荷、南岭栲、红楠等。在海拔 500～700m 的低山，多为壳斗科的麻栎、锥栗、丝栗栲、黄檀、拟赤杨、马尾松、毛竹、杉木、泡桐、漆树、深山含笑、乌桕、观光木、茶梨、猴喜欢、天料木、苦梓、杜英、小山竹、黄樟、大叶楠、厚皮树、枫香等树种。在海拔 700～1000m 的山地，多为甜槠栲、㭎栗、山合欢、椴树、冬青、光皮桦、化香、竹柏、黄杨、枫香等树种。在海拔 1000m 以上，多为天然灌木类，如杜鹃、乌饭、檵木、小叶石楠、马银花、猴头杜鹃、野山茶、吊钟花等。

据初步调查，野生动物有 400 多种。其中常见的有野猪、刺猬、狐狸、鹿、山羊、野兔、燕子、麻雀、斑鸠、杜鹃、喜鹊、竹鼠、赤链蛇、红点锦蛇、中国水蛇。据 2009 年调查，县内珍稀动物有国家 I 级保护动物云豹、蟒蛇；国家 II 级保护动物金猫、斑林狸、河鹿、水鹿、虎纹蛙、穿山甲、黑冠鹃隼、乌雕、灰背隼、小鸦鹃、蛇雕、黑鹿等。

综上，该区综合自然地理环境具有山区立体气候明显的特征（图 11.14）。

图 11.14　通天岩自然地理景观

该区自然森林覆盖率为 54.4%，基本无水土流失和荒漠化迹象，红层生态问题主要是外围林木的破坏与人工林化。

2. 地质环境

该区有崩塌灾害，由于岩体崖壁陡直，易发生崩塌现象。滑坡灾害主要是持续强降雨引发的滑坡。该区不具备发生泥石流的条件。该区对安全具有较大威胁的主要地质灾害是崩塌或落石（图 11.15），滑坡灾害主要发生在修路和建筑人工切坡处，一般规模较小。

图 11.15　通天岩崩积石

11.5　地方文化及开发利用

1. 地方文化

该区丹霞盆地内有汉、回等 41 个民族。有佛教和道教文化。建筑为客家与内地风格结合类型，史迹多为古人讲书之所。民俗活动有灯彩（龙灯、马灯、狮灯、香火龙等）、民间舞蹈（花鼓）、民间演艺（木偶戏、帐子戏）等。

2. 利用现状

该景区开放利用程度较高，交通较方便，环境保护状况较好。

参 考 文 献

[1]　江西省地质矿产局. 江西省区域地质志. 北京：地质出版社，1984.
[2]　朱诚，马春梅，张广胜，等. 中国典型丹霞地貌成因研究. 北京：科学出版社，2015.
[3]　余心起，舒良树，邓国辉，等. 江西吉泰盆地碱性玄武岩的地球化学特征及其构造意义[J]. 现代地质，2005，(1).
[4]　徐有华. 赣南萤石矿成矿地质条件及成矿预测研究. 北京：中国地质大学（北京），2008

第 12 章　瑞金罗汉岩

12.1　基 本 信 息

1. 名称及保护性命名

罗汉岩，别名陈石山。从保护性命名看，其丹霞地貌区，1985 年被定为省级重点风景名胜区，1993 年被列为省级地质公园（森林公园），2017 年被列为国家级风景名胜区。

2. 概况（面积/高程/位置/行政区划/交通）

罗汉岩其景区总面积为 $22km^2$，其丹霞地貌区面积为 $15km^2$。从高程看，其最低海拔 365m，最高海拔 650m，一般高度 500m。其经纬度范围北至 26°00′39″N、116°10′37″E，南至 26°00′15″N、116°11′16″E，东至 26°00′39″N、116°11′16″E，西至 26°00′15″N、116°10′37″E，中心点坐标 26°00′29″N、116°10′60″E。

在政区位置上，罗汉岩位于江西省赣州瑞金市壬田镇北。在对外交通上，航空领域有瑞金机场，在铁路领域有瑞金火车站，在公路领域紧靠 206 国道和厦蓉高速公路。

12.2　地 质 数 据

1. 地质概况

罗汉岩位于瑞金盆地，该盆地面积约 $1500km^2$，南北长约 100km，东西宽 10～25km，最早形成于晚侏罗世岩浆侵入和火山喷发，在武夷山隆起带形成了一系列的北东、北北东向火山岩盆地。红层时代，初始沉积于早白垩世，沉积结束于晚白垩世[1]。

2. 地层描述

从地层特征看，茅店组（K_2m）岩层主要由紫红色砾岩、长石石英砂岩、粉砂岩、泥岩组成。K_2z 周田组的岩性为紫红色钙质粉砂岩、黄色薄层状泥岩，呈不等厚互层，间夹数层杂色泥岩[1]。茅店组（K_2m）红层主要以洪积相、山麓相沉积为主。上部岩层主要由紫红色砾岩、长石石英砂岩、粉砂岩、泥岩组成，自下而上呈现出由粗变细的层序。地层中下部岩体的颜色为紫红色，岩体由砾岩、砂砾岩、细砂岩和泥岩组成。周田组（K_2z）出露于瑞金盆地东部，以湖泊相的细碎屑岩沉积为主，岩性为紫红色钙质粉砂岩、黄色薄层状泥岩与紫红色粉砂岩和泥岩呈不等厚互层，间夹数层杂色泥岩[2]。该区沉积相主要为河流和湖泊冲积相沉积而成，主要表现为河流冲积相沉积（图 12.1）。

图 12.1　瑞金罗汉岩河湖相沉积

3. 岩性描述

从砾岩看，其砾石粒级大小为 3～15mm，其颜色呈红褐色。碎屑成分中碎屑物占 85%，其中砾石约 60%，砂质碎屑约 25%。砾石大小为 3～15mm，砂质砣屑粒径以 0.2～2.0mm 为主。胶结物占 15%，为钙质和铁质胶结物。钙质胶结物为它形粒状中细晶方解石。岩体多为砾状结构，岩体抗压强度为 58.79MPa。地貌一般为崖壁、石柱、石峰等正地貌（图 12.2）。采样点位于瑞金罗汉岩入口处。试验数据表明其砾状结构的砾石之间为砂状结构，碎屑物分选差，磨圆度不等，多呈次棱角状-次圆状。

图 12.2　罗汉岩砾岩岩相

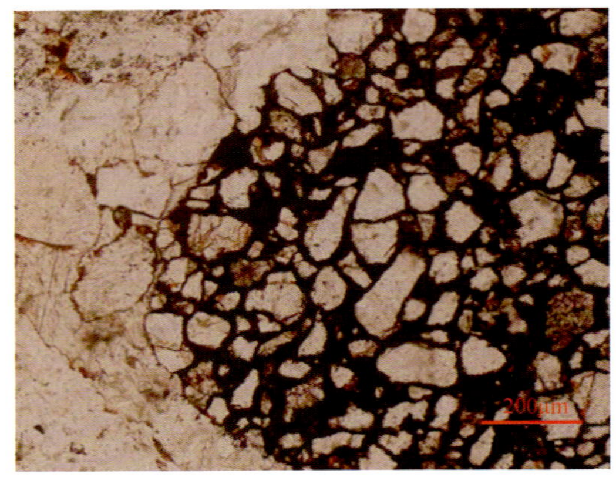

图 12.3　罗汉岩砾岩偏光显微镜照片

从砂岩特征看，其粒径为 0.15～0.4mm，多呈红褐色。碎屑物占 70%，主要成分为石英（55%）、长石（6%）和岩屑（8%），少量（1%）白云母。胶结物占 30%，主要为黏土杂基和铁质胶结物。岩体多为中细粒砂状结构；岩体抗压强度为 18.27MPa。地貌表现一般为崖壁、石柱、石峰等正地貌以及崩塌堆积（图 12.4）。采样点同样位于瑞金罗汉岩入口。试验数据表明其中细粒砂状结构中碎屑颗粒粒径以 0.15～0.4mm 为主，少数为 0.6～1.5mm，分选中等，磨圆度较差，以次棱角状为主，少数次圆状[2, 3]（图 12.5）。

图 12.4　罗汉岩砂岩岩相

4. 构造描述

该区大地构造位置与通天岩相近，位于加里东期和印支-燕山期形成的武夷山造山带西缘。瑞金盆地也位于邵武-河源断裂带中部。图 12.6 为瑞金周边的断裂带。

图 12.5　罗汉岩砂岩偏光显微镜照片

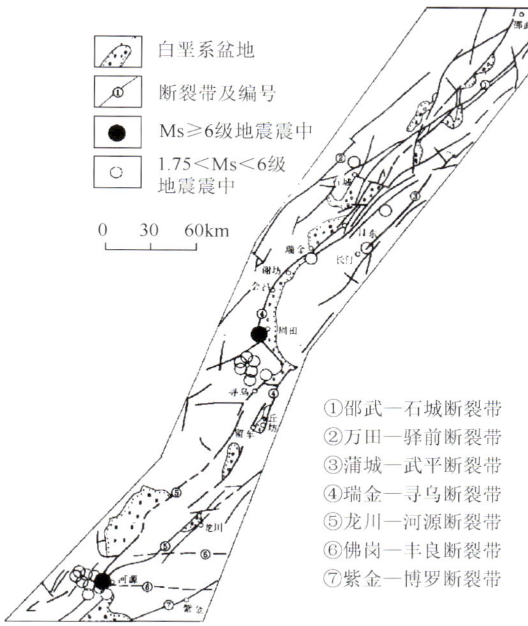

图 12.6　瑞金周边断裂带[1, 3]

12.3　地貌属性

1. 地貌单元

罗汉岩也属武夷山系，大地貌部位位于武夷山南段西侧的瑞金盆地。地势总体与通天岩相同。

2. 地貌类型

该区丹霞地貌岩性以砂砾岩为主。其整体产状倾向为北西 270°，倾角约 10°，近乎水平（图 12.7）。依据外动力，该区地处中亚热带湿润季风气候区，为湿润区丹霞，依据主动力，区内水系发达，为水蚀丹霞。流水是主动力，但风化和重力作用也是重要的常规动力，除了峡谷谷壁之外，陡崖坡基本上也是崩塌后壁或被风化、水蚀改造的坡面。

图 12.7　瑞金罗汉岩丹霞地貌中的近水平发育层理

该区正地貌崩积体较少。该区负地貌如丹霞沟谷、线谷、峡谷均发育（图 12.8）。崖壁岩槽如顺层凹槽、水平岩槽和波状崖壁均十分发育。由于岩性的垂直差异较大，顺层沟槽比较发育。丹霞洞穴主要发育有水平并列状洞穴、丹霞穿洞与石拱、侵蚀与风化穿洞（水平穿洞）。依群体形态发育有深大节理与块状山体型丹霞地貌；依发育阶段，罗汉岩属中年期丹霞地貌（图 12.9）。其典型特征是节理裂隙发育，岩体崖壁陡直，高差较大[2]。

罗汉岩大型凹槽

罗汉岩线谷

图 12.8　罗汉岩典型丹霞负地貌

图 12.9　罗汉岩中年期丹霞地貌

3. 坡面特性

坡面形态平直型、波浪型、横向槽脊型、竖向槽脊型均有。边角以圆化型为主，崩塌面局部保持棱角型（图 12.10）。

图 12.10　顶部边角圆化丹霞石峰

4. 重要景观

罗汉岩的标志性景观是深大节理与块状山体型丹霞地貌。地貌造型主要是丹霞石峰、石堡（图 12.11）。其个性化景观是瑞金罗汉岩、罗汉岩瀑布（图 12.12）。综合景观是瑞金罗汉岩山水风光（图 12.13）。

丹霞石峰

陡崖

图 12.11　罗汉岩标志性景观

罗汉岩瀑布

图 12.12　罗汉岩个性化景观

图 12.13　瑞金罗汉岩山水风光

12.4　自然地理环境

1. 自然环境

该区气候类型为亚热带季风性湿润气候，1 月均温 7.6℃，7 月均温 28.5℃，年均温 18.9℃，年降水量 1710mm。流经该区的河流为绵江河，总径流量 872×$10^8$$m^3$，瑞金境内流程 98.2km，丰水期 6～8 月。绵江河位于江西省瑞金市中部，有瑞金母亲河之美誉，发源于日东垦殖场黄竹大队的石寮。与沿冈河和石城县的兰陂河三河汇合，自东北向西南流经瑞金的日东、壬田、叶坪、象湖、泽覃、武阳和谢坊等乡镇。全长 306km，平均宽 50m，深 1.5～2m，洪汛期可行机帆船。

其土壤类型与通天岩相近。

植物种类据植物资源普查报告表明，境内野生植物分为 83 科、341 种。特色植物中珍稀植物有国家 I 级保护植物银杏、南方红豆杉、突托蜡梅；国家 II 级保护植物香樟、翠柏、楠木。

动物种类据普查资料表明，境内野生动物分为 6 大类 236 种，其中国家 I 级保护动物 3 种，国家 II 级保护动物 31 种，省级重点保护动物 55 种。特色动物有国家 I 级保护动物金猫、云豹、豹；国家 II 级保护动物小灵猫、斑灵猫、水獭、穿山甲、水鹿、鬣羚、斑羚；省级重点保护动物赤狐、貉、黄腹鼬、黄鼬、鼬獾、花面狸、食蟹獴、豹猫、毛冠鹿、黄麂。

该区自然地理环境属中亚热带季风型温暖温润气候区，具有山区立体气候明显的特征（图 12.14）。

该区森林覆盖率为 73.1%，基本无水土流失和荒漠化迹象，红层生态问题主要是外围林木的破坏与人工林化。

图 12.14　罗汉岩人与自然和谐

2. 地质环境

该区有崩塌灾害，由于岩体崖壁陡直，易发生崩塌现象。滑坡灾害主要是持续强降雨引发的滑坡。

对安全具有较大威胁的主要地质灾害是崩塌或落石（图 12.15），滑坡灾害主要发生在修路和建筑人工切坡处，一般规模较小，基本上无泥石流发生。

图 12.15　瑞金罗汉岩崩积石

12.5　地方文化及开发利用

1. 地方文化

该区丹霞盆地内基本是汉族。宗教有道教（图 12.16）。客家与内地建筑风格均有，史迹有中国共产党革命时期红色遗址等（图 12.17）。民俗活动有民间灯彩（龙灯、马灯、狮灯、香火龙等）、民间舞蹈（花鼓）、民间演艺（木偶戏、帐子戏等）。

图 12.16　瑞金罗汉岩摩崖石刻

图 12.17　瑞金红色遗址

2. 利用现状

该景区已做旅游开发，大部分景区已开放。景区内旅游基础设施较完善，景区内外交通较方便，环境保护状况良好。

参 考 文 献

[1] 骆学全，张勇，沈莽庭，等. 江西瑞金白垩纪火山岩盆地的发现及其找矿意义. 地质学刊，2010，(4).

[2] 朱诚，马春梅，张广胜，等. 中国典型丹霞地貌成因研究. 北京：科学出版社，2015.

[3] 江西省地质矿产局. 江西省区域地质志. 北京：地质出版社，1984.

第 13 章　铜　鼓　石

13.1　基 本 信 息

1. 名称

铜鼓石现名铜鼓石。

2. 概况（面积/高程/位置/行政区划/交通）

铜鼓石其丹霞地貌区面积为 0.1km^2。从高程看，最低海拔 63m，最高海拔 65m。其经纬度为 28°32′15″N、114°23′96″E。

在政区位置上，铜鼓石位于江西省宜春市铜鼓县城东郊。在对外交通上，航空领域临近宜春明月山机场，在铁路领域上有宜春站，在公路领域上有昌铜高速。

13.2　地 质 数 据

1. 地质概况

铜鼓石位于三都-大塅盆地，其盆地面积约 500km^2，形成时代为侏罗纪晚期，晚侏罗世岩浆侵入和火山喷发，在武夷山隆起地带形成一系列北东、北北东向火山岩盆地。红层时代初始沉积于晚侏罗世晚期，沉积结束于白垩纪晚期[1]。

2. 地层描述

从地层特征看，茅店组第一段（K_2m^1）下部岩层主要由砾岩、砂砾岩组成，中部可见橄榄玄武岩、角闪安山岩夹层；上部岩层主要由紫红色砾岩、长石石英砂岩、粉砂岩、泥岩组成。茅店组第二段（K_2m^2）主要为河流冲积相沉积。K_2z 周田组的岩性为紫红色钙质粉砂岩、黄色薄层状泥岩，呈不等厚互层，间夹数层杂色泥岩[1, 2]。

3. 岩性描述

从砂砾岩看，其粒径多数为 3～6.5mm，砂质碎屑粒径以 0.3～1.5mm 为主，其颜色新鲜面为灰褐色，胶结物为褐红色。碎屑物成分主要为岩屑（80%）、石英（10%）。胶结物为铁质胶结物和少量钙质胶结物。结构以块状结构为主，岩体单轴抗压强度为 87.21MPa，抗侵蚀能力强。地貌表现多为崩积石（图 13.1）。采样点位于铜鼓石侧面。试验数据表明其呈砾状结构，砾石之间为砂状结构，碎屑物分选差，磨圆度好，以次圆状为主（图 13.2）。其砾石成分以岩屑为主。砂质物成分为石英碎屑和岩屑。岩屑种类主要为浅变质岩岩屑，少量泥岩岩屑、燧石岩屑。浅变质岩岩屑主要为片岩、千枚岩和浅变质细砂岩等。浅变质岩岩屑具有片理构造，片状矿物绢云母、白云母定向排列，有的浅变质岩岩屑具微波状起伏的褶皱[2, 3]。

图 13.1　铜鼓石砾岩

图 13.2　铜鼓石砾岩偏光显微镜照片

4. 构造描述

大地构造位置，该区和前面几处丹霞地貌相同，位于加里东期和印支-燕山期形成的武夷山造山带西缘。

13.3 地貌属性

铜鼓石属武夷山脉中段东南侧，大地貌部位处于武夷山脉北西侧盆地。地势总体四周高，中间较为低平。总体呈西北部高、东南缓、中部低。依据外动力，属于气候湿润区，风化和重力作用是重要的常规动力。依据单体形态属于正地貌，从崩积体看，该处丹霞地貌仅有一处崩积石[3, 4]（图 13.3）。

图 13.3 铜鼓石

13.4 自然地理环境

该区气候类型为亚热带季风气候，1 月均温 4.6℃，7 月均温 27.3℃，年均温 16.4℃，年降水量 1771.4mm。流经该区的河流为修河，流域面积 14 797km^2，多年平均径流量为 390m^3/s。修河总流程 405km，流经江西省九江市、宜春市、南昌市 3 市的 12 县区，丰水期 4～9 月。

其土壤类型有山地红壤、山地黄红壤、山地黄壤、灌丛草甸土、山地沼泽土等。该区土壤资源丰富，类型多样，分异规律明显。

植被类型有针叶林、阔叶林、山顶矮林、灌草丛、湿生植被。特色植物中其南方红豆杉树种列为国家Ⅰ类保护树种，还有银杏、木莲、云锦杜鹃、兰花等。

该区自然森林覆盖率为 93.8%。

13.5　地方文化及开发利用

1. 地方文化

该区基本是汉族，宗教有佛教（图 13.4）。史迹有秋收起义铜鼓纪念馆，民俗活动有铜鼓包圆、铜鼓撑酒。

图 13.4　铜鼓石摩崖石刻

2. 利用现状

该区交通旅游较方便。

参 考 文 献

[1]　江西省地质矿产局. 江西省区域地质志. 北京：地质出版社，1984.
[2]　铜鼓县志编纂委员会. 铜鼓县志. 海口：南海出版公司，1989.
[3]　陈章生. 铜鼓县地方志：铜鼓县志续编. 合肥：黄山书社，1994.
[4]　朱诚，马春梅，张广胜，等. 中国典型丹霞地貌成因研究. 北京：科学出版社，2015.

第 14 章　七　重　门

14.1　基 本 信 息

1. 名称及保护性命名

七重门现名七重门。

2. 概况（面积/高程/位置/行政区划/交通）

七重门其丹霞地貌区面积为 10km^2。从高程看，其最低海拔 67m，最高海拔 400m，一般高度 230m。其经纬度范围北至 28°50′N、114°05′E，南至 28°22′N、114°44′E，东至 28°50′N、114°44′E，西至 28°50′N、114°05′E，中心点坐标 28°25′N、114°39′E。

在政区位置上，七重门位于江西省宜春市铜鼓县三都镇境内，距铜鼓县城 10km。在对外交通上，航空领域有宜春明月山机场，在铁路领域有宜春站，在公路领域有昌铜高速。

14.2　地 质 数 据

1. 地质概况

七重门盆地与铜鼓石盆地地质概况相同，图 14.1 为铜鼓地区主要断裂。

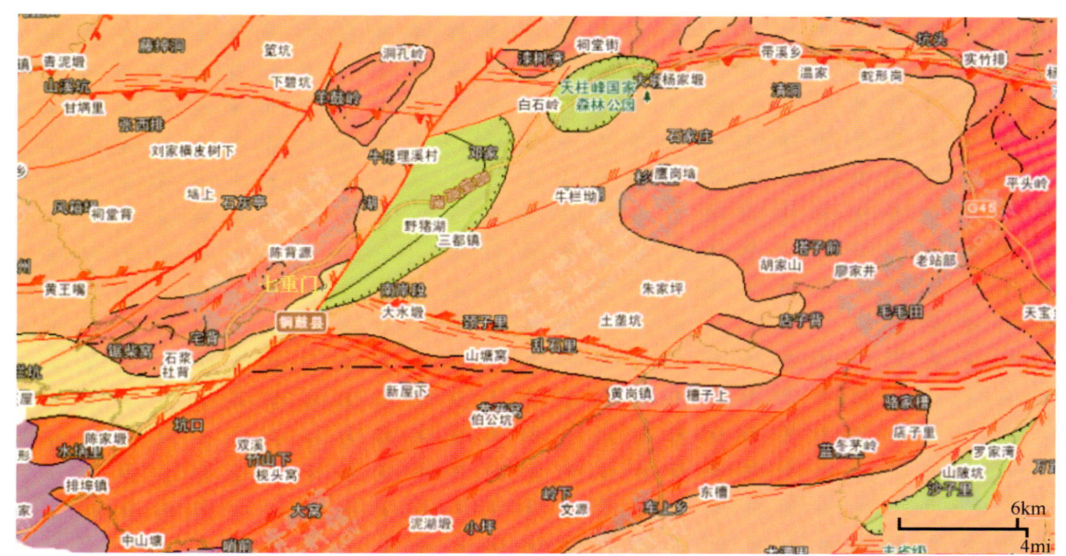

图 14.1　铜鼓地区主要断裂[1]

2. 地层描述

其地层特征与前几处丹霞地貌相近。

其沉积相为河湖相，洪积相见洪积砾岩，下部偶见冲刷构造。河床相砾石发育，磨圆度一般。河漫滩-河间洼地相见细粒粉砂岩、黏土岩。湖盆相以粉砂岩、黏土岩为主，见水平层理（图 14.2）。

3. 岩性描述

从砾砂岩看，其粒径 0.5～2mm；中细粒砂质物占 10%，粒径 0.1～0.3mm。岩体新鲜面为灰褐色，胶结物为褐红色。碎屑成分砾石与粗粒砂质物以泥岩岩屑为主，少量泥质粉砂岩、泥质细砂岩岩屑，偶见石英、长石（图 14.3）。胶结物主要为钙质胶结物和铁质胶结物，含少量高岭石。钙质胶结物为它形粒状中细晶方解石。结构构造多为巨厚层，块状，与砂岩互层，局部含砂质夹层。岩体单轴抗压强度为 82.15MPa，抗风化能力强。地貌主要为岩壁和正地貌。采样点位于七重门景区入口处。试验数据表明该区砾石之间为砂状结构，碎屑物分选差，磨圆度好，以次圆状为主。泥岩岩屑主要由细小片状黏土矿物伊利石组成，有的泥岩岩屑中黏土矿物具有一定的定向排列，显示泥岩向页岩过渡，有的黏土矿物定向有微弱重结晶浅变质的特征（图 14.4）。

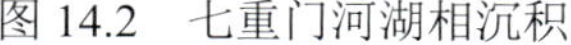

图 14.2　七重门河湖相沉积

图 14.3　七重门砾岩

图 14.4　七重门砾岩偏光显微镜照片

从砂岩特征看，其碎屑物粒径为 0.15～1.8mm，个别超过 2mm，其颜色呈砖红色和肉红色。碎屑成分中岩屑占 50%，石英 30%，长石 5%，偶见白云母。结构多为巨厚-薄层，块状或层状，与砾石互层。岩体单轴抗压强度为 66.26MPa，抗风化能力较弱。地貌多为岩壁等正地貌，砾岩夹砂岩时凹进为岩槽（图 14.5）。采样点同样位于七重门景区入口旁。试验数据显示其为不等粒砂状结构，以粗粒砂状结构为主，分选差，磨圆度差，以次棱角状为主。长石为斜长石和微斜长石。燧石主要由微小的它形粒状石英组成。填隙物占 15%，以铁质胶结物（铁质氧化物）为主，含少量细粉砂，偶见钙质胶结物（它形粒状方解石）（图 14.6）。

图 14.5　七重门砂岩

4. 构造描述

大地构造位置，该区同样位于加里东期和印支-燕山期形成的武夷山造山带西缘。

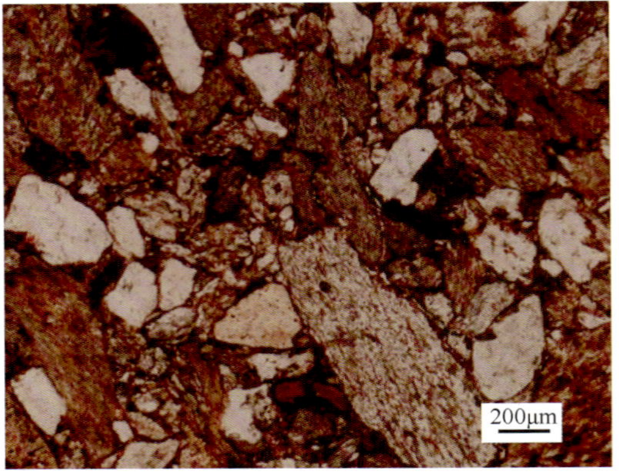

图 14.6　七重门砂岩偏光显微镜照片

14.3　地貌属性

1. 地貌单元

七重门和铜鼓石相同，位于武夷山脉中段东南侧，其大地貌范围位于武夷山脉北西侧盆地。地势四周高，中间较为低平。总体上西北部高、东南缓、中部低。

2. 地貌类型

该区岩性以砂砾岩丹霞为主。其产状以水平产状为主，七重门丹霞地貌岩层产状倾角在 5°左右（图 14.7）。依据外动力该区属于气候湿润区丹霞。依据主动力该区多处为水蚀丹霞景观，流水是主动力，但风化和重力作用也是重要的常规动力。除了峡谷谷壁之外，陡崖坡基本上是崩塌后壁或被风化、水蚀改造后的坡面。

图 14.7　七重门丹霞地貌岩石产状（倾角 5°）

依据形态，该区有较多坡面类型，以直立坡和陡崖坡为主。其山体丹霞单面山、石峰、丘陵、石墙、石柱均有（图 14.8）。崩积体有崩积堆和崩积石块。

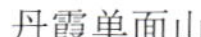

丹霞单面山

丹霞陡崖

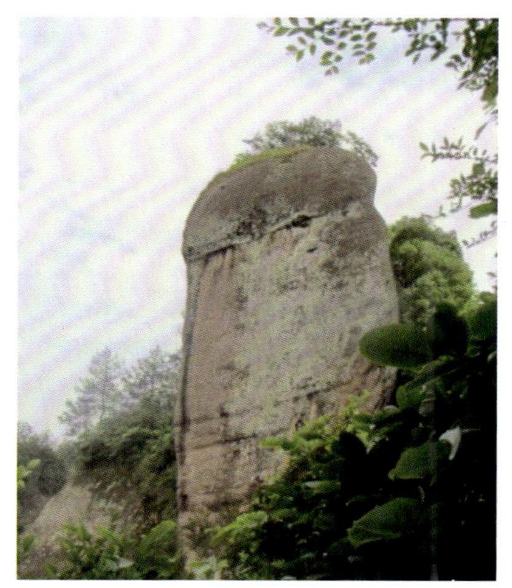

七重门仙羊寨阳元石（石柱）

图 14.8 七重门典型丹霞正地貌

负地貌如丹霞沟谷、巷谷、峡谷、宽谷均有发育（图 14.9）。崖壁岩槽水平、竖直均有发育。丹霞洞穴如洞穴、一线天均有发育。依群体形态有峰丛景观，从发育阶段看该区丹霞地貌发育处于壮年期（图 14.10）。

3. 坡面特性

坡面特征和通天岩地区坡面特性相同，图 14.11 为顶部圆化的丹霞石峰。

4. 重要景观

七重门的标志性景观是丹霞峰丛（图 14.12）。地貌造型有丹霞赤壁、石峰、石堡，其个性化景观是石峰（图 14.13）。其综合景观是七重门丹霞地貌（图 14.14）。

七重门巷谷

七重门羊山寨阴元石

七重门峡谷

图 14.9　七重门典型丹霞负地貌

图 14.10　七重门壮年期丹霞峰丛全景

图 14.11 顶部圆化的丹霞石峰

图 14.12 七重门丹霞峰丛

图 14.13 七重门丹霞石峰

图 14.14　七重门丹霞地貌

14.4　自然地理环境

1. 自然环境

该区气候类型、土壤类型、植被类型、动物类型与铜鼓石相同。

该区自然森林覆盖率占 82.7%，基本无水土流失和荒漠化迹象，红层生态问题主要是外围林木的破坏和人工林化（图 14.15）。

图 14.15　七重门自然地理综合景观

2. 地质环境

该区有崩塌灾害，在丹霞地貌区，由于凹槽和洞穴的不断扩大，顶部凌空的岩体在重力作用下，会沿着破裂面崩塌滑落，形成崩积石。滑坡灾害主要由暴雨洪涝、干旱等气象灾害引起，出现在人工切坡的坡积物、风化壳上，规模较小，同时易引起山洪和泥石流。

对安全具有较大威胁的地质灾害是崩塌或落石，滑坡灾害主要发生在修路和建筑人工切坡处，一般规模较小，泥石流灾害较少。

14.5 地方文化及开发利用

1. 地方文化

该区丹霞盆地内基本是汉族。宗教有佛教，文化与铜鼓石地区相同。

2. 利用现状

目前交通较为不便。

参考文献

[1] 江西省地质矿产局. 江西省区域地质志. 北京：地质出版社，1984.

[2] 铜鼓县志编纂委员会. 铜鼓县志. 海口：南海出版公司，1989.

[3] 陈章生. 铜鼓县地方志. 合肥：黄山书社，1994.

第15章 天 柱 峰

15.1 基 本 信 息

1. 名称及保护性命名

天柱峰现名天柱峰。从保护性命名看，其丹霞地貌区 2000 年被评为国家级风景名胜区。

2. 概况（面积/高程/位置/行政区划/交通）

天柱峰景区面积 49.6km^2，其丹霞地貌区面积为 1.5km^2。从高程看，其最低海拔 132m，最高海拔 520m，一般高度 350m。其经纬度范围北至 114°33′3″E、28°39′28″N，南至 114°33′43″E、28°37′21″N，东至 114°33′53″E、28°37′56″N，西至 114°31′56″E、28°38′37″N，中心点坐标 114°32′55″E、28°38′19″N。

在政区位置上，天柱峰位于江西省宜春市铜鼓县，也就是秋收起义发源地的铜鼓县大塅镇辖区内。在对外交通上，航空领域有宜春明月山机场，在铁路领域有宜春站，在公路领域有昌铜高速。

15.2 地 质 数 据

1. 地质概况

天柱峰地质概况与铜鼓石、七重门相近。

2. 地层描述

天柱峰的地层特征与通天岩丹霞地貌的地层描述相同。图 15.1 为天柱峰河湖相的沉积地层。

3. 岩性描述

从砾砂岩看，其砾石的粒径约为 2.5～8mm，中粗粒砂质粒径为 0.25～2.0mm。岩体新鲜面为灰褐色，胶结物为褐红色。碎屑成分有泥岩岩屑、微晶灰岩岩屑、细砂岩岩屑、粗粒花岗岩岩屑、石英岩岩屑、黑云母石英片岩岩屑、石英质糜棱岩岩屑等。胶结物有铁质胶结物、钙质胶结物、黏土和细粉砂等杂基。岩体抗压性强，呈巨厚层块状，单轴抗压强度为 78.15MPa，抗风化能力强。地貌表现一般构成岩壁和正地貌（图 15.2）。采样点位于天柱峰一号码头。试验数据表明砾状结构的砾石之间为中粗粒砂状结构。碎屑物中砾石

图 15.1 天柱峰河湖相沉积地层

图 15.2 天柱峰砾岩岩相

约占 55%，中粗粒砂质物约占 45%。碎屑物分选差，磨圆度以棱角状-次棱角状为主，但是软弱的泥岩岩屑等磨圆度好的呈次圆-圆状[1]（图 15.3）。

4. 构造描述

大地构造位置同样位于加里东期和印支-燕山期形成的武夷山造山带西缘。

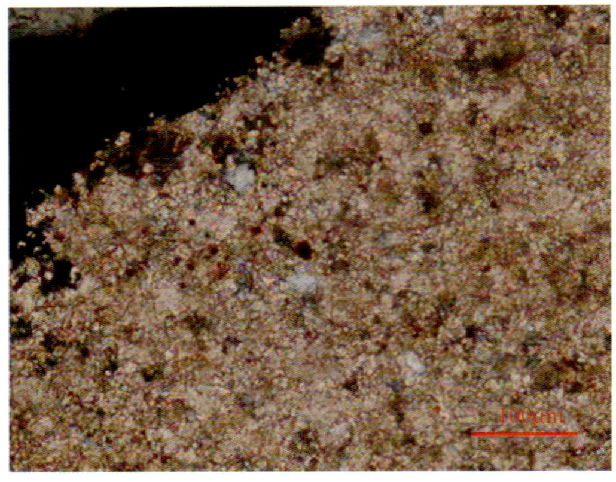

图 15.3　天柱峰砾岩偏光显微镜照片

15.3　地貌属性

1. 地貌单元

天柱峰属武夷山脉中段东南侧，地貌单元和铜鼓石、七重门相近。

2. 地貌类型

该区丹霞地貌岩性，以砾砂岩为主。其产状以水平产状为主。天柱峰丹霞地貌岩体产状倾角 5°左右（图 15.4）。依据外动力属于气候湿润区。依据主动力属于水蚀丹霞地貌类型，流水是主动力，但风化和重力作用也是重要的常规动力。除了峡谷谷壁之外，陡崖坡基本上是崩塌后壁或被风化、水蚀改造的坡面。

图 15.4　天柱峰岩石产状（倾角 5°）

该区正地貌坡面类型以直立坡和陡崖坡为主。地貌类型丹霞单面山、石峰、丘陵、石墙等均有发育（图 15.5）。崩积体有崩积堆和崩积石块。负地貌中丹霞沟谷、巷谷、峡谷、宽谷均有发育（图 15.6），崖壁岩槽如顺层凹槽、顺层岩槽、竖向沟槽均发育，丹霞洞穴发育有水平洞穴和顺层洞穴。从发育阶段看，该区丹霞地貌发育处于壮年期。

图 15.5　天柱峰石峰

图 15.6　天柱峰峡谷

3. 坡面特性

天柱峰的最大高度为520m，陡崖一般高度350m，陡崖最大坡度90°，一般坡度60°～90°（图15.7）。

图15.7　天柱峰（坡度60°）

4. 重要景观

天柱峰的标志性景观是天柱峰、九龙湖（图15.8）。地貌造型有灵石庵、观音晒鞋。其个性化景观是象鼻山、九龙飞瀑（图15.9）。综合景观是铜鼓天柱峰景区风光（图15.10）。

天柱峰丹霞孤峰

天柱峰九龙湖

图15.8　天柱峰标志性景观

象鼻山

九龙飞瀑

图 15.9　天柱峰个性化景观

图 15.10　天柱峰景区风光

15.4　自然地理环境

1. 自然环境

该区气候类型、土壤类型、植被类型、动物类型与铜鼓石相同。

该区自然森林覆盖率占 90.84%；基本无水土流失和荒漠化迹象；红层生态问题主要是外围林木的破坏与人工林化，图 15.11 为天柱峰山水风光。

2. 地质环境

该区有崩塌灾害，可见崩积石（图 15.12），对安全具有较大威胁的地质灾害是崩塌或落石。

图 15.11　天柱峰山水风光

图 15.12　天柱峰崩积石

15.5　地方文化及开发利用

1. 地方文化[2]

该区丹霞盆地内基本是汉族。宗教有佛教，图 15.13 为天柱峰灵石庵。

2. 利用现状

该区丹霞地貌已作为景区开放，利用程度较高，目前对外交通较方便，环境保护状况较好。

图 15.13　天柱峰灵石庵

参 考 文 献

[1]　朱诚，马春梅，张广胜，等. 中国典型丹霞地貌成因研究. 北京：科学出版社，2015.

[2]　陈章生. 铜鼓县志续编. 合肥：黄山书社，1994.

第二篇　福建省丹霞地貌特征

［福建省概况］①

福建省简称“闽”，省会福州，取其境内的福州、建州两地的首字而得名。位于我国东南沿海，东海之滨，东隔台湾海峡与台湾省相望。春秋战国时属闽越地，秦设闽中郡，汉高帝封福建为闽越国，唐置福建经略使，宋设福建路，元置福建省，明设立福建布政使司，清重置福建省。现辖 9 个地级市、12 个县级市、44 个县及 29 个市辖区。全省陆地面积约 12.4 万平方千米，人口 874 万，有汉、畲、回、土家、苗、壮等民族，是我国著名的侨乡。2016 年地区生产总值为 28519.15 亿元。

① 数据来源：福建省 2016 年国民经济和社会发展统计公报.

第 16 章　泰宁龙王岩猫儿山

16.1　基 本 信 息

1. 名称及保护性命名

泰宁龙王岩猫儿山现名龙王岩猫儿山。从保护性命名看，其丹霞地貌区 2005 年被列为世界地质公园，2010 年被列入世界自然遗产，其金湖风景名胜区于 1995 年被列为国家重点风景名胜区，猫儿山 2000 年被列为国家森林公园，2001 年被列入国家 AAAAA 级旅游景区。

2. 概况（面积/高程/位置/行政区划/交通）

泰宁龙王岩其丹霞地貌区面积为 4.18km^2。从高程看，其最低海拔 200m，最高海拔 913m，一般高度 400～500m。其经纬度范围北至 26°48′N、南至 26°47′N，东至 117°3′E，西至 117°2′E，中心点坐标 117°3′E、26°47′N。

在政区位置上，泰宁龙王岩位于福建省西北部三明市泰宁县西南 24km，大布乡北 2km 猫儿山国家森林公园。在对外交通上，在航空领域距沙县机场 100km、距武夷山机场 150km，在铁路领域有昌福、福厦动车途经泰宁，在公路领域有福银高速、蒲城南平高速、三明泉州高速、武邵高速、建泰高速。

16.2　地 质 数 据

1. 地质概况

泰宁龙王岩位于泰宁盆地，该盆地面积 1590.3km^2，形成于白垩纪，含火山岩和火山岩碎屑的沙县组（K_2s）和崇安组（K_2c）。红层时代初始沉积于侏罗纪末和白垩纪早期，沉积结束于晚白垩世。根据崇安组底部火山岩中锆石测年为（98.52±0.96）Ma BP[1, 2]。图 16.1 为泰宁地质公园地质简图。

2. 地层描述

在地层特征上，K_2s 沙县组总厚度 1181m，岩性为紫红色中-薄层含钙质粉砂岩夹钙质砂岩，底部为紫红色砾岩，中部夹紫红色流纹质晶屑凝灰岩。K_2c 崇安组总厚度 2015m，

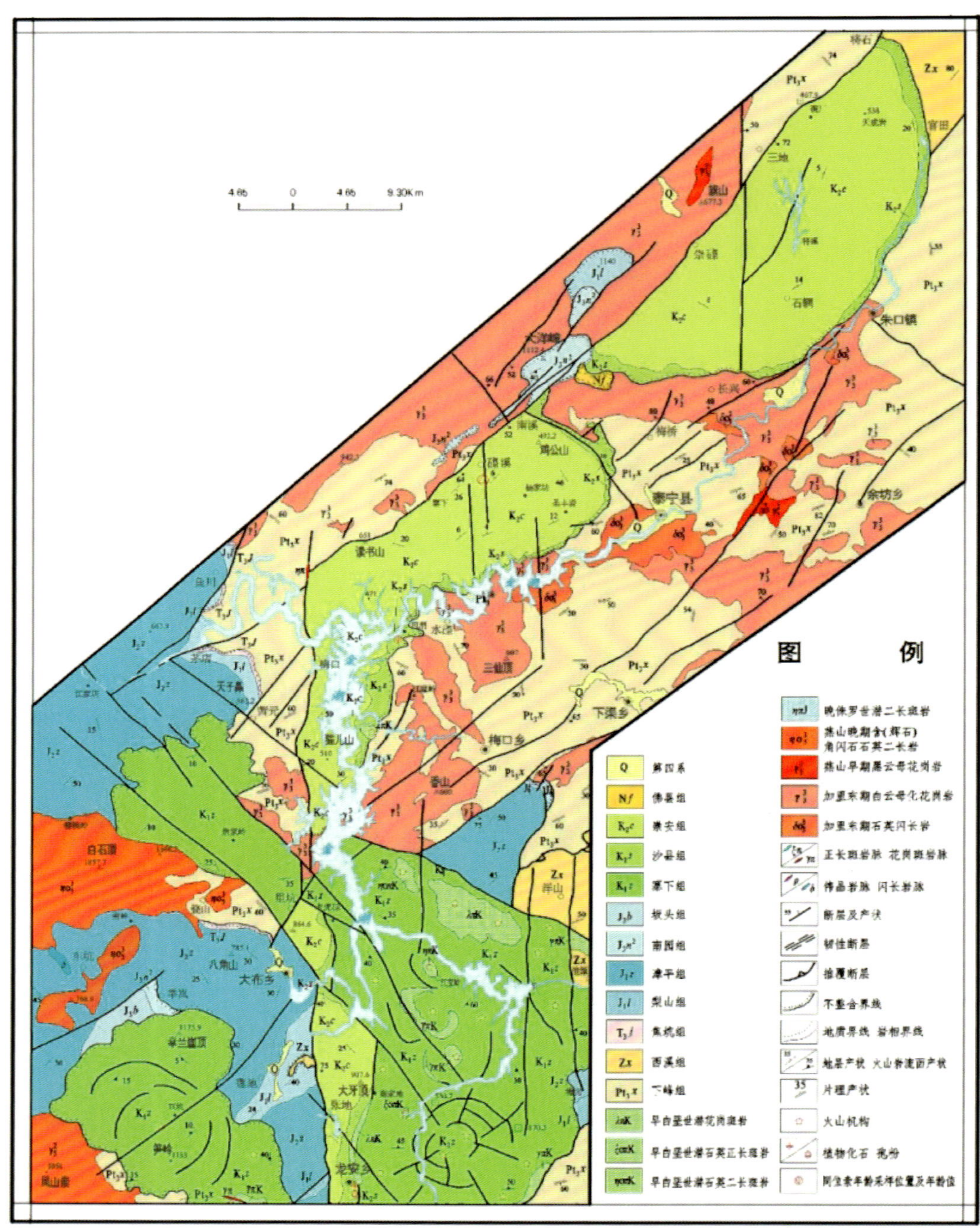

图 16.1　泰宁地质公园地质简图[2]

岩性为紫红色厚-巨厚层砾岩、砂砾岩、夹中-薄层杂砂岩、长石石英细砂岩、粉砂岩。图 16.2 为泰宁盆地白垩纪红层柱状图。

岩石地层	柱状图	厚度	沉积相	沉积构造特征
崇安组			冲洪积扇、冲洪积相为主，泥石流相、泥砂流相、山麓堆积相	透镜状层理、斜层理交错层理、砾石垛体漂砾、冲刷沟等
沙县组		79.2m	河流相	砂砾岩与粉砂岩组成沉积规律。层面不平整，每个规律层底面具明显的冲刷面，常见平行层理、透镜状层理
		9.63m	浅湖相	中薄层状，平行层理
		126m	火山相	
		56.4m	河流相	砂砾岩与粉砂岩组成沉积规律，底面冲刷具明显冲刷面、常见透镜状层理
		中粒二云母花岗岩（γ_3^3）		

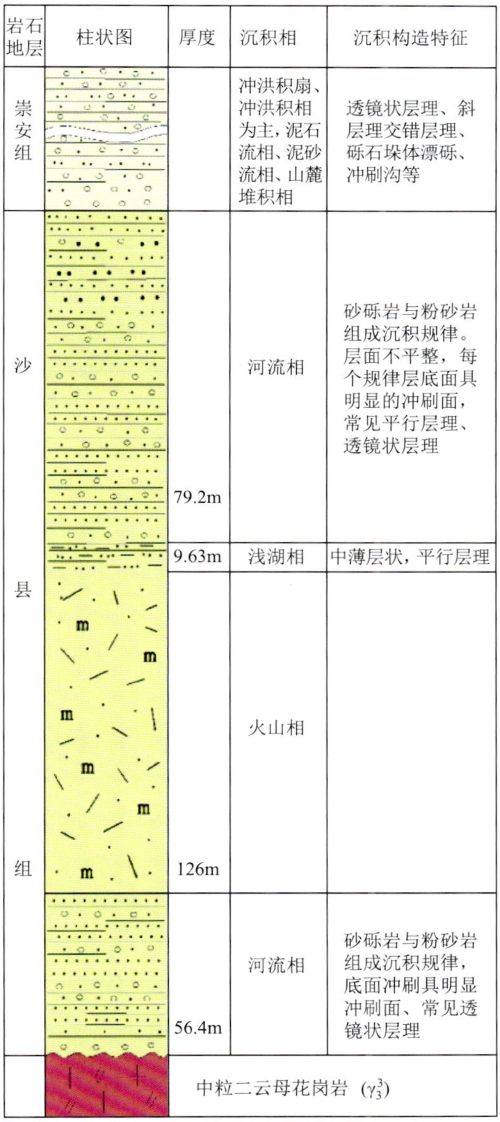

图 16.2　泰宁盆地白垩纪红层柱状图

沙县组（K_2s）。1966 年在沙县城北 3km 建组，在泰宁盆地、武夷山崇安盆地等均有出露，下与均口组整合接触或超覆于其他老地层之上，上被崇安组整合覆盖。不同盆地的沙县组之岩石组合特征总体一致，为一套红色细碎屑岩建造，属于干燥炎热氧化环境形成的内陆盆地河湖相沉积，灰绿色泥岩、粉砂质泥岩含植物化石及其孢粉组合，时代属于晚白垩世早、中期。

崇安组 K_2c。可见武夷山慧宛剖面，泰宁县朱口剖面也相当典型，为沙县组继承性陆相盆地粗碎屑沉积，代表了红盆萎缩封闭期的沉积，下与沙县组整合接触或不整合超覆于其他老地层之上，该组含孢粉，时代为晚白垩世晚期，崇安组是形成丹霞地貌的主体岩性。

沉积相中有河湖相（图 16.3）和洪积相，洪积相见洪积砾岩，下部偶见冲刷构造。河床相中有砾石发育，磨圆度一般。河漫滩-河间洼地相可见细粒粉砂岩、黏土岩。湖盆相以粉砂岩、黏土岩为主，见水平层理。

图 16.3　龙王岩猫儿山河湖相沉积地层

3. 岩性描述[2, 3]

从猫儿山地区的砂砾岩特征上看，其粒径平均约 2mm，新鲜面呈灰紫色，胶结物呈褐红色。碎屑成分石英晶屑含量约 15%，钾长石晶屑含量约 10%。胶结物为铁质-钙质基底胶结。岩体多为巨厚层、块状，与砂岩互层，局部含粉砂质夹层（图 16.4）。岩体抗压性强，抗风化能力强，较坚硬，单轴干抗压强度 99.95MPa。地貌表现一般呈崖壁和正地貌景观。采样点位于泰宁上清溪崇安组（K_2c）砾岩突起处。试验数据表明砾岩粒径在 2～3mm，砾石砾径最大可达 20mm。铁质胶结物分布不均。钙质细砂岩砂屑为石英、微斜长石、绢云母化斜长石、黑云母和少量白云母及铁矿物。其余砂屑主要为石英（68%）、微斜（条纹）长石 3%、绢云母化斜长石（8%）、无绢云母化斜长石（5%）、黑云母（3%）、白云母（1%）[1, 2]。

从猫儿山地区的砂岩特征上看，多为次棱角状，颜色呈棕红色、肉红色、砖红色、紫红色。碎屑成分石英、长石、云母，胶结物为红棕色铁质胶结。岩体呈巨厚层-薄层，块状或层状，与砾岩互层，含泥质夹层；岩体抗压强度较坚硬，单轴干抗压强度为

图 16.4　猫儿山砂砾岩层中的砂岩夹层

84.53MPa，抗风化能力较强。地貌多为崖壁和正地貌景观。砾岩夹砂岩时易凹进为岩槽或浅洞，泥岩夹砂岩易突出为岩脊（图 16.5）。砂岩的采样点同样位于泰宁上清溪崇安组（K_2c）。试验数据表明砂岩粒径大小不一，主要为 0.1～0.3mm，其余集中在 0.4～0.6mm 粗砂和 0.01～0.05mm 的粉砂杂基。砂粒为石英（60%）、微斜长石（12%）、绢云母化斜长石（11%）、黑云母（2%）（变形弯曲，显波状消光）（2%）、白云母（1.5%）和铁矿物（1%）[1, 2]。

图 16.5　猫儿山砂岩凹槽及其上方砾岩

4. 构造描述[1, 2]

大地构造位置，该区位于白垩纪红色断陷盆地，为中生代断陷盆地白垩纪活动大陆边缘裂陷系的西部、华夏古陆武夷隆起的西南部。主要构造线沿北东、北北东、北西及南北向断裂发育。褶皱多见单斜构造，断层受北东向邵武-河源断裂带的控制，具有北东、北北东、北西向断裂格架，具有北东、近南东、近东西、东西向节理裂隙，控制了区内丹霞地貌山体的走向[1, 2]。

16.3　地 貌 属 性

1. 地貌单元[1, 2]

泰宁龙王岩属武夷山脉中段东南侧，大地貌部位处于武夷山脉北西侧盆地。地势四周高，中间较为低平。总体呈西北部高、东南缓、中部低态势。

2. 地貌类型

该区岩性以砾岩、砂砾岩为主（砾岩层、砂砾交互层、砂岩层）。其产状以近水平丹霞（<10°）为主，倾角在 10°～30°左右的单斜山崇安组地层成层性突出，此地貌表面的顺层微地貌（顺软岩层凹槽、岩槽、洞穴和顺硬岩层凸起、岩坎）发育，硬岩层面往往形成陡崖上的缓和台阶（图 16.6）。该区气候湿润，丹霞地貌受水蚀作用影响明显。

图 16.6　猫儿山地区微缓倾斜岩层构成的单斜山

该区流水是主动力，但风化和重力作用也是重要的常规动力，除了峡谷谷壁之外，陡崖坡基本上是崩塌后壁或被风化、水蚀改造的坡面。该区正地貌类型以直立坡和陡崖坡为主，大多数山体均有多级陡缓相间的坡面特点。石堡、石峰、石梁、石墙、石柱、丘陵、孤峰、孤石均有分布。崩积体中有崩积堆，一般陡崖坡下均有崩积堆，有些地段陡崖坡下被河溪或坡面流水侵蚀则无崩积堆。崩积岩块一般位于陡崖坡下或沟谷底部，散布或成群。

该区负地貌有丹霞沟谷、线谷、巷谷、峡谷、围谷、深切曲流、宽谷。崖壁岩槽有顺层凹槽、垂直岩槽、倾斜岩槽、水平岩槽和波状崖壁均十分发育。由于丹霞组岩性的垂直差异较大，顺层沟槽比较发育，另有坡面流水侵蚀的垂直凹槽。泰宁洞穴主要发育有水平并列状洞穴、垂直叠层状洞穴、串珠状洞穴、葫芦状洞穴、笋状洞穴、套叠状洞穴和石锅，大型单体洞穴 60 多处，壁龛状洞穴群 100 多处。丹霞穿洞与石拱有侵蚀与风化穿洞（水平穿洞和垂直穿洞）、石拱、天生桥等已发现多处，崩积石拱在沟谷和缓坡均有分布（图 16.7）。

图 16.7 猫儿山地区凹槽与弧形洞

泰宁地区的丹霞地貌属于青年期，其综合景观为峡谷型丹霞地貌，丹霞石峰、石堡、石墙、石柱等簇群状散布在较宽阔的谷地中，山体疏密相间，山石高低、大小对比强烈，形成变化万千的丹霞地貌群体景观。

3. 坡面特性

龙王岩海拔为 400～500m，陡崖一般高度 70～150m；陡崖最大坡度 90°，一般坡度 70°～90°。坡面形态平直型、波浪型、横向槽脊型、竖向槽脊型均有。边角形态以圆化型为主，崩塌面局部保持棱角状，图 16.8 为猫儿山的丹崖赤壁。

图 16.8 猫儿山丹崖赤壁

4. 重要景观

龙王岩的标志性景观是猫儿山三剑峰（图 16.9）。地貌造型有石峰、石堡、石柱、石墙。综合景观是猫儿山国家森林公园（图 16.10）。

图 16.9　猫儿山三剑峰

图 16.10　猫儿山国家森林公园

16.4　自然地理环境[2, 3]

1. 自然环境

该区气候类型为中亚热带季风山地气候，1 月均温 5.9℃，7 月均温 29.7℃，年均温

17.1℃，年降水量 1788mm。

泰宁世界地质公园区内丹霞地貌千姿百态，线谷、巷谷深邃幽长，岩槽、洞穴形态各异。图 16.11 为猫儿山地区的丹霞示观。

图 16.11　丹霞石墙、石峰群——枪山、旗山、牌山

其土壤类型主要为红壤和紫色土。红壤主要分布于海拔 800m 以下的低山、丘陵，紫色土主要分布于红层盆地内。

植被类型可以划分为常绿阔叶林、常绿落叶混交林、针叶阔叶混交林、竹林、经济林、荒山草坡、人工培育植被等类型。植物种类有 212 科 666 属 1412 种，特色植物有南方红豆杉，银杏，伯乐树等；国家Ⅰ级保护植物 3 种，国家Ⅱ级保护植被 11 种，列入 IUCN 红皮书的有 10 种，列入 CITES 附录禁止国际贸易的 65 种。

动物种类有脊椎动物资源 36 目 105 科 382 种、昆虫纲无脊椎动物 25 目 232 科 1512 种。常见兽类有 37 种，常见鸟类 4 科 36 种，爬行动物 17 种，常见鱼类 15 科 51 种。特色动物有豺，虎纹蛙，白颈长尾雉等，还有国家Ⅰ级重点保护野生动物 2 种，国家Ⅱ级重点保护野生动物 34 种，列入 CITES 附录禁止国际贸易的 46 种，列入中国物种红色名录的 43 种。

综合自然地理环境属于亚热带丘陵森林景观。该区自然森林覆盖率核心区占 90%以上，基本无水土流失和荒漠化迹象，红层生态问题主要是外围林木的破坏与人工林化。

2. 地质环境

该区有崩塌灾害，由于凹槽和洞穴的不断扩大，顶部凌空的岩体在重力作用下，沿着破裂面崩塌滑落，形成崩积石（图 16.12）。泰宁地区滑坡灾害主要由暴雨洪涝等气象灾害引起，多出现在人工切坡的坡积物、风化壳上，规模较小。该区暴雨洪涝等气象灾害同时易引起山洪和泥石流。

图 16.12　猫儿山“山崩”石

泰宁世界自然遗产地处福建山区，是地质灾害多发区，泰宁县地质灾害多发生在汛期，占全年地质灾害总数的 89%，其中 70%集中在 4 月下旬～6 月中旬，6 月中旬出现频率最高，约占总数的 26%，其次是 5 月中旬，约占总数的 11%。某些危岩体在触发因素（如暴雨、地震、开山放炮）影响下，可能发生崩塌滑落（图 16.13）。

风动石

金龟爬壁

图 16.13　猫儿山崩塌岩块/错落体

16.5　地方文化及开发利用

1. 地方文化

该区丹霞盆地内基本是汉族。宗教有佛教，宗教建筑有庆云寺、甘露寺等。

2. 利用现状

该区寨下大峡谷、上清溪、大金湖景区均已作旅游开发，开放景区大部分已有观光产品。对外交通发达，内部联通较差，生态环境保护状况较好。

参 考 文 献

[1] Zhu C，Peng H，Ouyang J，et al. Rock resistance and the development of horizontal grocves on Danxia slopes. Geomorphology，2010，123：84～96.

[2] 朱诚，马春梅，张广胜，等. 中国典型丹霞地貌成因研究. 北京：科学出版社，2015.

第 17 章　泰宁八仙崖

17.1　基 本 信 息

1. 名称及保护性命名

泰宁八仙崖现名泰宁八仙崖。从保护性命名看，其与泰宁地区其他丹霞地貌相同，详见 16.1 节。

2. 概况（面积/高程/位置/行政区划/交通）

泰宁八仙崖其丹霞地貌区面积为 10.75km^2。

在政区位置上，泰宁八仙崖位于福建省西北部三明市泰宁县西南 29km 处，北起大布乡的暗岭，南至龙安乡，西大致以暗岭-四岭-吴地一线为界，东以老虎际-山坊-叶家地-龙安为界，呈狭长的带状展布。在对外交通与泰宁地区其他丹霞地貌相同，详见 16.1 节。

17.2　地 质 数 据

1. 地质概况

泰宁八仙崖位于泰宁盆地，其地质概况与龙王岩相同。

2. 地层描述

地层描述与龙王岩猫儿山相同，详见 16.2 节。图 17.1 为八仙崖河湖相沉积地层。

图 17.1　八仙崖河湖相沉积地层

3. 岩性描述

图 17.2 为八仙崖采样砾岩的偏光显微镜照片，其岩性特征与猫儿山地区采样砾岩相近。

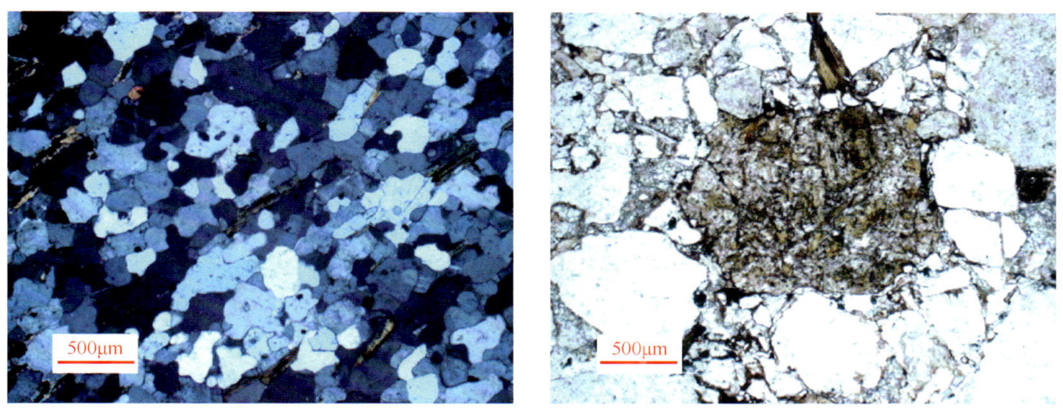

图 17.2　八仙崖采样砾岩偏光显微镜照片

图 17.3 为在八仙崖采样的砂岩偏光显微镜照片，其岩性特征与猫儿山地区的采样砂岩相近。

图 17.3　八仙崖采样砂岩偏光显微镜照片

4. 构造描述

构造描述参见 16.2 节猫儿山地区的构造描述。

17.3　地 貌 属 性[1, 2]

1. 地貌单元

泰宁八仙崖和猫儿山一样属武夷山脉中段东南侧，大地貌部位处于武夷山脉北西侧盆地，地势特点也相同。

2. 地貌类型

该区地貌类型与猫儿山相同，详见 16.3 节。图 17.4 为八仙崖景区附近的近水平岩层构成的丹霞石墙，图 17.5 为该区的单斜山。

图 17.4　近水平岩层构成的丹霞石墙

图 17.5　微缓倾斜岩层构成的单斜山

流水是八仙崖丹霞地貌形成的主动力，但风化和重力作用也是重要的常规动力，图 17.6 为八仙崖地区的丹霞穿洞。

图 17.6　八仙崖地区穿洞

依群体形态，该区有峡谷型丹霞、锥形峰丛景观。依发育阶段，该区属于青年期丹霞。该区丹霞地貌群体组合疏密相间，剥蚀量介于 20%～40%。泰宁丹霞地貌综合景观为峡谷型丹霞地貌，表现为丹霞石峰、石堡、石墙、石柱等簇群状地散布在较宽阔的谷地中，山块疏密相间，山体高低、大小对比强烈，形成变化万千的丹霞地貌群体景观。

3. 坡面特性

八仙崖的坡面特征与猫儿山相同，图 17.7 为八仙崖的丹霞绝壁。

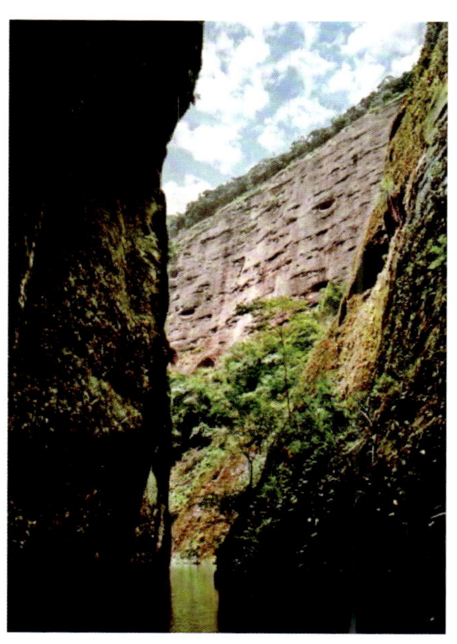

图 17.7　八仙崖丹霞绝壁

4. 重要景观

八仙崖的标志性景观是赤壁丹霞（色如渥丹、灿若明霞），山原（平台）峡谷组合式丹霞。其个性化景观是状元岩、八仙崖（图 17.8）。

图 17.8　八仙崖

17.4　自然地理环境

1. 自然环境

八仙崖位于泰宁地区，其自然环境与猫儿山相近。

2. 地质环境

八仙崖附近的地质环境与猫儿山相近，详见 16.4 节。

17.5　地方文化及开发利用

该区丹霞盆地内基本是汉族。区域内以新徽派建筑为主体。泰宁史迹保存有红军街（如朱德、周恩来旧居）、东方军司令部、大洋嶂狙击战旧址等革命历史遗迹；泰宁城区内有尚书第（五福堂）为主体完整的明代建筑群和国家重点文物保护单位。图 17.9 为泰宁石崖和古城风光。另有丹霞岩寺文化、丹霞学子文化、居民文化、岩穴丧葬文化。民俗活动有梅林戏、客家擂茶、傩舞、灯舞、龙舟赛。

泰宁石崖

泰宁古城

图 17.9　泰宁地区历史遗迹

参考文献

[1] Zhu C，Peng H，Ouyang J，et al. 2010，Rock resistance and the development of horizontal grooves on Danxia slopes. Geomorphology，123：84～96.

[2] 朱诚，马春梅，张广胜，等. 中国典型丹霞地貌成因研究. 北京：科学出版社，2015.

第 18 章　泰宁寨下大峡谷

18.1　基 本 信 息

1. 名称及保护性命名

泰宁寨下大峡谷现名即为泰宁寨下大峡谷。其保护性命名与泰宁地区其他的丹霞地貌相同。

2. 概况（面积/高程/位置/行政区划/交通）

泰宁寨下大峡谷其丹霞地貌区面积为 252.74km^2。

在政区位置上，泰宁寨下大峡谷位于福建省西北部三明市泰宁县，包括寨下大峡谷、李家岩和瑞丰岩。在对外交通与泰宁地区其他丹霞地貌景观相同，详见 16.1 节。

18.2　地 质 数 据

1. 地质概况

泰宁寨下大峡谷位于泰宁盆地，其地质概况参考 16.2 节的龙王岩猫儿山。

2. 地层描述

地层描述详见 16.2 节龙王岩猫儿山的地层描述。

3. 岩性描述

图 18.1 为本书作者团队在泰宁李家岩地区采集岩芯样品的工作照，图 18.2 为采集的

图 18.1　野外采样工作照

岩芯样品。岩芯的岩性参见 16.2 节的猫儿山地区采样岩芯岩性。

图 18.2　岩芯样品照片

4. 构造描述

泰宁寨下大峡谷构造描述详见 16.2 节。

18.3　地 貌 属 性[1, 2]

1. 地貌单元

泰宁寨下大峡谷位于武夷山脉中段东南侧，大地貌部位处于武夷山脉北西侧盆地，地势特点与猫儿山、八仙崖相同。

2. 地貌类型

该峡谷地貌类型与猫儿山相同，详见 16.3 节。图 18.3 为大峡谷内的李家岩顺层凹槽。

图 18.3　李家岩顺层凹槽

图 18.4 为寨下天穹岩洞穴。

3. 坡面特性

寨下大峡谷的坡面特性参考 16.3 节的猫儿山地区的坡面特征，图 18.5 可见其边角特征以圆化型为主。

图 18.4　寨下天穹岩洞穴

图 18.5　边角特征以圆化型为主

4. 重要景观

大峡谷的重要景观地貌造型有寨下大峡谷。综合景观是壁龛式洞群——七情百嘴岩（图 18.6）。

图 18.6　壁龛式洞群——七情百嘴岩

18.4 自然地理环境

1. 自然环境

综合自然地理环境亦呈亚热带丘陵森林景观。环境与附近泰宁地区其他丹霞地貌景观相似。

2. 地质环境

寨下大峡谷地质环境，参见 16.4 节。

18.5 地方文化及开发利用

该区丹霞盆地内基本是汉族。宗教有佛教，佛教建筑有天台禅寺等。

参 考 文 献

[1] Zhu C，Peng H，Ouyang J，et al. 2010，Rock resistance and the development of horizontal grooves on Danxia slopes. Geomorphology，123：84～96.

[2] 朱诚，马春梅，张广胜，等. 中国典型丹霞地貌成因研究. 北京：科学出版社，2015.

第 19 章　泰宁上清溪

19.1　基 本 信 息

1. 名称及保护性命名

泰宁上清溪现名泰宁上清溪。其保护性命名与泰宁地区其他丹霞地貌景观相同。

2. 概况（面积/高程/位置/行政区划/交通）

泰宁上清溪其丹霞地貌区面积为 84.13km^2。

在政区位置上，泰宁上清溪位于福建省西北部三明市泰宁县，包括朱口镇上清溪、九龙潭、红石沟、状元岩、宝盖岩、栖真岩。在对外交通与泰宁地区其他丹霞地貌景观相同，详见 16.1 节。

19.2　地 质 数 据[1, 2]

1. 地质概况

泰宁上清溪位于泰宁盆地，地质概况详见 16.2 节。

2. 地层描述

地层描述详见 16.2 节龙王岩猫儿山的地层描述。

3. 岩性描述

岩性描述详见 16.2 节猫儿山地区采样岩芯的岩性描述。

4. 构造描述

大地构造位置。上清溪地区位于白垩纪红色断陷盆地中大陆边缘裂陷系的西部、华夏古陆武夷隆起的西南部。主要构造线崇安-石城大断裂控制了上清溪及金湖两个丹霞地貌区的西北边界；记子顶-龙安大断裂控制了金湖、八仙崖丹霞地貌区的西部边界；南溪-泰宁断裂控制了金湖丹霞地貌区的东北边界。褶皱多见于单斜构造。断层自东北向西南，经下地东南侧，狮子山西北麓-南溪-记子顶，沿途界线明显，整齐平直。

19.3　地 貌 属 性

1. 地貌单元

泰宁上清溪地区属武夷山脉中段东南侧，大地貌部位处于武夷山脉北西侧盆地，特点与泰宁地区其他主要的丹霞地貌景观相同。

2. 地貌类型

该区地貌类型与泰宁地区其他主要的丹霞地貌景观的地貌类型相同。图 19.1 为上清溪的正地貌坡面类型。图 19.2 为上清溪地区的负地貌，深切的曲流——九龙潭。

图 19.1　上清溪正地貌坡面类型

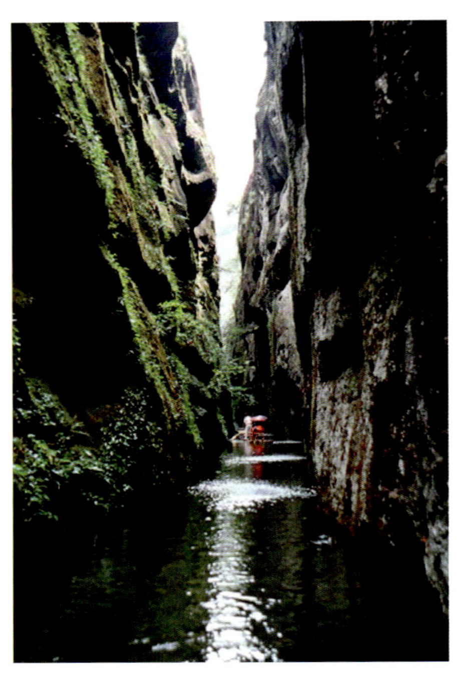

图 19.2　泰宁深切曲流——九龙潭

3. 坡面特性

上清溪地区坡面特性参见 16.3 节，图 19.3 为上清溪地区的波浪形陡坡。

4. 重要景观

上清溪的个性化景观是蟠桃盛会，其综合景观是状元岩（图 19.4、图 19.5）。

图 19.3　上清溪地区波浪形陡坡

图 19.4　蟠桃盛会

图 19.5　状元岩

19.4　自然地理环境

1. 自然环境

泰宁上清溪地区自然环境参见 16.4 节。

2. 地质环境

泰宁上清溪的地质环境参见 16.4 节。

19.5 地方文化及开发利用

1. 地方文化

该区丹霞盆地内基本是汉族。宗教建筑有宝盖岩寺（图 19.6）。

图 19.6 宝盖岩寺

2. 利用现状

泰宁上清溪已作旅游开发并有观光产品。

参考文献

[3] Zhu C，Peng H，Ouyang J，et al. 2010，Rock resistance and the development of horizontal grooves on Danxia slopes. Geomorphology，123：84～96.（*SCI*）

[4] 朱诚，马春梅，张广胜，等. 中国典型丹霞地貌成因研究. 北京：科学出版社，2015.

第 20 章　泰宁金湖

20.1　基本信息

1. 名称及保护性命名

泰宁金湖现名泰宁金湖，别名大金湖。其保护性命名与泰宁地区其他丹霞地貌景观相同。

2. 概况（面积/高程/位置/行政区划/交通）

泰宁金湖其丹霞地貌区面积为 67.82km^2。

在政区位置上，泰宁金湖位于福建省西北部三明市泰宁县南西西 15km，包括大金湖、醴泉岩、船岩。在对外交通方面详见 16.1 节。

20.2　地质数据

1. 地质概况金湖位于

金湖位于泰宁盆地，地质概况参见 16.2 节。

2. 地层描述

地层描述参见 16.2 节。

3. 岩性描述

岩性描述参见 16.2 节。

4. 构造描述

大地构造位置。金湖同样位于白垩纪红色断陷盆地大陆边缘裂陷系的西部、华夏古陆武夷隆起的西南部，构造位置详见上清溪地区的构造描述。

20.3　地貌属性[1, 2]

1. 地貌单元

泰宁金湖地貌单元和地势特点与泰宁地区主要丹霞地貌景观相同。

2. 地貌类型

地貌类型同样和泰宁地区主要的丹霞地貌景观相同，图 20.1 为金湖石峰。

图 20.1　金湖石峰

图 20.2 为金湖地区的船岩及其洞内洞壁上的洞穴。

图 20.2　船岩及其洞内洞壁上的小型蜂窝状洞穴

3. 坡面特性

金湖的坡面特性参见 16.3 节。

4. 重要景观

金湖的标志性景观是大金湖赤壁丹崖、峡谷组合式丹霞。综合景观是大金湖峰林（图 20.3）。

图 20.3 大金湖峰林

20.4 自然地理环境

1. 自然环境

金湖位于泰宁世界地质公园中部，范围内丹霞地貌千姿百态，线谷、巷谷深邃幽长，岩槽、洞穴形态各异。图 20.4 为大金湖赤壁丹霞的森林景观。

图 20.4 泰宁亚热带丘陵森林景观——大赤壁“水上丹霞”

2. 地质环境

金湖地区的地质环境参见 16.4 节。

20.5 地方文化及开发利用

该区丹霞盆地内基本是汉族。宗教有佛教，建筑有甘露寺等（图 20.5）。

图 20.5　甘露寺

参 考 文 献

[1]　Zhu C，Peng H，Ouyang J，et al. 2010，Rock resistance and the development of horizontal grooves on Danxia slopes. Geomorphology，123：84～96.

[2]　朱诚，马春梅，张广胜，等. 中国典型丹霞地貌成因研究. 北京：科学出版社，2015.

第 21 章　南平武夷山

21.1　基 本 信 息

1. 名称及保护性命名

南平武夷山现名武夷山。从保护性命名看，其丹霞地貌区于 1979 年被列为国家重点自然保护区，1982 年被列为国家级风景名胜区，1987 年加入世界生物圈保护区网络，1992 年被确认为具有全球保护意义的 A 级保护区、国家级旅游度假区，1999 年被列为世界级文化与自然双遗产，2004 年被列为国家级森林公园，2006 年被评为国家 AAAAA 级旅游景区，2007 年被列为国家级生态旅游示范区，2007 年被评为“最佳资源保护的中国十大风景名胜区”，2016 年被评为全国首批“国家全域旅游示范区”。1961 年遇林亭窑址被列为福建省级重点文物保护单位，1996 年武夷山城村汉城遗址被列为全国重点文物保护单位、2013 年被评为国家考古遗址公园。

2. 概况（面积/高程/位置/行政区划/交通）

南平武夷山景区面积 79km^2，其丹霞地貌区面积为 54.44km^2。从高程看，其九曲溪汇入崇阳溪处水面最低海拔 169m，其三仰峰最高海拔 729.2m，其大部分山峰的一般高度为 300～400m。其经纬度范围北至百花岩北缘 27°46′05″N，南至乌龟山南麓 27°36′13″N，东至饭罩岩东缘 118°01′04″E，西至白云岩西南麓后溪 117°55′08″E，中心点坐标 27°41′00″N、117°58′00″E。

在政区位置上，南平武夷山位于福建省西北，南平市北部，武夷山市的中南部，大部分位于武夷街道的西南部，小部分位于星村镇东部和兴田镇北部。南北长 18.5km，东西宽 1～5km，平均宽 3.32km。在对外交通上，航空领域有武夷山机场距离武夷山主景区 7km 左右，开通国内外航线 30 多条。在铁路领域有峰福铁路（横峰至福州），武夷山火车站距景区 15km，合福高铁已开通，高铁武夷山北站距景区 20km。在公路领域，浦南高速公路武夷山出口距主景区 9km，武邵高速公路（武夷山至邵武）与宁武高速公路相接于武夷山市兴田，宁武高速公路（宁德至武夷山）经福安、周宁、政和、建阳、武夷山可至江西上饶。在水路领域，九曲溪开发有竹筏和漂流旅游项目。崇阳溪自 1979 年沿溪拦河闸坝后，只在闸坝间有少数采砂作业船，运输船已绝迹。

21.2　地 质 数 据

1. 地质概况[1～3]

南平武夷山位于崇安盆地，此盆地面积 321km^2，形成于侏罗纪晚期到白垩纪初期的造山运动。红层时代初始沉积于白垩纪初期，沉积结束于晚白垩世末至古近纪初。图 21.1 为武夷山附近地质图。

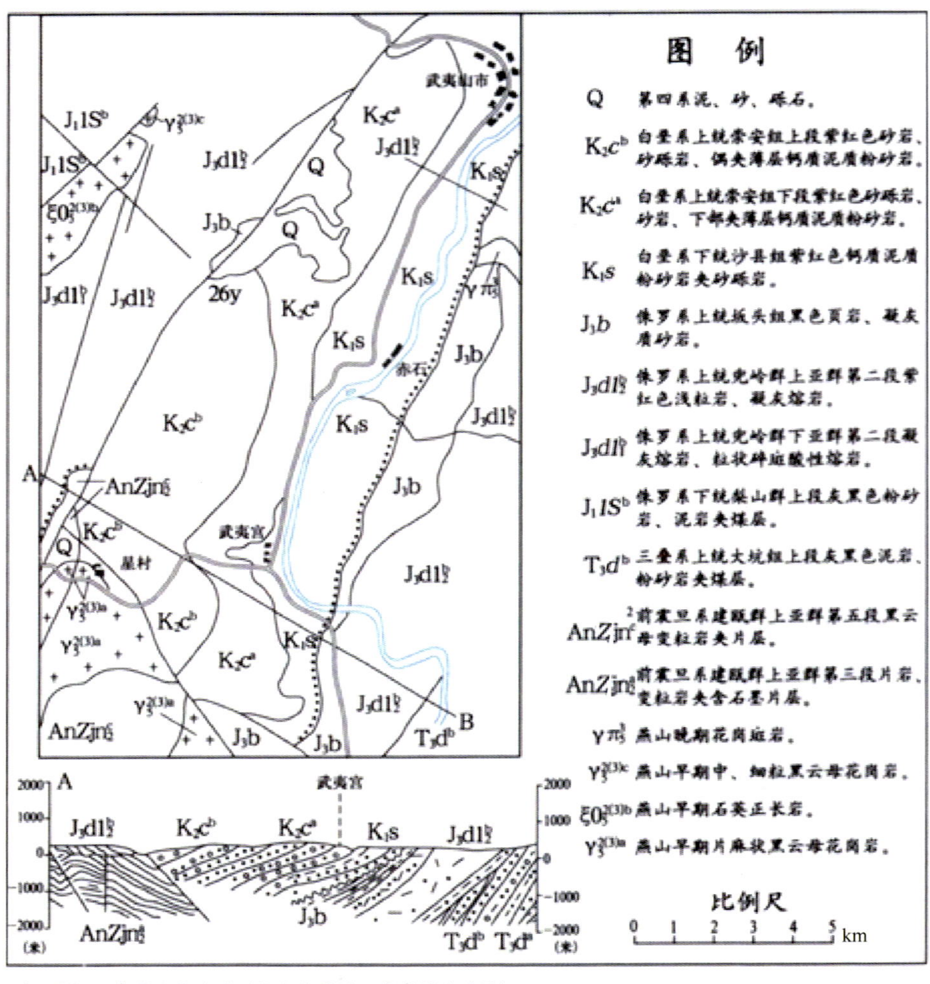

图 21.1　武夷山附近地质图

2. 地层描述

从地层特征上看，下白垩统沙县组 K_1s 为紫红色中薄层钙质泥质粉砂岩，夹砂砾岩，厚度约 800～1000m，分布于景区中部和东部，出露面积占景区面积 20%。上白垩统崇安组 K_2c 为紫红色厚-巨厚层砾岩、砂砾岩、含砾粗砂岩夹薄层钙质泥质砂岩、粉砂岩，与下部沙县组碎屑岩呈整合接触，总厚度约 1000m，分布于景区中西部，出露面积占景区 80%。

沙县组是一套盆地河湖相、以湖相为主的陆源碎屑沉积的紫红色中薄层钙质泥质粉砂岩夹砂砾岩。属半坚硬岩组，除局部厚层砂砾岩夹层可能形成一些丹崖外，其他绝大部分只能形成缓坡起伏的红色丘陵。

崇安组为山麓洪积相、河湖相，以洪积相、河流相为主。属坚硬半坚硬岩组，是形成丹霞地貌的主体岩层。

上白垩统崇安组下段为紫红色砂砾岩、砂岩、下部夹薄层钙质泥质粉砂岩。上段为紫红色砂岩、砂砾岩，偶夹薄层钙质泥质粉砂岩。

该区沉积相有河湖相和洪积相（图 21.2），洪积相多洪积砾岩，下部偶见冲刷构造；河床相的砾石发育，磨圆度较好；河漫滩-河间洼地相中见细粒粉砂岩、黏土岩。湖盆相以粉砂岩、黏土岩为主，见水平层理。

图 21.2　武夷山河湖相沉积地层

3. 岩性描述

从该区砾岩特征上看，颜色呈棕红色和紫红色。碎屑成分以酸性火山岩岩屑为主，少量泥质细砂岩岩屑。胶结物为泥质胶结、钙质胶结。结构为细砾结构和块状构造。岩体抗压性强，单轴干抗压强度可达 59.38MPa，抗风化能力较强。地貌表现一般多为崖壁和正地貌（图 21.3）。此次采样点为水帘洞景区检票口，海拔 225m，温度 24℃，位于 117°58.514′E，27°40.889′N，砾岩岩芯 15 个（图 21.4）。试验数据表明此处岩性细砾结构为主，少数为中砾结构，薄片中砾石大小 3～20mm，分选性差，磨圆度好，多为次圆状。采集的砾石成分以酸性火山岩岩屑为主，含少量泥质细砂岩岩屑。酸性火山岩岩屑为流纹质凝灰岩，砾石之间的填隙物占 20%，为黏土杂基和砂质碎屑物（图 21.5）。

图 21.3　武夷山砾岩岩相

图 21.4　岩芯样品照片

图 21.5　武夷山砾岩偏光显微镜照片

从砂岩特征看，其颜色呈砖红色，紫红色。胶结物为泥质胶结。结构呈中粗粒砂状结构，块状构造。岩体抗压性强，单轴干抗压强度可达 90.94MPa，抗风化能力强。地貌主要为崖壁和正地貌，砾岩夹砂岩时凹进为岩槽或浅洞，泥岩夹砂岩突出为岩脊（图 21.6）。试验数据显示其为中粗粒砂状结构，碎屑颗粒粒径 0.3～1.5mm，分选差，磨圆度差，多为次棱角状。碎屑颗粒占 90%，其中石英 65%，长石 17%，岩屑 8%，含少量白云母。长石多为斜长石和条纹长石。岩屑有泥岩岩屑、泥质细砂岩岩屑，有少量火山岩岩屑。填隙物占 10%，主要为黏土杂基，呈细小毛发状-鳞片状（图 21.7）。

图 21.6　武夷山砂岩岩相

图 21.7　武夷山砂岩偏光显微镜照片

4. 构造描述

大地构造位置，该区位于华南板块南岭山系的华夏、新华夏地质构造单元支脉，地层呈北东-南西或北北东-南南西走向，大致与山脉走向平行。褶皱以单斜构造为主。断层为上饶-崇安-梅县大断裂带和武夷山市-江西石城深断裂。崇安组节理岩层常沿北东 20°至南向 180°走向及北西 290°至北西 270°走向产生一系列垂直节理和断裂。前两者多为压性断裂，后两者多为张性断裂。此外还有北东 10°～15°、北东 35°、北东 50°、北东 65°、北东 70°、北东 80°、南东 120°、南东 130°等多组节理及断裂。

武夷山目前有海拔 550m、450m 和 350m 等夷平面，是新近纪晚期及第四纪早期更新世时期数次地壳间歇性上升的产物，根据测算，武夷山地壳上升速率为 0.897m/10a[1]。

21.3　地 貌 属 性[1, 2, 4]

1. 地貌单元

南平武夷山属武夷山脉，大地貌位于武夷山脉北段黄岗山南面。地势北高南低，西部突起，盆地中多群山。武夷山地貌因受单斜构造和断裂、节理控制，发育类型主要有单面山、桌状山、柱状山、红层峰林、缓丘、断裂巷谷、河流阶地 7 种。

2. 地貌特征

依据岩性，本区红色丹霞地貌岩体在东部沙县组其平均抗压强度为 200～811MPa；平均抗拉强度为 33MPa；抗剪强度为 200MPa；内摩擦角 33°，属半坚硬岩组。除局部厚层砂砾岩夹层可能形成一些丹崖外，其他绝大部分只能形成缓坡起伏的红岩丘陵。

西部崇安组平均抗压强度为 630～1000MPa，最大达 1470MPa；平均抗拉强度为 30～100MPa；抗剪强度为 160～630MPa；内摩擦角 36°～45°，属坚硬半坚硬岩组，是形成丹霞地貌的主体岩层。实际上因其砾岩、砂砾岩、砾质粗砂岩等岩层富含节理、裂隙、层理、孔隙，并会受地下水、风化、溶解等作用及受软弱夹层的影响，抗玉强度大大降低。因其抗剪强度较小，抗压强度更小，易在负坡及陡坡处发生崩塌，特别是在悬空的洞顶易引起崩塌。

依据产状，武夷山崇安组大多倾向北西西或倾向西，倾角有8°、12°、20°、25°、30°、38°不等，最大可达40°。由于平行岩层走向及垂直岩层走向产生不少断裂及节理并被水流侵蚀形成许多谷地，因而形成许多单斜群山。每一座单斜山，顺岩层倾向一侧常沿岩层面较平整地倾斜到山麓，而反岩层倾向的一侧，则常被垂直节理或断层面所限，常形成丹崖，并顺岩层倾向由高变低。在顺岩层倾向的一侧，有的也沿近垂直节理崩塌，形成陡崖，如大王峰、佛国岩等。有的沿垂直节理崩塌风化形成岩柱，如玉柱峰。在虎啸岩、伏羲洞一带，岩层倾向西北，倾角只有12°。在一线天一带，红色岩层倾角只有7°～8°，是近水平岩层。此外，三才峰、仙人岩，也是近水平岩层，形成“顶平、坡陡、麓缓”的丹霞地貌景观（图21.8）。

近水平岩层构成的丹霞石堡

倾斜岩层构成的单面山和陡崖

图21.8　武夷山较平缓的丹霞地貌景观

该区属于气候湿润区。依据主动力，该区属于流水作用为主形成的丹霞地貌，如九曲溪深切曲流、丹霞群山、峡谷和巷谷、一线天及穿洞、水蚀平行岩沟、壶穴与圆潭、瀑布等。崩塌作用形成的丹霞地貌主要有赤壁丹崖、石堡、岩墙、岩柱、岩峰、石门、崩积岩堆及崩积缓坡、崩积岩块、崩积洞穴。风化作用形成的丹霞地貌主要有凹片状剥落形成的丹霞地貌、凸片状剥落形成的丹霞地貌、温差风化、结皮风化。流水是主动力，但风化和重力崩塌作用也是重要的常规动力。除了峡谷谷壁之外，陡崖坡基本上是崩塌后壁或被风化、水蚀改造的坡面（图21.9）。

该区负地貌（图21.10）主要有沟谷、线谷、巷谷、峡谷、围谷、深切曲流、宽谷。崖壁岩槽、顺层凹槽、竖向沟槽均十分发育。洞穴有顺层洞穴、水平洞穴、穿层洞穴、穹形洞穴、壁龛式洞穴、蜂窝状洞穴、竖向洞穴、溶蚀洞穴、沟谷壶穴均十分发育。崩积洞是岩体在垂直节理和重力作用下，崩塌堆积成具有一定规模的地下空间。依群体形态，有水平顺层洞穴、蜂窝状洞穴和崩积洞（图21.11）、簇群式（组团式）红层峰林-峰丛型（图21.12）。

图 21.9　深切曲流与直立陡崖

峡谷

一线天

平行岩沟

图 21.10　武夷山典型负地貌

图 21.11　水平顺层洞穴、蜂窝状洞穴和崩积洞

依发育阶段，南部溪南为壮年和幼年丹霞地貌区，其北侧以九曲溪与溪北壮年和幼年丹霞地貌区为界，南至乌龟山南麓，东抵上埔分场西侧，西至星村东侧，南北长 5.2km，东西宽 4.8km，面积 15.97km^2。其中丹霞地貌面积 14.94km^2，红岩丘陵面积 1.03km^2。

图 21.12　簇群式（组团式）红层峰林-峰丛型

溪北为壮年和幼年丹霞地貌区，该景区以九曲溪与溪南壮年和幼年丹霞地貌区为界，北以黄柏溪与邓家山-下回老年丹霞地貌及河流阶地区分开，东临黄柏溪、崇阳溪，西缘基本以星村背面的后溪向北北东，经长岭、遇林亭、白岩前、大庙的谷地为界。南北长 9.2km，东西宽 5.6km，面积为 32.89km^2（含红岩台地），是武夷山风景区的主体部分[2]。

邓家山-下回老年丹霞地貌及河流阶地区在黄柏溪东北，以黄柈溪与其南面的溪北壮年幼年丹霞地貌区为界，北缘以葫芦山向东至五里庵一线与百花岩壮年晚期丹霞地貌区分开，东缘由五里庵向西南经黄泥垄、里南庵、高苏坂与崇阳溪冲积平原为界，西缘由葫芦山向南经下回、祖师岭与黄柏溪冲积平原为界，南北长 3.1km，东西宽 0.5～2.7km，面积 4.67km^2。其中有邓家山等数个单斜丹霞残峰，面积共 0.73km^2。此处老年期丹霞地貌（红岩台地）及以红岩为基座的河流阶地，面积共 3.94km^2。

百花岩壮年晚期丹霞地貌区在武夷山西侧，位于武夷山丹霞地貌区北部，南北长 3.7km，东西宽 3.04km，面积 7.80km^2。其中该区西北部有红岩丘陵 1.74km^2，其他 6.06km^2 皆为壮年晚期丹霞地貌。武夷山丹霞地貌分区和面积见表 21.1。

表 21.1　武夷山丹霞地貌分区和面积表（单位：km^2）

区名	丹霞地貌	红岩丘陵	红岩台地	合计	占总面积比例/%
溪南壮年幼年丹霞地貌区	14.94	1.03	0.00	15.97	26.04
溪北壮年幼年丹霞地貌区	32.71	0.00	0.18	32.89	53.63
邓家山-下回老年丹霞地貌及河流阶地区	0.73	0.00	3.94	4.67	7.61
百花岩壮年晚期丹霞地貌区	6.06	1.74	0.00	7.80	12.72
合计	54.44	2.77	4.12	61.33	100.00

3. 坡面特性

南平武夷山山体最大高度为 200～300m（莲花峰、金棺材），陡崖一般高度 50～100m。陡崖最大坡度 90°，一般坡度 70°～80°；坡面形态平直型、波浪型、横向槽脊型、竖向槽脊型均有。边角特征以圆化型为主，崩塌面局部呈棱角型。

4. 重要景观

南平武夷山的标志性景观是玉女峰、大王峰、大红袍、水帘洞（图 21.13～图 21.16）。

图 21.13　玉女峰

图 21.14　大王峰

图 21.15　大红袍

图 21.16　水帘洞

其个性化景观是鹰嘴岩、不浪舟。地貌主要景观有不浪舟、三仰峰、三才峰、双乳峰、酒坛峰、晒布谷、虎啸岩等（图 21.17，图 21.18）。综合景观是曲曲山回转，峰峰水环抱，千岩万壑锁云烟（图 21.19）。

图 21.17　鹰嘴岩

图 21.18　不浪舟

图 21.19　南平武夷山综合景观

21.4　自然地理环境

1. 自然环境

武夷山的气候类型为中亚热带季风湿润气候，1 月均温 6.7℃，7 月均温 27.7℃，年均温 17.6℃，年降水量 1902.3mm。主要河流为崇阳溪、建溪，建溪径流量为 $10.62\times10^{8}m^{3}$，区内流程 7km，丰水期每年 4～7 月。该区河流由北北东向南南西方向，从景区东侧流过。其上源汇集有北溪、西溪、梅溪 3 条支干和 20 条支流。自武夷山市向南流经建阳市，在建瓯市汇入建溪，全长 13.52km。黄柏溪二级水电站（溪源）以上集水面积 $83.6km^{2}$，总径流量 $1.29\times10^{8}m^{3}$，区内流程 5km，丰水期 4～7 月。该河流发源于保护区的麻粟坑，流经柘洋，于管庄进入景区东北边界，于下林洲注入崇阳溪，全长 43.1km。九曲溪流域面积 534.85km^2，总径流量 7×10^8m^3，区内流程 9.5km，丰水期 4～7 月。该河流发源于桐木关西北，自西向东经高桥、曹墩、星村进入该地区，于武夷宫注入崇阳溪，全长 62.5km。九曲溪属武夷山地区主要河流，亦是武夷山地区自然风光的精华所在。

武夷山地区土壤类型主要是红壤和红黄壤、酸性紫色壤。本区内尚有少量潮土（冲积土）及水稻土。发育在花岗岩母质上的红壤，土层厚度一般在 100cm 左右。表土厚约 15～20cm，呈红棕色，核状结构，轻黏质，含有机质较多；下部为棕红色，块状结构，土体较紧实。发育在紫红色砂砾岩母质上的紫色壤，土壤剖面层次分明，表土为暗紫红色，心土为红紫色或红棕色，全剖面呈酸性反应，pH 为 4.9 左右；表层有机质含量达 3.5%左右，含氨量 0.16%，含磷量 0.32%。

植被类型有常绿阔叶林、针叶林、亚高山矮林、高山草甸。植物种类中，低等植物 840 种：其中菌类植物 503 种；地衣植物 98 种；藻类植物 239 种。高等植物 284 科 117 属 2888 种：其中苔藓植物 73 科 192 属 36 种；蕨类植物 40 科 85 属 280 种，占全国蕨类总数的 10.8%，占福建省蕨类总数的 76%；裸子植物 7 科 18 属 25 种，占全国裸子植物总数的 8.9%，占福建省裸子植物总数的 40.1%；被子植物 164 科 812 属 2222 种，占全国被子植物总数的 9%，占福建省被子植物总数的 54.2%。特色植物有宽距兰属的宽距兰、多花宽距兰，天麻属的黄赤箭、盂兰。其中有中国种子植物特有属 27 属（含 31 种，隶属于 23 科，其中单型科 3 个），占中国特有属的 11.1%；列入《中国植物红皮书》的物种 28 种，其中 II 级重点保护 9 种，III级重点保护 19 种，稀有种类 13 种，渐危种类 15 种；列入《中国野生植物保护条例》的国家重点保护野生植物 104 种，有模式产地种 47 种。

动物种类有陆生脊椎野生动物 4 纲 20 目 33 科 55 种，其中，哺乳纲 6 目 9 科 9 种；鸟纲 10 目 16 科 23 种；爬行纲 3 目 6 科 15 种；两栖纲 1 目 2 科 8 种。特色动物有国家 I 级保护 1 种，国家 II 级保护 8 种，省级重点保护 2 种。

综合自然地理环境属于亚热带丘陵森林景观（图 21.20）。

图 21.20　武夷山区绿海丹峰景观

该区自然森林覆盖率占 79.2%，基本无水土流失和荒漠化迹象。雨季期间受洪水的威胁。红层生态问题主要是外围林木的破坏与人工林化。

2. 地质环境

该区有崩塌灾害，悬崖、悬空洞偶有发生岩块崩落。滑坡灾害较少，武夷山不具备泥石流发生条件。对安全具有较大威胁的主要地质灾害是崩塌或落石（图 21.21）。

图 21.21　武夷山地区具有较大威胁的地质灾害

左为大红袍景区验票口附近崖壁的崩塌落石；右为垂直的卸荷节理使岩块脱离原岩形成高危岩块

由于岩层差异风化，薄层粉砂岩和泥岩干燥时收缩，饱水时泥化，往往发育顺层洞穴，上覆岩层形成高危岩块，在有节理贯通的情况下极易发生崩塌[2~4]（图 21.22）。

图 21.22　地质灾害易发地区

其他地质环境问题包括局部山顶植被破坏后的强侵蚀，导致山顶成为裸岩区。

21.5　地方文化及开发利用

1. 地方文化

该区丹霞盆地内现为汉族，有古闽族、闽越族文化遗存。武夷山早在 4000 多年前就有先民在此劳作生息，逐步形成偏居中国一隅的“古闽族”文化和其后的“闽越族”文化，这在国内外绝无仅有。反映这一文化特征的是武夷山“架壑船棺”（距今约 3750 年），是目前国内外发现的悬棺遗址中年代最早的。“虹桥板”及占地 $48\times10^4 m^2$ 的闽越王所居汉城遗址也是消逝 3000 多年的古文明和古文化传统习俗独特的实物见证。宗教方面，武夷山是中国道教名山之一，唐末列为道教第 16 洞天，其道教文化有古官观遗址、止止庵遗址。武夷山清代为佛教“华胄八名山”，呈显儒、释、道三教同山的特点，1000 多年来，道、佛与儒教相安共处、共同繁荣[3]。建筑呈复合型-客家与内地（主要是徽派）风格的结合。有古建筑、遗址，如古蹬道、古崖居遗构等。朱熹（公元 1130～1200 年）在武夷山生活达 50 余年，武夷山这座理学名山对学者研究朱子理学和儒教思想的兴衰演变以及中国哲学思想史都具有非常珍贵的价值，素有“东周出孔丘，南宋有朱熹，中国古文化，泰山与武夷”之说（图 21.23）。

武夷山摩崖石刻

莲花峰妙莲古寺

武夷书院

图 21.23　武夷山古代宗教建筑遗迹

武夷山现存朱德题词的闽北革命烈士纪念碑及闽北革命历史纪念馆、烈士墓亭、城关馀庆桥、紫阳楼遗址、赤石暴动遗址等。民俗活动有“喊山与开山”和武夷山茶农特有的习俗采茶戏、枫坡拔烛桥、城关柴头会。摩崖、碑刻和石刻现存426幅，记载了自唐代以来武夷山的变迁和发展史，是武夷山古文化和古书法艺术的宝库。

2. 利用现状

该区现已开发武夷山风景名胜区、武夷山自然保护区、武夷山旅游度假区三大板块。丹霞地貌区基本位于武夷山风景名胜区内，景区每年接待游客800余万人次。该区交通发达，景区内观光小火车、中巴车齐全，内部交通发达，外部交通不断完善，景区入口正在建设大型地下停车场，生态环境保护状况较好。

参考文献

[1] 黄进. 武夷山丹霞地貌. 北京：科学出版社，2010.

[2] 刘振中. 武夷山的形成与地貌发育特征. 南京大学学报（自然科学版），1984，(03)：567～576.

[3] 卢美松，阮雪清. 福建省志：武夷山志. 北京：方志出版社，2004.

[4] 朱诚，马春梅，张广胜，等. 中国典型丹霞地貌成因研究. 北京：科学出版社，2015.

第 22 章　连城冠豸山

22.1　基 本 信 息

1. 名称及保护性命名

连城冠豸山现名冠豸山，别名东田石或莲峰山。从保护性命名看，其丹霞地貌区 1986 年被评为福建省十佳风景区，1994 年被列为国家级风景名胜区，2001 年被评为国家 AAAA 级旅游区，2009 年被列为国家地质公园。

2. 概况（面积/高程/位置/行政区划/交通）

冠豸山景区面积 123km^2，其丹霞地貌区面积为 82.65km^2。从高程看，其最低海拔 400m，最高海拔 1753.2m，即赖源区南山顶。其经纬度范围北至 25°44′59″N、116°49′12″E，南至 25°40′03″N、116°47′56″E，东至 25°43′00″N、116°53′23″E，西至 25°41′43″N、116°45′23″E，中心点坐标 25°43′10″N、116°49′56″E。

在政区位置上，冠豸山位于福建省西南部，龙岩市连城县城东 1.5km，即连城县莲峰镇东。在对外交通上，航空领域有冠豸山机场北距连城县城区 3.9km；在铁路领域，冠豸山园区距赣龙铁路朋口火车站（冠豸山站）仅 25km，赖源区距永安火车站 80km，距朋口火车站 60km；在公路领域有 205 国道、319 国道、204 省道、长深高速、厦蓉高速，连城县境内汀龙高速、永武高速公路正在建设之中，高速公路的入口设在朋口镇[1, 2]。

22.2　地 质 数 据[3, 4]

1. 地质概况[2, 3]

冠豸山盆地位于连城红层盆地，是发育在华夏古陆隆起带内的箕状断陷盆地，该盆地面积 104.67km^2，形成于白垩纪初，含沉积岩碎屑的崇安组（K_2c）和沙县组（K_2s）。红层时代，初始沉积于白垩纪初，沉积结束于晚白垩世晚期。图 22.1 为连城盆地周边大地构造背景[4]。

2. 地层描述[2, 3]

从地层特征上看，K_2c 崇安组总厚度 1233.08m，具有砾岩、砂砾岩、夹含砾砂岩、含砾粉砂岩；K_2s 沙县组总厚度 1529.84m，具有薄层粉砂质泥岩、砂岩、砂砾岩。

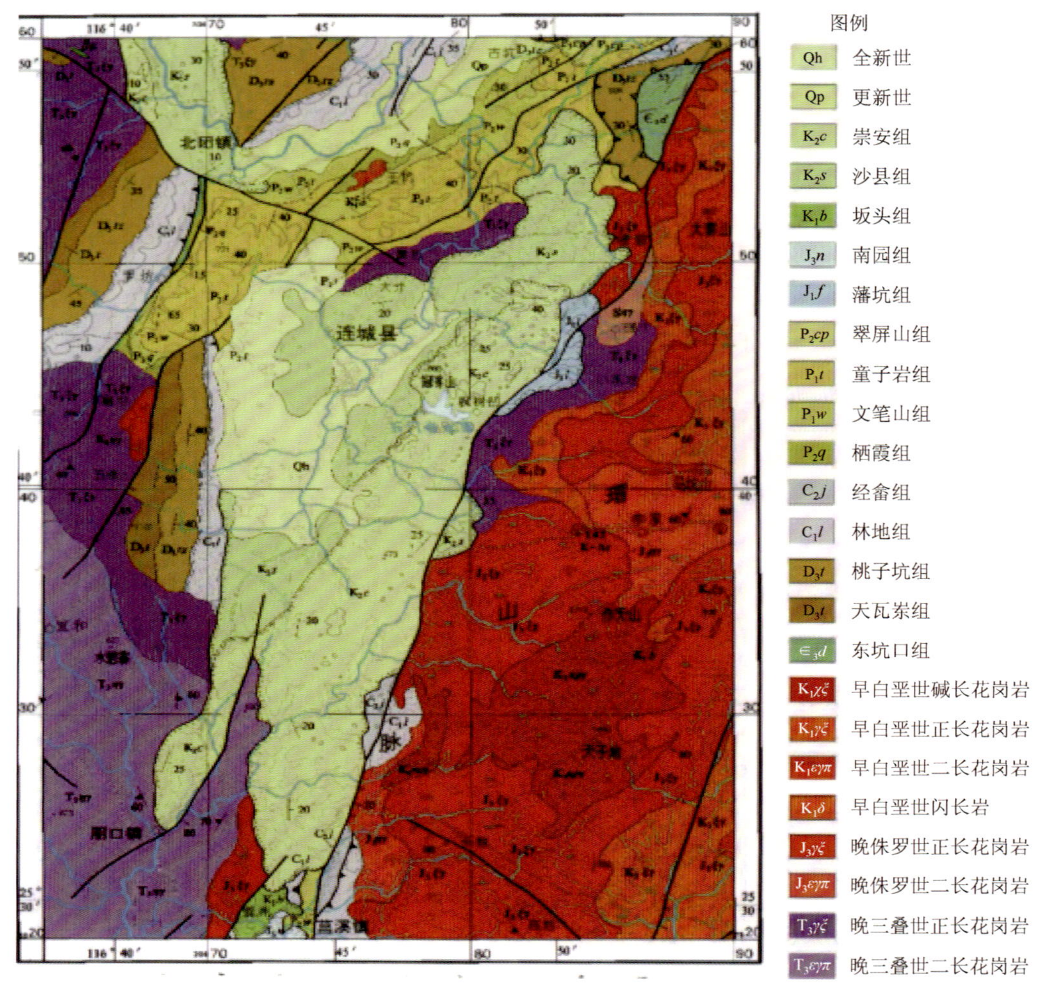

图 22.1　连城盆地周边大地构造背景[4]

崇安组为继沙县组之后的河流相、冲积扇相红色粗碎屑沉积，岩性为紫红色厚层复成分砾岩、砂砾岩，夹含砾砂岩、含砾粉砂岩及粉砂岩，其成分复杂，多见粒径为 2～10cm 的次棱角状灰岩砾石。下部夹粉砂岩和细砂岩，中部夹凝灰质细砂岩及透镜状膨润土层。

沙县组为陆相盆地河流相、河湖相红色细碎屑沉积，岩体下部为紫红色厚层砂砾岩、砾岩、砂岩。中部为薄层粉砂质泥岩、泥质粉砂岩、粉砂岩、夹薄层钙质粉砂岩。上部为薄层粉砂质泥岩、泥质粉砂岩、夹薄层细砂岩、中粗粒砂岩、含砾砂岩、砂砾岩。顶部为紫红色含砾砂岩、砂砾岩。

沉积相有河湖相[1]，其冲积扇相见崇安组，是形成本区丹霞地貌的重要物质基础，岩性主要为复成分细-粗粒砾岩-细-粗卵砾岩、砂砾岩、砂岩，有花岗岩、砂岩、灰岩。河流相，崇安组和沙县组均有，分布较广，位于冲积扇南北两侧，与冲积扇相复成分砂砾岩、砾岩为横向相变。岩性主要为中薄层砂砾岩、粉砂岩及泥岩互层（图 22.2）。

图 22.2　冠豸山冲积扇沉积

3. 岩性描述[2, 3]

从砾岩、砂砾岩特征上看，呈棕红色、紫红色。胶结物有泥质胶结物与钙质胶结物。呈砾状结构、巨厚层、块状。岩体强度抗性较软，单轴干抗压强度可达 32.06MPa，抗风化能力较弱。地貌表现为崖壁和正地貌，有时见岩槽。此次岩性的采样点位于石门湖-马鞍寨，海拔 470m，温度 25℃，经纬度 116°48′E，25°42′N，样品见图 22.3。试验数据表明砾状结构中砾石约占 80%，砾石粒径以 3～11mm 为主，呈次圆状-次棱角状。砾石成分有粗大的石英、长石碎屑颗粒、微晶灰岩岩屑、动力变质岩（碎裂石英岩）岩屑、花岗岩岩屑等。填隙物占 20%，主要为黏土杂基和砂质碎屑颗粒，含少量钙质胶结物（图 22.4）。

图 22.3　冠豸山现场钻取的岩芯标本样品

图 22.4　冠豸山砾岩偏光显微镜照片

从砂岩特征上看，其颜色呈肉红色、砖红色。呈不等粒砂状结构和块状。其岩体抗压强度较为坚硬，单轴干抗压强度可达 55.34MPa，抗风化能力较强。地貌表现为崖壁和正地貌（图 22.5）。试验数据表明此为不等粒砂状结构，碎屑颗粒粒径 0.1～1.8mm，分选差，磨圆度差，次棱角状为主。碎屑颗粒 70%，其中岩屑 25%、石英 30%、长石 15%。岩屑主要为泥岩岩屑、粉砂质泥岩岩屑等。长石以斜长石为主，含少量正长石。填隙物占 30%，为黏土杂基和钙质胶结物（图 22.6）。

图 22.5　冠豸山砂岩岩相

4. 构造描述[2, 3]

该区大地构造位置位于欧亚大陆板块东南缘，即西太平洋大陆边缘活动带的西部、华夏古陆永梅凹陷带的中部。主要构造线为连城-上杭北北东向断裂、北西向断裂，次为北东向、北西向及南北向断裂。主要有断层倾向北西 300°、走向北东 35°、倾角 50°的逆断层；倾向南西 265°、倾角 42°的正断层；倾向北西 285°、倾角 60°的正断层；倾向南东 110°、走向北东 10°的逆断层；并具有近南东向和近北西向密集的垂直节理群。图 22.7 为冠豸山景区几组辐聚状垂直节理与景观地貌的分布，图 22.8 为石门湖景区垂直节理与主要地貌景观分布。

图 22.6　冠豸山砂岩偏光显微镜照片

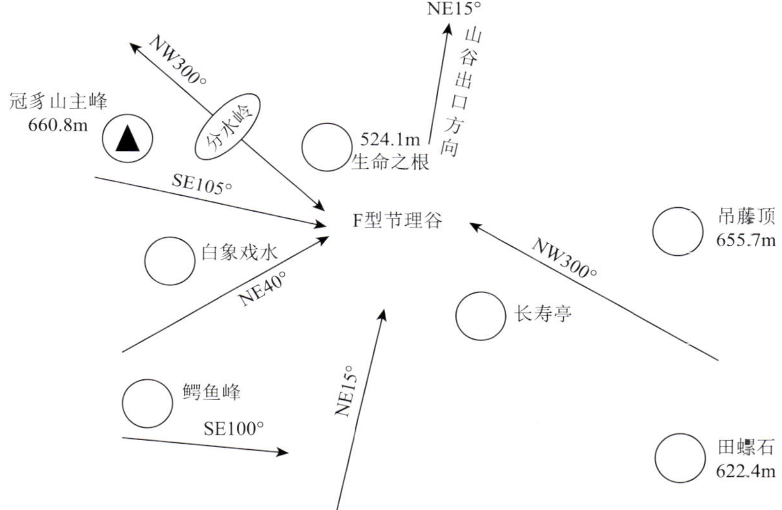

图 22.7　冠豸山景区辐聚状垂直节理与景观地貌的分布[3]

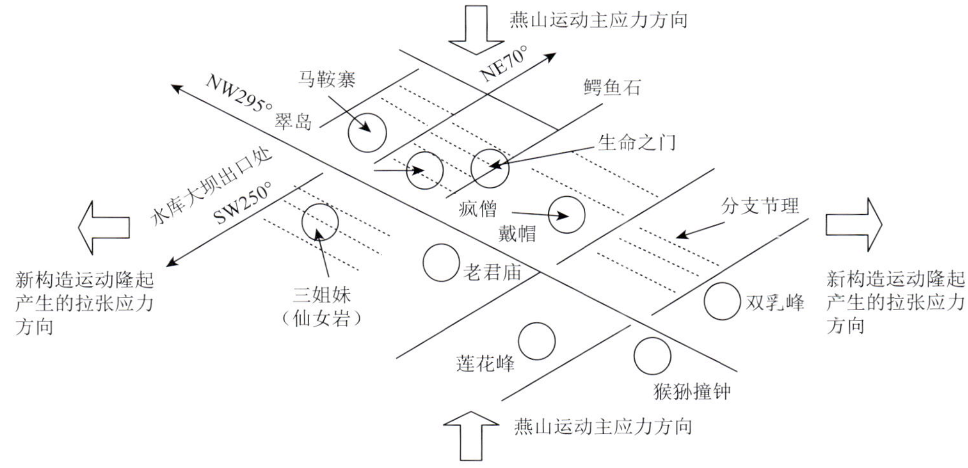

图 22.8　石门湖景区垂直节理与主要地貌景观分布[2]

冠豸山丹霞地貌的 K_2ch 白垩纪赤石群地层受新华夏构造体系影响，整体上呈北东-南西走向，但是从区域特征看，白垩纪地层的分布和丹霞地貌的形成还受到一些区域性断层分布的影响。受区域性连城-上杭北北东向断裂及北西向断裂控制，盆地内北北东向断裂十分发育，并有北东向向、北西向及南北向等断裂及裂隙[2]。

22.3 地貌属性

1. 地貌单元[3, 4]

冠豸山位于武夷山脉和玳瑁山脉间，大地貌位于武夷山脉南段东南麓、玳瑁山脉西北侧盆地和连城盆地。地势由东向西倾斜，东部为低山，中部为低山-丘陵，西部缓成连城盆地。该区总体呈盆地形态，地貌从低到高成梯状分布，依次为谷盆、丘陵、低山、中山。

2. 地貌类型[3, 4]

该区岩性以砂砾岩丹霞为主。依据产状，主要有单斜（倾角 15°～25°）的紫红色厚块岩层，也存在水平丹霞（<10°）（图 22.9）。

石堡（灵芝峰）

单面山

图 22.9　冠豸山平缓丹霞地貌景观

崇安组地层成层性突出，因此地貌表面的顺层微地貌（顺软岩层凹槽、岩槽、洞穴和顺硬岩层凸起、岩坎）发育；硬岩层面往往形成陡崖上的缓和台阶；依据外动力，该区属于湿润区丹霞；依据主动力则属于水蚀丹霞。流水是主动力，但风化和重力作用也是重要的常规动力。除了峡谷谷壁之外，陡崖坡基本上是崩塌后壁或被风化、水蚀改造的坡面（图 22.10）。

冠豸山丹霞地貌发育的丹霞峰丛、峰墙、石墙、石堡、石柱等有 70 余处。崩积体有崩积堆，一般陡崖坡下均有崩积堆，有些地段陡崖坡下被河溪或坡面流水侵蚀则无崩积堆，

图 22.10　山块均有多级陡缓相间的坡面特点

也有崩积岩块，一般陡崖坡下或沟谷底部均有散布的或成群的崩积岩块。负地貌有沟谷如线谷和巷谷、峡谷、围谷、深切曲流、宽谷均发育。崖壁岩槽如顺层凹槽和顺层岩槽十分发育。丹霞洞穴如顺层洞穴、水平洞穴、穿层洞穴、穹形洞穴、蜂窝状洞穴、套叠洞、串珠洞穴、弧形洞、扁平洞、拱形洞、锅形洞、崩积洞穴、溶蚀洞穴均十分发育（图 22.11）。丹霞穿洞与石拱如侵蚀与风化穿洞、石拱、天生桥等已发现多处；崩积石拱在沟谷和缓坡均有分布。群体形态有峡谷陡壁峰林组合、沟谷陡壁峰林组合和丘陵陡壁组合（石墙-峡谷地貌组合）。其发育阶段属于壮年早期丹霞（图 22.12）；群体组合疏密相间，剥蚀量约为 40%～50%。

群居式洞穴群

并列式洞穴群

图 22.11　冠豸山洞穴群

3. 坡面特性[2, 3]

冠豸山的最大高度为 230m，陡崖一般高度 100～150m。陡崖最大坡度 90°，一般坡

图 22.12　冠豸山丹霞石墙地貌

度大于 30°。坡面形态平直型、波浪型、横向槽脊型、竖向槽脊型均有。边角特点圆化型为主，崩塌面局部呈棱角型（图 22.13）。

图 22.13　冠豸山凤首崖

4. 重要景观

冠豸山的标志性景观是赤壁丹崖，呈峡谷-陡壁-峰林组合、沟谷陡壁峰林组合和丘陵陡壁组合。其个性化景观是獬豸冠、旗石寨、马鞍寨、生命之根、蜈蚣岭（图 22.14）。其地貌造型主要有仙人桥、莲花峰、老虎岩、寿星岩、云霄岩、桃榔幽谷、鲤鱼背等（图 22.15）。其综合景观是冠豸山全景（图 22.16）。

图 22.14　生命之根（石柱）

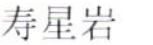

寿星岩

云霄岩

图 22.15　冠豸山地貌造型

图 22.16　冠豸山全景

22.4　自然地理环境

1. 自然环境

该区气候类型为中亚热带海洋性季风气候，1 月均温 8℃，7 月均温 27℃，年均温 19℃，年降水量 1742mm。河流为文川溪，流域面积 396km^2，总径流量 59.76×10^{8}m^3，区内流程全长 30.8km，丰水期 4～6 月。其水系入清流，注于闽江上游沙溪，经南平于福州入海，地表水为 II～III 类。

其土壤类型有红壤、粗骨性红壤、暗红壤、黄壤、粗骨性黄壤、山地草甸土、酸性紫色土、石灰性紫色土等。

其植被类型分为阔叶林群落（常绿阔叶林、落叶阔叶林、竹林）、针叶林、灌丛。其植物种类共有维管植物 184 科，734 属，1628 种；裸子植物 7 科 16 种；被子植物 147 科 873 种。特色植物有国家一级保护植物银杏和南方红豆杉 2 种；国家二级保护植物金毛狗、伞花木等 8 种；列入 IUCN 红皮书的植物银杏、银钟花、沉水樟等 5 种；列入 CITES 附录禁止国际贸易的植物金毛狗、金线莲等 19 种；列入中国物种红色名录的植物银杏、长苞铁杉等 32 种。

动物种类有脊椎动物资源 34 目 97 科 418 种。其中鱼类 6 目 14 科 58 科，两栖动物 2 目 7 科 31 种，爬行动物 3 目 10 科 72 种，鸟类 16 目 48 科 210 种，哺乳动物 7 目 18 科 47 种。特色动物有国家 I 级保护动物蟒蛇、黄腹角雉、金钱豹等 5 种；国家 II 级保护动物有虎纹蛙、鳖、鸳鸯、雀鹰等 35 种；列入 IUCN 红皮书的动物有金钱豹、云豹、黑麂、鬣羚 4 种；列入 CITES 附录禁止国际贸易的动物有黄腹角雉、游隼、水獭、鬣羚等 50 种；列入中国物种红色名录的动物有游隼等 62 种。

综合自然地理环境属于亚热带丘陵森林景观（图 22.17）。该区公园森林覆盖率占 90%，基本无水土流失和荒漠化迹象，红层生态问题是人工林化。

图 22.17　连城小城风貌

2. 地质环境

该区有崩塌灾害，丹霞崖壁上常有崩塌落石发生（图 22.18）。滑坡灾害主要出现在人工切坡的坡积物、风化壳上，规模较小；冠豸山范围内不具备发生泥石流的条件。其他地质环境问题是局部山顶植被破坏后的强侵蚀，导致山顶成为裸岩区。

图 22.18　冠豸山崩塌堆积洞

22.5　地方文化及开发利用

1. 地方文化

该区丹霞盆地内基本上是汉族。宗教有佛教。山区内目前有法云寺、灵芝庵。建筑有复合型-客家与内地（主要是徽派、浙派、赣派）风格的结合。人类活动遗迹如书院、寺庙、碑刻、古建筑和摩崖石刻等广为分布，各类馆藏文物达千余件，还有大量的文学遗产、诗词歌赋、神话传说、风土民情记录等，均有很高的考古和文化价值。这儿曾经有众多的书院和寺庵，有以“谈笑净胡沙”名垂青史的谢安叔侄之后裔构筑的“东山草堂”，有民族英雄林则徐和《四库全书》总撰纪晓岚的题匾，有当代名人赵朴初、启功、冰心、陈立夫、罗丹、江举谦的墨宝和古代众多的摩崖石刻（图 22.19）。民俗活动有姑田游大龙、罗坊走古事、北团游大粽、芷溪游花灯、提线木偶。

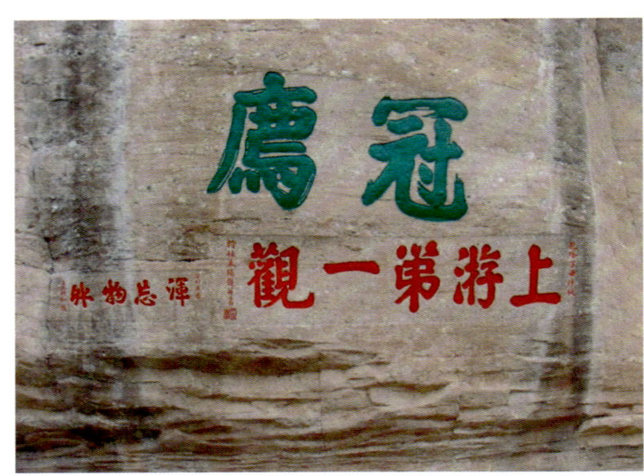

图 22.19　冠豸山摩崖石刻

2. 利用现状

冠豸山景区及周边的竹安寨景区已作旅游开发；云霄岩景区、小地景区、赖源景区尚在开发中。外部交通发达，内部联通不是很方便，生态环境保护状况良好。

参 考 文 献

[1]　梁诗经. 福建冠豸山丹霞地貌及特征. 福建地质，2011，(01)：46～54.

[2]　朱诚，俞锦标，李刚，等. 福建冠豸山丹霞地貌成因及旅游景观特色. 地理学报，2000，55（6)：679～688.

[3]　朱诚，马春梅，张广胜，等. 中国典型丹霞地貌成因研究. 北京：科学出版社，2015.

[4]　福建省地质调查研究院. 拟建连城冠豸山国家地质公园综合考察报告，2009.

第 23 章　邵武天成岩

23.1　基 本 信 息

1. 名称及保护性命名

邵武天成岩现名天成岩。从保护性命名看，其丹霞地貌区 2005 年与泰宁捆绑被列为世界地质公园，2011 年被评为国家 AAAA 级旅游风景区。

2. 概况（面积/高程/位置/行政区划/交通）

邵武天成岩景区面积 30km^2，其丹霞地貌区面积为 11.86km^2。从高程看，其最低海拔 120m，最高海拔 532m，一般高度 210m。其经纬度范围北至 117°16′43″E、27°03′46″N，南至 117°15′49″E、27°03′04″N，东至 117°17′18″E、27°03′40″N，西至 117°14′29″E、27°03′42″N，中心点坐标 117°16′43″E、27°03′42″N。

在政区位置上，邵武天成岩位于福建省南平市邵武市肖家坊镇，位于邵武市西南 33km。在对外交通上，在航空领域距离武夷山机场 70km，在铁路领域距离泰宁火车站 18km，在公路领域距肖家坊汽车站 2.2km。

23.2　地 质 数 据[1, 2]

1. 地质概况

邵武天成岩盆地为向东南开口的马蹄状盆地。该盆地面积为 100km^2，形成于侏罗纪末期，红层时代初始沉积于侏罗纪末期和白垩纪早期，沉积结束于晚白垩世，根据崇安组底部火山岩中锆石测年为（98.52±0.96）Ma BP。

2. 地层描述

地层描述可参见 16.2 节泰宁龙王岩猫儿山的地层描述。

沉积相为河湖相和洪积相，图 23.1 为邵武河湖相沉积。

3. 岩性描述

从砾砂岩特征上看，其花岗岩岩屑呈中粒花岗结构。岩体新鲜面为灰褐色，胶结物为褐红色。碎屑成分为花岗岩岩屑、片岩岩屑、浅变质细粒砂岩岩屑、长石、石英碎屑等。胶结物以黏土杂基为主，含少量钙质胶结物。结构为巨厚层、块状，与砂岩互层，局部含砂质夹层。岩体抗压强度高且硬，单轴抗压强度为 45.12MPa，抗风化能力较强。

图 23.1　邵武天成岩河湖相沉积

地貌表现多为岩壁和正地貌。采样点位于邵武天成岩下方，图 23.2 中有此次采集的岩芯样品。试验数据表明其花岗岩岩屑为中粒花岗结构，晶粒大小以 2～3.5mm 为主，主要由微斜长石、斜长石、石英组成，含少量黑云母。片岩岩屑呈片理构造，粒状鳞片变晶结构，由白云母和石英组成，白云母定向排列。浅变质细砂岩岩屑为变余细粒砂状结构，碎屑颗粒粒径以 0.06～0.12mm 为主，少量白云母呈定向排列，显示该砂岩具轻微的变质（图 23.3）。

图 23.2　采集的岩芯样品照片

图 23.3　邵武天成岩砾岩偏光显微镜照片

从流纹质熔结凝灰岩特征看，其晶屑占 30%，多呈棱角状。颜色呈灰褐色，晶屑主要成分为长石（22%）和石英（8%）。石英晶屑可见港湾状熔蚀边。结构多为巨厚-薄层，块状或层状，与砾石互层。岩体抗压性强且硬，单轴抗压强度为 101.6MPa，抗风化能力强。地貌多为岩壁和正地貌（图 23.4）。采样点位于天成岩景区入口处。试验数据表明该岩体隐约可见假流纹构造，晶屑塑变玻屑结构，主要由晶屑和塑变玻屑组成。塑变玻屑占 70%，呈宽窄不一的弯曲条带状，宽度多数小于 0.01mm，长度多数为 0.05～0.20mm，变形较弱的玻屑呈弧面多角形，可见燕尾分叉。塑变玻屑断续相连，大致平行排列，并绕晶屑弯曲，构成假流纹构造。已强烈脱玻化，由非常微小的它形粒状长英质矿物组成（图 23.5）。

图 23.4　天成岩火山凝灰岩岩壁

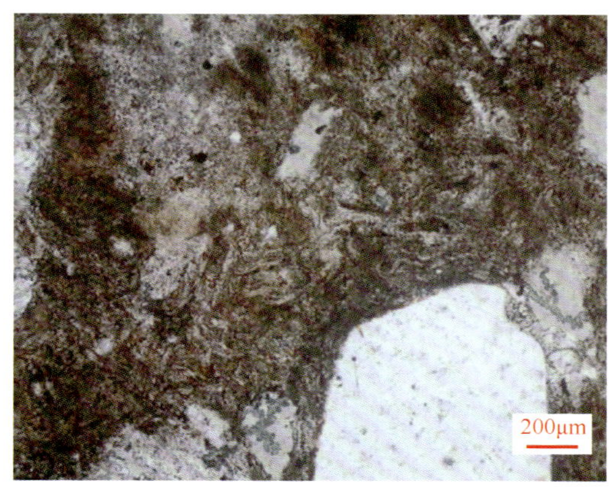

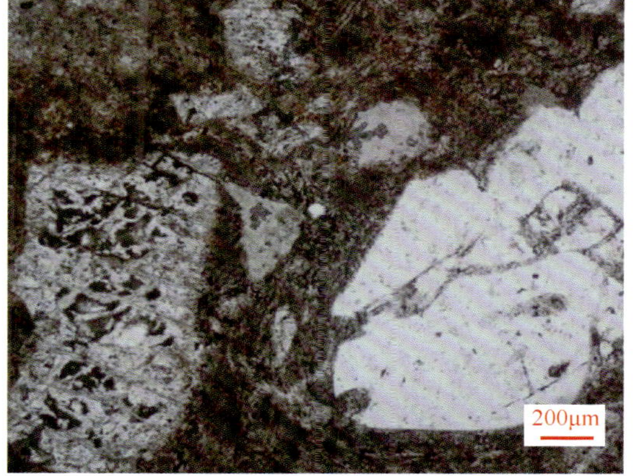

图 23.5　邵武天成岩凝灰岩偏光显微镜照片

4. 构造描述

该区大地构造位置同样位于白垩纪红色断陷盆地，为中生代断陷盆地和白垩纪活动大陆边缘裂陷系的西部、华夏古陆武夷隆起的西南部。主要构造和泰宁地区猫儿山的构造相同。

23.3 地 貌 属 性[1, 2]

1. 地貌单元

邵武天成岩地貌单元和泰宁地区猫儿山相同，参见 16.3 节。

2. 地貌类型

地貌类型和泰宁地区猫儿山相同。依据外动力该区为气候湿润区丹霞；依据主动力属于水蚀丹霞景观。图 23.6 为邵武地区的平缓地貌类型。

近水平产状墙状赤壁

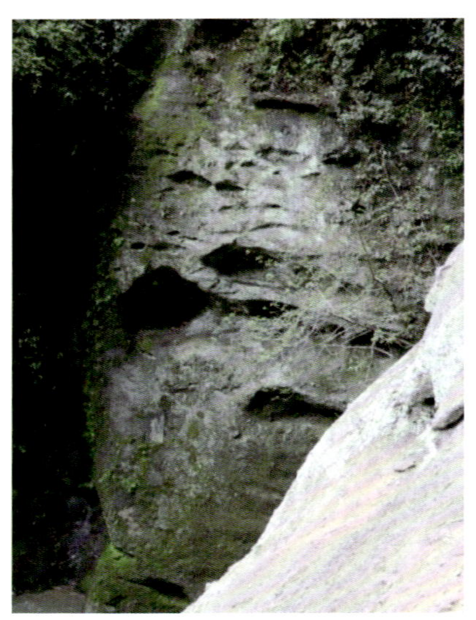
微缓倾斜岩层构成的单斜山

图 23.6　邵武地区平缓地貌类型

依据形态，正地貌坡面类型以直立坡和陡崖坡为主（图 23.7）。其负地貌丹霞沟谷、线谷、峡谷、崖壁岩槽、顺层凹槽、水平岩槽和波状崖壁均十分发育（图 23.8）。依发育阶段，该区属于青年期晚期丹霞（峡谷型丹霞）。

图 23.7　丹霞陡壁

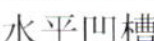

水平凹槽

天成岩穿洞

图 23.8　邵武天成岩负地貌丹霞景观

3. 坡面特性

邵武天成岩的最大高度为 500m，陡崖一般高度 300m；陡崖最大坡度 90°，一般坡度 70°～90°；其坡面形态平直型、波浪型、横向槽脊型、竖向槽脊型均有。边角以圆化型为主，崩塌面局部保持棱角型（图 23.9）。

图 23.9　天成岩顶部边角圆化丹霞赤壁

4. 重要景观

邵武天成岩的个性化景观是水上一线天等（图 23.10）。地貌造型是天成岩、仙人洞等（图 23.11）。综合景观是天成奇峡（图 23.12）。

图 23.10　水上一线天

图 23.11　天成岩摩崖石刻

图 23.12　天成奇峡

23.4　自然地理环境

1. 自然环境

邵武天成岩的自然环境与泰宁地区丹霞地貌景观的环境相同，图 23.13 为邵武地区的综合自然景观。

图 23.13　邵武天成岩人与自然结合

该区自然森林覆盖率占 80%以上，基本无水土流失和荒漠化迹象，红层生态问题主要是外围林木的破坏与人工林化。

2. 地质环境

地质环境与泰宁地区丹霞地貌相同。图 23.14 为天成岩仙人台附近的崩积石。

图 23.14　天成岩仙人台崩积石

23.5　地方文化及开发利用

1. 地方文化

该区丹霞盆地内基本上是汉族。宗教有佛教。建筑有和平古镇（图 23.15）。出现过很多历史名人，如黄峭、杜西书、巫复生、张三丰、李纲等。特色民俗活动有抢酒节、过火节、摆果台等。

图 23.15　邵武和平古镇

2. 利用现状

邵武天成岩已作为景区开放，该区外部交通发达，内部联通较差，生态环境保护状况良好。

参 考 文 献

[1]　福建省地质矿产局区域地质调查大队. 福建省区域地质志. 北京：地质出版社，1987.

[2]　梁诗经，文斐成，陈润生等. 福建泰宁白垩纪红层植物及孢粉化石组合特征. 福建地质，2006，（1）.

第 24 章　永安桃源洞

24.1　基 本 信 息

1. 名称及保护性命名

永安桃源洞现名永安桃源洞。从保护性命名看，其丹霞地貌区 1994 年被列为国家级风景名胜区，2001 年被评为国家 AAAA 级旅游区，2005 年被列为国家地质公园。

2. 概况（面积/高程/位置/行政区划/交通）

永安桃源洞景区面积 29.28km^2，其丹霞地貌区面积为 10km^2。从高程看，其最低海拔 160m，最高海拔 290m，一般高度 180m。其经纬度范围北至 117°24′911″E、26°01′58″N，南至 117°25′52″E、26°00′08″N，东至 117°26′50″E、26°01′50″N，西至 117°25′02″E、26°01′10″N，中心点坐标 117°25′43″E、26°01′20″N。

在政区位置上，永安桃源洞位于福建省永安市城北 9km，205 国道旁。在对外交通上，在航空领域，距龙岩连城机场 74km；在铁路领域，距永安火车站 6.6km；在公路领域，位于 205 国道旁。

24.2　地 质 数 据[1~3]

1. 地质概况

永安桃源洞盆地位于永安盆地，该盆地面积为 27km^2，形成时代为白垩纪早期。

永安红层盆地发育于华夏古陆武夷隆起带内的断陷盆地，其形成和发育受北东向政和-大埔断裂和北西向永安-晋江断裂控制。在早期的拉张、滑脱和新近纪断块式隆升过程中，形成以北东向、北北东向为主的断裂、节理以及不均匀分布的北西向、南北向、东西向次级断裂和密集节理带。这些断裂和节理控制了盆地内丹霞山体、峡谷的延伸以及丹霞石堡、石墙的形态和规模[1]。

红层时代初始沉积于白垩纪早期，沉积结束于白垩纪晚期。图 24.1 为永安盆地地质构造图。

2. 地层描述

永安桃源洞的地层描述可以参考 16.2 节泰宁地区猫儿山的地层描述，图 24.2 为桃源洞的砾岩-砂岩分层。

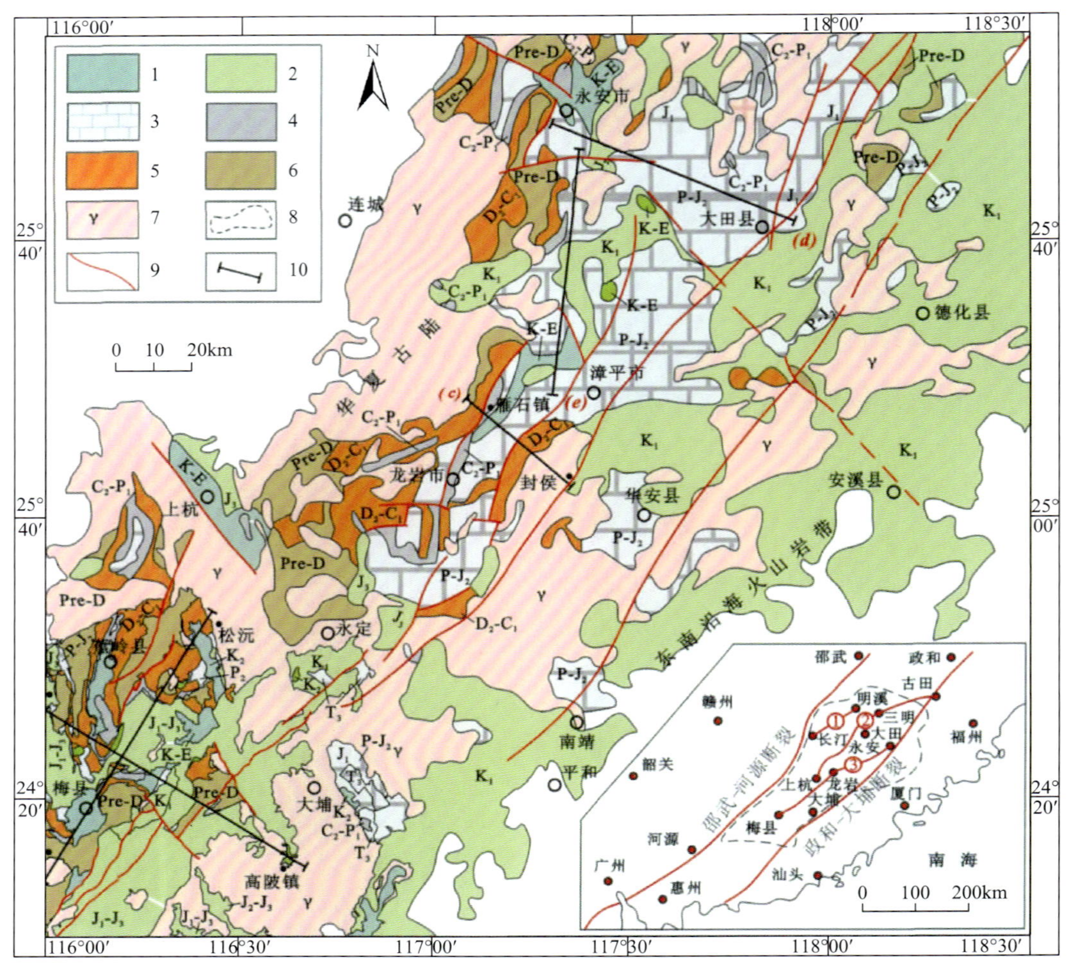

图 24.1　永安盆地地质构造图[1~3]

1. 白垩系-古近系；2. 侏罗系-下白垩统；3. 二叠系-中侏罗统；4. 中石炭统-下二叠统；5. 中泥盆统-下石炭统；6. 前泥盆系；7. 火成岩系；8. 盆地区域范围；9. 断层及断裂带；10 穿盆剖面位置；①明溪-长汀凹陷带；②古田-三明-上杭隆起带；③大田-龙岩-梅县凹陷带

3. 岩性描述

从砾岩特征上看，其粒级以次圆状为主，少数砂质物为棱角状。砾石粒径为 2～8mm，砂质碎屑粒径以 0.3～1.5mm 为主。岩体新鲜面为灰褐色，胶结物为褐红色。碎屑成分碎屑物占 75%，其中砾石约 55%，砂质碎屑约 20%，主要为岩屑（63%），石英（10%）和长石（2%）。胶结物主要为钙质胶结物，为它形粒状中粗晶方解石，少量铁质胶结物。结构多为巨厚层，块状，与砂岩互层，局部含砂质夹层；岩体抗压性强且硬，单轴抗压强度为 118.73MPa，抗风化能力强。地貌表现一般为岩壁和正地貌（图 24.3）。此次采样点位于桃源洞景区门口道路边。试验数据表明其砾岩为砂状结构，碎屑物分选差，磨圆度较好，岩屑种类为火山碎屑岩（熔结凝灰岩）岩屑、泥质中细粒砂岩岩屑等。长石为斜长石，具有聚片双晶（图 24.4）。

图 24.2　桃源洞沉积的砾岩-砂岩分层

图 24.3　桃源洞砾岩岩壁

图 24.4　桃源洞砾岩偏光显微镜照片

从砂岩特征上看，其粒级碎屑物多数（70%）粒径 0.08～0.25mm，部分（30%）粒径为 0.3～0.6mm，颜色呈红褐色。碎屑主要成分为石英 60%、岩屑 15%、长石 5%，偶见黑云母和重矿物锆石。胶结物为钙质胶结物和黏土杂基，含少量铁质胶结物；结构多为巨厚-薄层，块状或层状，与砾石互层。岩体抗压性强且硬，单轴抗压强度为 86.97MPa，抗风化能力较强。地貌表现多为岩壁和正地貌，砾岩夹砂岩时凹进为岩槽，图 24.5 为典型的砂岩岩壁。试验数据表明此处岩体分选中等，磨圆度差，以次棱角状为主，少数次圆状。岩屑多为火山岩岩屑，主要由晶屑和微小的长英质矿物组成。长石为斜长石、条纹长石和微斜长石。重矿物锆石无色透明，正突起高，次圆状，具有明亮鲜艳的干涉色，达 3～4 级（图 24.6）。

图 24.5　桃源洞砂岩

图 24.6　桃源洞含火山岩屑的砂岩偏光显微镜照片

4. 构造描述

该区大地构造位置位于华夏古陆武夷隆起的西南部政和-大埔北东向断裂带西侧，主要构造线政和-大埔北东向断裂带西侧受北西向永安-晋江断裂控制。有北东向、北北东向为主的断裂，以及不均匀分布的北西向、南北向、东西向次级断裂和密集节理带。

24.3　地 貌 属 性[1~3]

1. 地貌单元

永安桃源洞属武夷山脉，大地貌位于武夷山脉中段东麓。其地势根据地貌成因与形态特征，该区可分为侵蚀构造中低山地形，剥蚀构造丘陵地形和剥蚀构造方山盆地三类。

该区丹霞地貌分布于低山、丘陵地区，坡度多大于 30°，其形态与展布方向明显受岩性及断裂、节理构造控制，其地形复杂，山势陡峭，山谷切割深。

2. 地貌类型

依据岩性，该区以砂岩、砾岩为主，岩体岩屑有火山岩成分，其产状以水平为主（图 24.7）。

图 24.7　桃源洞丹霞水平产状

依据外动力，该区属于气候湿润区丹霞，依据主动力，流水是其主要塑造力，但风化和重力作用也是其重要的常规动力。除了峡谷谷壁之外，陡崖坡基本上是崩塌后壁或被风化、水蚀改造的坡面。

依据形态，该区正地貌坡面类型多直立陡坡，以崖坡为主。方山、石峰、石柱均有形成（图 24.8）。崩积体如崩积堆一般形成在陡崖坡的下部。

图 24.8　桃源洞丹霞石峰

负地貌丹霞沟谷如线谷、巷谷、峡谷均有发育（图 24.9）。崖壁岩槽以水平岩槽发育为主，顺层凹槽、顺层岩槽等地貌景观十分发育（图 24.10）。丹霞洞穴如顺层洞穴、崩积洞穴等各种形式的洞穴较为发育。

依群体形态，该区有较多簇群式峰丛-峰林式。依发育阶段，该区属于中年期丹霞地貌（图 24.11）。

图 24.9　丹霞线谷“一线天”

图 24.10　桃源洞水平凹槽

图 24.11　桃源洞中年期丹霞地貌

3. 坡面特性

永安桃源洞的最大高度为 130m，陡崖一般高度 60～80m，陡崖最大坡度 90°，一般坡度 80°～90°，坡面形态以直立陡坡和崖坡为主。边角多为圆化型，崩塌面局部保持棱角型，并具有典型“顶平、坡陡、麓缓”形态的丹霞方山（图 24.12）。

图 24.12 桃源洞丹霞方山

4. 重要景观

永安桃源洞的标志性景观是赤壁丹霞和丹霞方山（图 24.13）。其个性化景观是一线天。地貌造型有象鼻岩（图 24.14）。综合景观是桃源洞山水景观（图 24.15）。

图 24.13 桃源洞口（赤壁丹霞）

图 24.14　象鼻岩

图 24.15　桃源洞山水景观

24.4　自然地理环境

1. 自然环境

该区气候类型为亚热带季风气候，1 月均温 8.4℃，7 月均温 27.5℃，年均温 17.3℃，年降水量 1650mm。流经该区的河流为沙溪，流域面积 $11793km^2$，总径流量 $34.7\times10^8m^3$，区内流程约 5km，丰水期 6～8 月。

其土壤类型有红壤、山地红黄壤、酸性紫色土。土壤特点是无侵蚀厚层花岗岩红壤，土地肥沃，结构较好。

植被类型为亚热带季风常绿阔叶林，以及亚热带沟谷雨林和硬叶灌丛。植物种类有高等野生植物 236 种，珍稀树种 30 余种。特色植物有伯乐树、南方红豆杉、银杏、异叶金花、珙桐。

动物种类有 101 种，不乏多种国家和省级重点保护动物。特色动物有云豹、豹、蟒蛇。综合自然地理环境属于亚热带丘陵森林景观（图 24.16）。

图 24.16　桃源洞人与自然完美结合

该区森林覆盖率核心区可达 90%以上，基本无水土流失和荒漠化迹象，红层生态问题主要为外围林木的破坏与人工林化。

2. 地质环境

该区有崩塌灾害，在雨季崩塌现象偶有发生，规模不大，也无人员伤亡，但是部分山体有崩塌的可能性。滑坡灾害主要出现在人工切坡的坡积物及风化壳上，规模不大，尚未引起人员伤亡。该区目前不具备发生泥石流的条件。对安全具有较大威胁的主要地质灾害是崩塌或落石（图 24.17）。

图 24.17　桃源洞有崩塌危险的岩壁

24.5　地方文化及开发利用

1. 地方文化

该区丹霞盆地内基本上是汉族。宗教有佛教，有佛教寺庙如马氏仙姑庙、观音大士庙等（图 24.18）。史迹方面，明正统年间，福建邓茂七领导农民起义，曾在此设寨固守（图 24.19）。民俗活动有木偶戏、打黑猩、安贞旌鼓、板凳龙、赛龙舟。

图 24.18　百丈岩马氏仙姑庙

图 24.19　邓茂七农民起义所设二寨门

2. 利用现状

该区丹霞地貌已用于旅游开发，景区已开放。景区交通发达，生态环境保护状况良好。

参考文献

[1] 梁诗经. 福建永安白垩纪红层盆地丹霞地貌及特征. 福建地质，2009，(1).

[2] 祖辅平，舒良树，李成. 永安盆地有机碳同位素特征与古环境意义. 地层学，2011，(3).

[3] 福建省地质矿产局. 福建省区域地质志. 北京：地质出版社，1985.

第三篇　浙江省丹霞地貌特征

[浙江省概况][①]

浙江省简称“浙”，省会杭州。位于我国东南沿海，太湖以南，东临东海。春秋时分属吴、越两国，战国时为楚国地，秦时分属会稽、鄣、闽ㄇ等郡，汉属扬州，唐始分置浙江东、西道，宋置浙东、浙西两路，元属江浙行省，明置浙江布政使司，清始称浙江省。现辖11个地级市、19个县级市、32个县、1个自治县及37个市辖区。全省面积10.55万平方千米，人口5590万，有汉、畲、土家、苗、布依、回、壮、侗、彝、满等民族。2016年地区生产总值为46485亿元。

① 数据来源：浙江省2016年国民经济和社会发展统计公报。

第 25 章 江 郎 山

25.1 基 本 信 息

1. *名称及保护性命名*

江郎山位于浙江省江山市西南部。从保护性命名看，其丹霞地貌区 1985 年被评为浙江省风景名胜区，2002 年被评为国家风景名胜区，2006 年被评为国家 AAAA 级旅游区、列为省级自然保护区，2010 年被列为世界自然遗产。

2. *概况（面积高程/位置/行政区划/交通）*

江郎山其景区面积 51.39km^2，其丹霞地貌区面积为 8.30km^2。从高程看，其最低海拔 218m，其最高海拔 819.1m（郎峰），其大部分山峰一般海拔约 600m。其经纬度范围北至 118°34′13″E、28°33′4″N，南至 118°34′47″E、28°31′41″N，东至 118°35′1″E、28°32′17″N，西至 118°33′46″E、28°32′50″N，中心点坐标 118°34′30″E、28°32′17″N。

在政区位置上，江郎山位于浙江省江山市西南部仙霞岭山脉北麓，浙闽赣三省交界处。

在对外交通上，在航空领域，距最近的衢州机场仅半小时车程、距杭州机场约 1 小时车程；在铁路交通领域，该区有浙赣铁路复线及江山到杭州、上海、温州等地区的客运列车；在公路领域，该区有黄衢南高速，连接浙闽皖的 205 国道和经衢州直达杭州的 617 省道；在水路领域，该区有江山港。

25.2 地 质 数 据[1, 2]

1. *地质概况*

江郎山位于峡口盆地，该盆地总面积约 300km^2，其中红层分布面积约 51.39km^2。其形成的时代为白垩纪初。红层时代初始沉积于白垩纪早期至晚白垩世。沉积结束于晚白垩世（77.89±2.6）Ma BP 期间[2]。图 25.1 为江郎山地区的地质图[1, 2]。

2. *地层描述*[3~5]

从地层特征看，方岩组（K_1f）总厚度超过 581.2m。主要为紫红色、浅灰色巨厚层至块状砾岩，夹有砂岩、砂砾岩，中夹透镜体，偶夹火山岩。朝川组（K_1c）底部为含砾粗砂岩、中粗砂岩，中部为紫红色块状粉砂岩、粉砂质泥岩夹有河流相的砂砾岩，上部为紫红色粉砂质泥岩和砂砾岩、砾岩，相互交错。馆头组（K_1g）总厚度超过 250m。白垩系永康群底部地层，可分为上下两段，缺失中段。下段为砂砾岩、砂岩以及深灰色薄层状粉砂质泥岩、炭质页岩，偶夹粉砂细砂岩，在此馆头组零星出露。

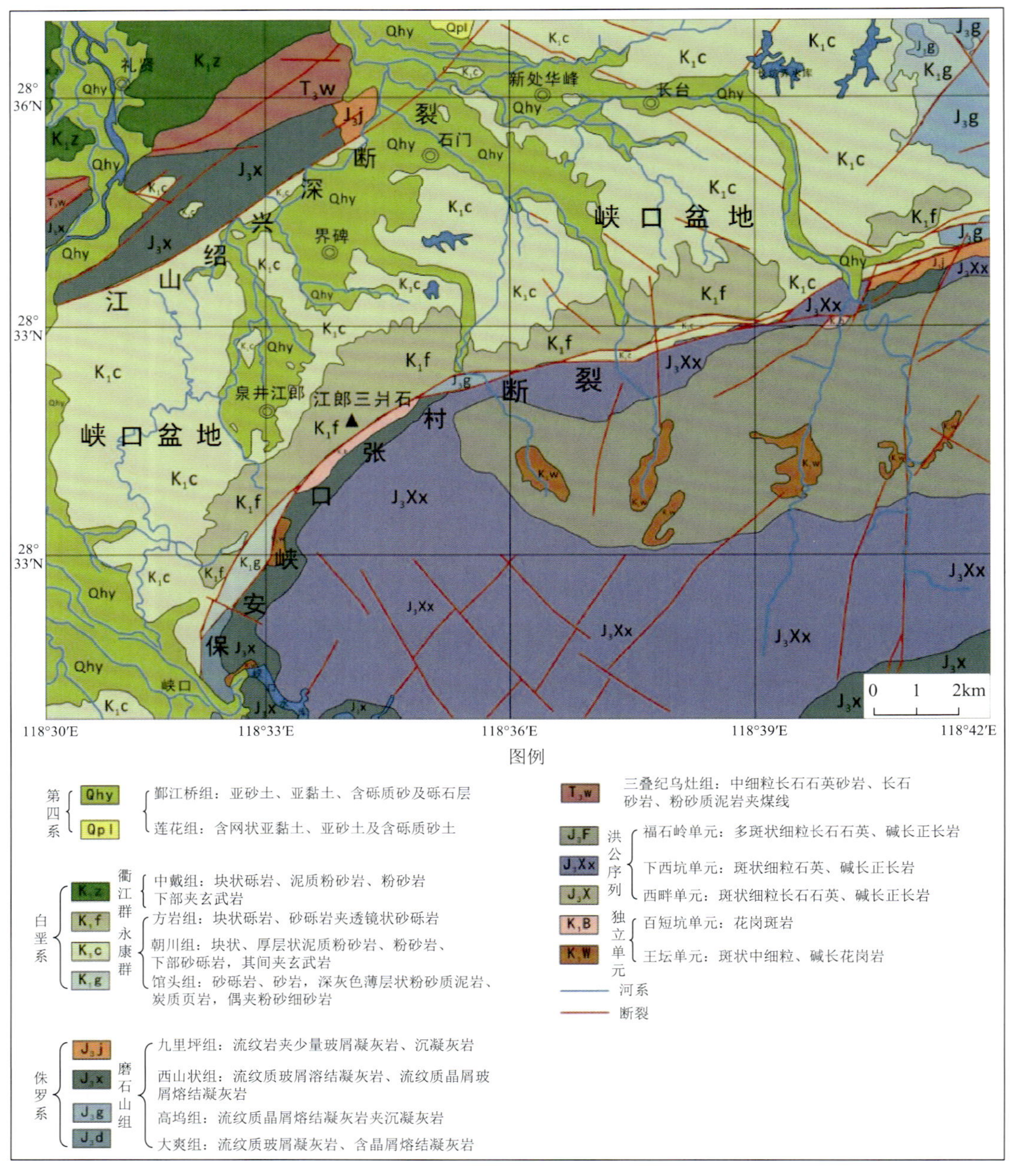

图 25.1　江郎山地质图[1~3]

方岩组是构成该区丹霞地貌的主体地层，主要分布在盆地边缘，受盆边断裂控制，出露于江郎山-张村一带，其面积约 16km^2。

朝川组的沉积地层中还夹有火山岩夹层，有玄武岩、流纹岩和火山碎屑岩等。朝川组主体为一套巨厚的紫红色细碎屑物，其底部可见厚度不大的粗碎屑物，在保安地区朝川组下部发育一套巨厚砾岩相及砂砾岩相建造，属冲积扇相沉积。

馆头组根据岩性组合划分为 3 个岩性段。馆头组一段（K_1g^1），底部出露少量砂砾岩、砂岩；中上部为深灰色薄层状粉砂质泥岩、炭质页岩及泥岩，局部夹粉砂细砂岩。馆头组二段（K_1g^2）为一套深灰色英安岩，属喷溢相产物，分布面积约 1km^2，局限于长台镇北部，地层厚度大于 50m。馆头组三段（K_1g^3）为一套浅紫红色斑状流纹岩、流纹岩，属喷溢相产物，分布于天井、猫形等地，出露面积约 10.5km^2，地层厚度大于 150m。

从沉积相看，该区湖泊相[1, 2]中的滨湖亚相分布于湖泊相边缘，为浅灰色中薄层状含砾细砂岩、细中粒砂岩与薄层状粉砂岩、泥质粉砂岩互层，其间夹有中薄层中粗粒砂岩。往上夹有深灰色薄层状泥岩、页岩。有细微的水平层理、夹纹层理、交错层理以及微弱的底冲刷现象。该区滨浅湖亚相分布于峡口盆地，形成于馆头组湖泊演化进程中，为一套深灰色、青灰色中厚层状粉砂质泥岩与粉砂岩互层，其间夹中薄层状泥岩页岩及粉细砂岩。普遍发育微细水平层理以及少量的沙纹层理构造。其间含大量的双壳类、介形虫、叶肢介化石及植物碎片。浅湖亚相形成于馆头组湖泊扩张鼎盛阶段，为深灰色、灰黑色中薄层状泥岩、泥灰岩、页岩与粉砂质泥岩、泥质粉砂岩互层。普遍含丰富有机质并发育细微水平层理。河流相如辫状河相系平原区辫状河发育于湖盆萎缩阶段。曲流河相主要分布在缓坡型盆地一侧及枯水期湖盆边缘，发育于朝川组各阶段。三角洲相主要分布于断陷盆地陡坡边缘一侧，由冲积扇直接与湖泊相连构成，发育在朝川组初期和方岩期、中戴初期。

3. 岩性描述[6~11]

从砾岩岩性特征看，其粒级呈棱角状-次棱角状，碎屑物分选差，磨圆度中等-差，其中砾石直径 2～10mm，以 5～10mm 为主，砂粒多为 0.2～2.0mm；其岩体新鲜面呈灰紫色，胶结物呈褐红色（图 25.2）。其碎屑成分为火山岩岩屑、塑变玻屑、石英和长石。其胶结物约占 10%，以方解石为主，含少量铁质氧化物。其结构为巨厚层和块状，与砂岩互层，局部含砂质。该区砾岩抗压性强且硬，单轴干抗压强度 118.9MPa，抗风化能力强，软化系数 0.57。其地貌一般构成崖壁和正地貌。此次采样点位于郎峰钟鼓洞，118°33.901′E，28°31.873′N，海拔 527m。试验数据表明其砾石磨圆度中等，砂粒磨圆度差。主要成分为火山岩岩屑、石英和长石。火山岩岩屑约占 75%，有熔结凝灰岩岩屑、酸性熔岩（流纹岩）岩屑和中性熔岩（安山岩）岩屑（图 25.3）。

从砂砾岩试验特征看，其粒径为 0.2～1.0mm，个别达 1.2mm，多数为 0.2～0.6mm。其颜色呈棕红色、肉红色。碎屑岩屑成分为酸性火山岩岩屑（流纹岩、流纹质凝灰岩等），长石为酸性斜长石、条纹长石和正长石等（图 25.4）。其胶结物为方解石、铁质氧化物、

图 25.2 江郎山方岩组砾岩

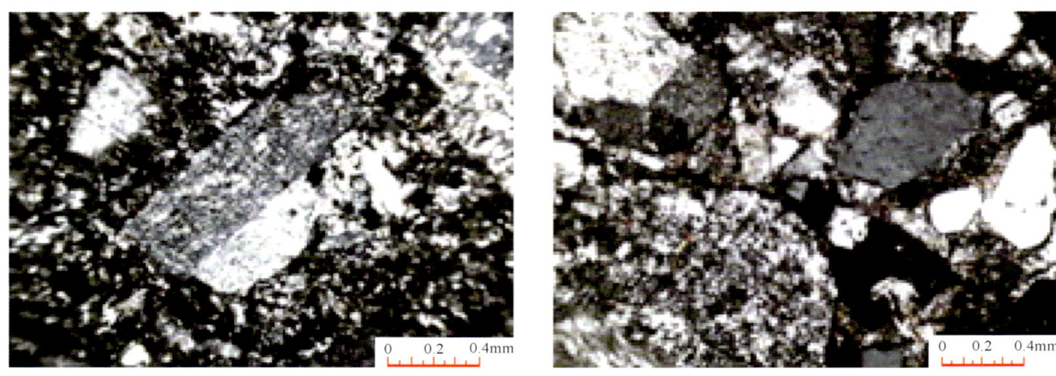

图 25.3 江郎山方岩组砾岩偏光显微镜照片

图 25.4 江郎山郎峰方岩组砂砾岩

泥质。结构为巨厚层-薄层呈块状或层状，与砾岩互层，含粉砂质。该区砾岩抗压性强且硬，单轴干抗压强度为 69.20～171.70MPa，抗风化能力较强，软化系数为 0.59。从地貌特征看该区主要为崖壁和正地貌，砾岩夹砂岩时易凹进为岩槽或浅洞，泥岩夹砂岩突出为岩脊（图 25.5）。砂砾岩的采样点位于郎峰下会仙岩，118°33.851′E，28°31.933′N，海拔 460m。试验数据表明其碎屑物磨圆度中-差。碎屑物占 75%，主要成分为岩屑、石英和长石。岩屑约占 35%，石英碎屑约占 25%，长石约占 15%，局部可见方解石胶结物的溶蚀现象（图 25.6）。

图 25.5 郎峰天游崖壁砂岩凹进与砂岩突出的景观

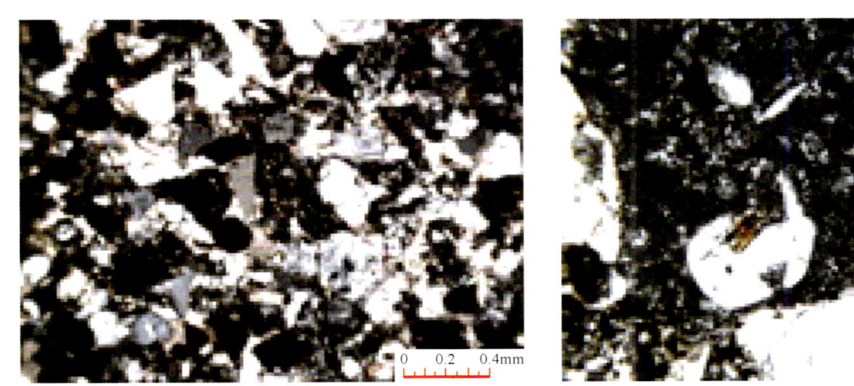

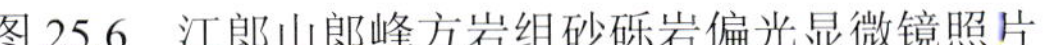

图 25.6 江郎山郎峰方岩组砂砾岩偏光显微镜照片

从砂岩试验特征看，其粒级呈中细粒砂状结构，颗粒粒径多为 0.1～0.4mm。其颜色呈棕红色、砖红色、紫红色；矿物成分为中性和酸性火山岩岩屑（蚀变安山岩和流纹岩等）、石英、长石（酸性斜长石和条纹长石）（图 25.7）。胶结物主要成分为方解石和少量铁质氧化物。结构呈薄层状，常与泥质岩互层或夹泥质岩。该区砂岩抗压性弱，单轴干抗压强度为 12.2～63.4MPa，抗风化能力较弱。从其地貌特征看主要为丘陵状正地貌，作为夹层时凹进为岩槽或洞穴。砂岩样品的采样点位于郎峰钟鼓洞，经纬度 118°33.901′E，28°31.873′N，海拔 527m。碎屑颗粒分选中等，岩体磨圆度中等-差，次棱角-次圆状，不同成分磨圆度差别较大，其中火山岩岩屑磨圆度相对较好，石英则磨圆度很差。碎屑颗粒约占 70%，主要成分是中性和酸性火山岩，岩屑占 35%、石英 20%、长石 15%（图 25.8）。

图 25.7　江郎山郎峰砂岩

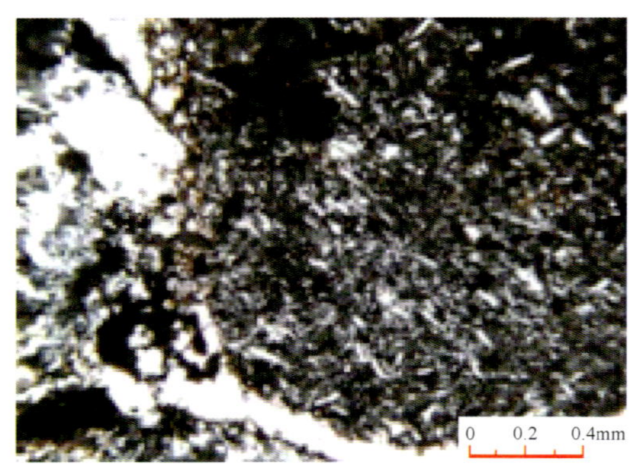

图 25.8　江郎山郎 峰砂岩偏光显微镜照片

从火山碎屑岩试验特征看，其粒径为 0.2～2.5mm。其颜色呈紫褐色、灰紫色；矿物成分有火山岩岩屑、石英和长石；胶结物主要成分为细碎屑、泥质物和少量铁质氧化物；结构主要为薄层状或小块状，含砂质；该区火山岩抗压强度大且硬，抗风化程度一般（图 25.9）。从其地貌特征看主要为正地貌，砾岩夹砂岩时凹进为岩槽。火山碎屑岩的采样点位于亚峰西侧和一线天上部，经纬度 118°33.883′E，28°31.707N，海拔 523m；以粗粒砂状结构为主，含少量（<5%）小砾石。碎屑物：约占 90%，分选差，磨圆度差，主要为棱角状-次棱角状，粒度粗的碎屑物磨圆度略好（次圆状）（图 25.10）。

图 25.9　江郎山方岩组火山碎屑岩

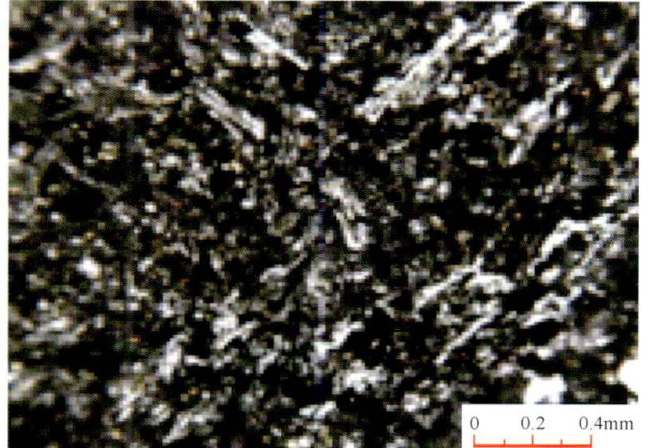

图 25.10　江郎山方岩组火山碎屑岩偏光显微镜照片

4. 构造描述

江郎山的大地构造位置位于华南褶皱系、江山-绍兴深断裂和保安-峡口-张村断裂带之间。其主要构造线有北东向、北北东和北西向 3 组，分别集中分布于盆地北西和南东两侧。该区地层呈华南褶皱，并具有北东向、北北东向和北西向断裂构造为三体的构造格局，如市上村-和睦断裂带、保安-峡口-张村断裂带、厚隆-大长尾断裂。江郎山“三爿石”主要就是受北西-南东向这组节理控制而发育成“三峰两谷”。在江郎山大弄峡和一线天还可见到其他类型的节理。江郎山存在三级山顶面，即第一级海拔 800～900m，第二级海拔

500～600m，第三级海拔 200m 左右。与其对应也存在三级裂点，二者在高度上大致相同，这3个不同的高度等级代表了江郎山在不同时代的3次主要构造运动中所形成的三级剥蚀面。第一级剥蚀面形成于渐新世末（即喜马拉雅运动后幕），第二级剥蚀面形成于第四纪早期，第三级剥蚀面（山麓面）形成于第四纪中期（中更新世-晚更新世期间）。目前第二级裂点以下的峡谷多呈“V”字形，加之江郎山南麓苏家岭一带有相对高度（4.8m 及 8.0m）的二级河流阶地发育，表明江郎山近期可能仍处于上升阶段。

25.3　地 貌 属 性[6~11]

1. 地貌单元

江郎山在大地貌单元上处于峡口盆地，是扬子准地台和华南褶皱系接壤的东南部过渡地段，在大地貌部位上属于江山-绍兴深断裂带的东南侧。地势东高西低。其总体特征是江郎山丹霞地貌区仍然保持盆地形势，东南部为中低山，发育海拔约为 500m 的群山；西北部山峰高度约为 200m，有 800～900m、500～600m 和 200m 左右的地形面。

2. 地貌类型

依据岩性，该区以砾岩、砂砾岩夹层丹霞为主。依据产状，该区以近水平状丹霞岩层为主（图 25.11）。

图 25.11　郎峰近乎水平状岩层

依据外动力，江郎山在气候上属于湿润区丹霞地貌，依据主动力属于水蚀丹霞地貌。该区流水是主动力，但风化和重力作用也是重要的常规动力。除了峡谷谷壁之外，陡崖坡基本上是崩塌后壁或被风化、水蚀改造的坡面。

依据形态，该区正地貌崩积体在漫长的地质年代中因冻融作用不断地进行致使完整的岩石被破坏崩解，尤其在节理密集的地方破坏更为严重，这是丹霞峰丛地貌发育的重要原因之一，如亚峰与灵峰之间的一线天巷谷的崩落石、郎峰与亚峰之间大弄峡中的凤栖石和龙青沟九姑崖及其下方的崩落巨石[4]（图 25.12）。该区崖坡类型以直立坡和陡崖坡为主，大多数山体均有多级陡缓相间的坡面特点。巷谷的风化作用对垂直节理的影响是首先形成狭长而窄深的一线天，百步峡、紫袍峡和藏龙出峡亦是沿垂直节理发育。在一线天式的深沟发育后，流水会继续下切侵蚀，而陡壁则沿垂直节理发生崩塌，使深沟进一步加深拓宽形成巷谷，巷谷进一步发展便成为较大的山涧。问天亭下方的深谷、悬空寺下方的峡谷就是分别发育在走向为北东 15°～北东 20°和北 360°垂直节理处的[5]（图 25.13）。扁平状洞穴的发育与岩性差异风化导致的崩塌作用密切相关。丹霞沟谷如线谷和巷谷、峡谷、围谷、深切曲流、宽谷均发育（图 25.14）。该区丹霞地貌发育属于晚期阶段或称老年期。

图 25.12　一线天巷谷的崩落石

小弄峡第一巷谷

问天亭下方线状深谷

紫袍峡一线天

图 25.13　狭长而窄深的一线天

郎峰上方天宫洞

九姑崖凹穴

会仙岩及其崩落石

图 25.14　江郎山负地貌丹霞

图 25.15　江郎山灵峰西侧所见的丹霞墙状地貌

3. 坡面特性

江郎山陡崖的最大高度332m，一般高度150～300m，陡崖最大坡度90°，一般坡度70°～90°，坡面形态呈平直型、不规则型。其边角特征以圆化型为主，崩塌面局部呈棱角型（图 25.15）。

4. 重要景观

标志性景观主要有三爿石、赤壁丹崖、扁平洞穴等（图 25.16）。从个性化景观看，江郎山丹霞地貌有一线天巷谷和丹霞石墙。

江郎山的地貌造型有一线天、百步峡、钟鼓洞、天宫洞、九姑崖崩塌凹穴、静心石室。江郎山的综合景观可见江郎山三爿石远景（图 25.17）。

图 25.16 三爿石

图 25.17 江郎山三爿石远眺

25.4 自然地理环境

1. 自然环境

江郎山的气候类型属于中亚热带季风性湿润气候，1 月均温 4.5℃，7 月均温 29.4℃，年均温 17.1℃，年降水量 1650～2200mm。流域主要有江山港，流域面积 1946.3km^2，总径流量 22.8×10^{8}m^3。其中地表径流 20.5×10^{8}m^3，地下径流 2.3×10^{8}m^3，区内流程全长 137.4km，丰水期春末夏初 3～6 月。江山港属钱塘江上游右岸支流，古称大溪、鹿溪，又称须江，它发源于浙、闽边境浙江省江山市双溪口乡龙井坑村（海拔 1060m），在衢州市双港口流入钱塘江衢江段[8]。

江郎山植被有水生植被、常绿阔叶林、落叶常绿阔叶混交林。该区植被种类有高等植物 252 科 969 属 2116 种，特色植物有仙霞铁线蕨、闽浙马尾杉、江山矮竹。

该区动物种类有陆生脊椎动物 4 纲 29 目 63 科 195 种，特色动物有中国小鲵。

其综合自然地理环境是中亚热带丘陵森林景观（图 25.18）。

图 25.18　春漫江郎

从自然环境变化状况看，该区须女湖上游流域均属山区，植被覆盖率 95%以上。

2. 地质环境

该区地质环境主要有崩塌灾害：崩塌落石现象比较常见，一线天和大弄峡游步道两侧山体有多块岩体脱落，造成游步道多处被砸裂，但无人员伤害。滑坡主要出现在人工切坡的坡积物、风化壳上，规模较小。长坝组粉砂岩、泥质岩山丘被切坡也可能发育滑坡。

对安全具有较大威胁的主要地质灾害是崩塌或落石（图 25.19）。江郎山地层中存在多层粉砂岩和泥岩夹层，形成软岩组合，尤其是泥质岩微节理发育，干燥收缩，饱水泥化，往往发育凹穴，另外由于受到大型风暴雨的影响，则容易出现小型滑坡现象[9, 10]（图 25.20）。其他地质环境问题是局部山顶植被破坏后的强侵蚀，导致山顶成为裸岩区。

图 25.19　江郎山盘山公路山体塌方

图 25.20 江郎山盘山公路小型滑坡

25.5 地方文化及开发利用

1. 地方文化

江郎山地区基本上是汉族，其宗教是佛教，该区建筑是复合式（浙、闽、赣、徽、欧式）建筑。该区史迹主要为千年学府江郎书院（图 25.21），千年古刹开明禅寺（图 25.22），廿八都，清漾毛氏祖祠，白居易、辛弃疾、王安石赋词，民俗活动为找旱船、对山歌、滑石头、木偶戏（国家级非物质文化遗产）。

图 25.21 建于南宋的江郎书院

图 25.22　建于唐代末期的古刹开明禅寺

2. 利用现状

江郎山和廿八都古镇东部已作旅游开发并有观光产品。其外部交通便利，内部连通良好，环境生态保护状况良好。

参 考 文 献

[1] 中华人民共和国地质矿产部，浙江省地质矿产局. 浙江省区域地质志. 北京：地质出版社，1989.

[2] 朱诚，彭华，李中轩，等. 浙江江郎山丹霞地貌发育的年代与成因. 地理学报，2009，64（1）：21～32.

[3] 田毓仁，刘成东，严兆彬，等. 浙江省江山市江郎山地质遗迹资源特征及成景机制探讨. 地球学报，2010，13（4）：585～592.

[4] 周宣森. 浙江丹霞地貌分布与景观类型. 热带地貌，1992（增刊）.

[5] 吕文，朱诚，彭华，等. 浙江江山市江郎山岩石岩性特征及其对丹霞地貌形成的影响. 矿物岩石地球化学通报，2009，28（4）：349～355.

[6] 李中轩，闫慧，朱诚，等. 浙江江郎山峡谷的成因及其地貌指示意义. 信阳师范学院学报：自然科学版，2010，23（4）：546～549.

[7] 吕文. 浙江江郎山和福建泰宁丹霞地貌成因研究. 南京：南京大学；2010.

[8] 张广胜，朱诚，俞锦标，等. 浙江江郎山丹霞地貌区岩性特征. 山地学报，2010，28（3）：301～312.

[9] 南京大学地理与海洋科学学院. 浙江江郎山世界自然遗产科学考察报告，2009

[10] 朱诚，马春梅，张广胜，等. 中国典型丹霞地貌成因研究. 北京：科学出版社，2015.

[11] Zhu C，Peng H，Ouyang J，et al. Rock resistance and the development of horizontal grooves on Danxia slopes. Geomorphology，2010，123（1-2）：84～96.

第26章 方 岩

26.1 基本信息

1. 名称及保护性命名

方岩位于浙江省中部，从保护性命名看，其丹霞地貌区1985年被评为省级风景名胜区，2004年被列为国家重点风景名胜区。

2. 概况（面积高程/位置/行政区划/交通）

方岩其景区面积232.2km^2，丹霞地貌区面积为152.8km^2。从高程看，其最低海拔160m（寿山岩），最高海拔440m（公婆岩），一般海拔300～400m。其经纬度范围北至120°11′24″E、28°56′24″N，南至120°11′55″E、28°55′4″N，东至120°12′18″E、28°55′26″N，西至120°11′20″E、28°55′31″N，中心点坐标120°11′42″E、28°55′47″N。

在政区位置上，方岩位于浙江省中部，金华市永康市东部，其西北与义乌市毗连，东北与东阳市、磐安县交接，东南与缙云县接壤，西南与武义县相邻。

在对外交通上，在航空领域，距永康市距离最近的是义乌机场，约70km路程，其次是杭州萧山机场；在铁路交通领域有金温铁路；在公路领域有330国道，39省道，35省道，大永线，东永高速。

26.2 地质数据[1, 2]

1. 地质概况

方岩位于永康盆地，该盆地面积约216km^2，其中红层分布面积约51.39km^2。其形成的时代为晚侏罗世末至早白垩世，本区构造应力场由晚侏罗世的北西-南东向挤压，转为早白垩世的北东-南西向挤压和北西-南东向构造的拉张，发育了永康早白垩世断拗盆地。红层时代初始沉积于早白垩世，沉积结束于白垩纪末。图26.1为方岩地区地质图[1~5]。

2. 地层描述[3~7]

从地层特征看，K_1f 方岩组总厚度超过300m；其冲积扇相有砾岩、砂砾岩，上部冲积扇至辫状河相砂砾岩夹细砂粉砂岩。K_1c 朝川组总厚度超过260m，系辫状河相砂砾岩、砂岩、粉砂岩、泥质粉砂岩，局部夹冲积扇相砾岩及滨浅湖相粉砂岩，泥质粉砂岩。馆头

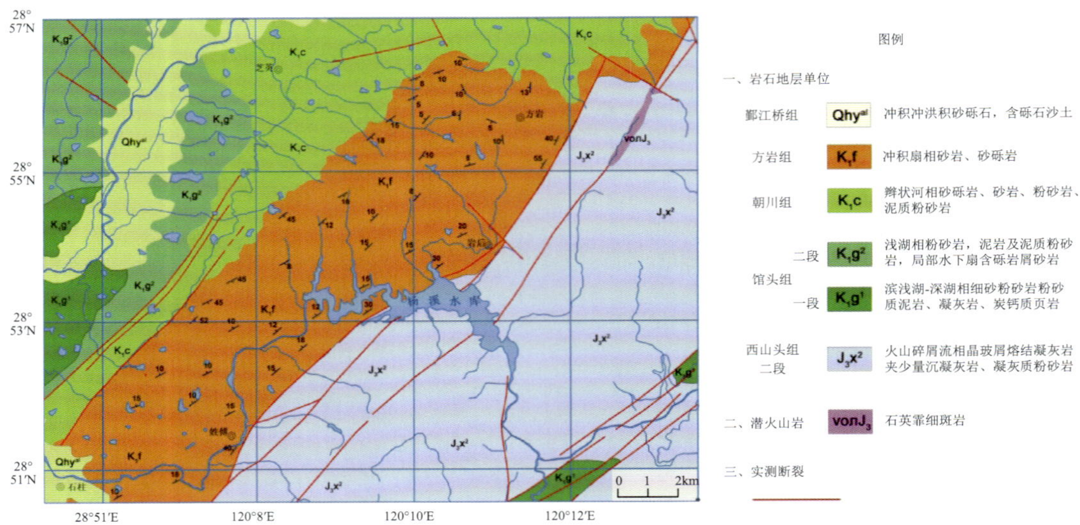

图 26.1　方岩地区地质图[4~6, 10, 11]

组有 K_1g^2 二段总厚度超过 150m，浅湖相粉砂岩、泥岩及泥质粉砂岩，局部水下扇含砾岩屑砂岩。K_1g^1 一段总厚度超过 180m，滨浅湖-深湖相细砂粉砂岩粉砂质泥岩、凝灰岩、炭钙质页岩。方岩组分布于盆地南东缘石柱-方岩-莲屋一带，出露面积 55km^2，以冲积扇相为主体，岩性为块状砾岩、砂砾岩及透镜体、似层状含砾粗砂岩[5]。

朝川组为永康盆地的主要地层单元之一，广泛分布于清渭街-古山-坑里一带，出露面积 84km^2。本组以辫状河相沉积为主体，由多个辫状河相基本层序组成，每个基本层序下部为砾岩，顶部为不稳定紫红色粉砂岩，在盆缘附近，见有冲积扇相砾岩、砂砾岩[6]。

馆头组主要分布于永康、清渭街一带，由一套内陆湖泊相沉积岩及少量中基性、基性熔岩、酸性火山碎屑岩组成，岩相类型较为复杂，岩性组合多变。

从沉积相看，冲积扇相在方岩期最为发育，其次是馆头组早期阶段及朝川组。碎屑粒度范围很宽，以砾岩为主，砾石大小混杂，分选性及磨圆度较差。三角洲相馆头组早期产物：层序下部为炭、钙质页岩，上部为砂岩、砂砾岩、砾岩，显示向上变粗趋势。滨浅湖相馆头期沉积产物，层序下部为砾砂岩、砂砾岩，上部为细砂岩、粉砂岩、粉砂质泥岩；深湖相见于馆头组一段，岩性主要有泥岩和粉砂质、炭质、钙质页岩；水下扇相见于馆头组二段，层序下部为含砾中粗粒岩屑砂岩，上部为含钙质结核粉砂岩；水下河道相发育于馆头组，碎屑粒度范围较宽，主要岩性含有砾砂岩、中细粒砂岩、细粉砂砂岩；浅湖相见于馆头组二段，以砖红-紫红色粉砂质、黏土质沉积物为主，下部为厚度不稳定的细砂岩，中上部及上部为粉砂岩、粉砂质泥岩。辫状河相见于朝川组：层序由下至上粒度减小，下部砾岩、砂砾岩，中部砂砾岩、细砂岩，下部粉砂岩。冲积扇-扇前辫状河相，出露于公婆岩-方岩-西村一线，为方岩期产物，具有典型的“丹霞地貌”特征，基本特征介于冲积扇、辫状河相之间[3]。

3. 岩性描述[3~7]

从砾岩岩性特征看，其粒级岩屑以次圆状为主，矿物碎屑多为次棱角状。岩体新鲜面呈灰紫色，胶结物呈褐红色。碎屑成分有火山岩岩屑、石英、长石。胶结物主要为方解石，少量铁质氧化物。主要呈砾状结构。岩体抗压强且硬，单轴干抗压强度118.90MPa，抗风化能力强（图26.2）。地貌表现一般为崖壁和正地貌。采样点位于方岩东侧大型扁平槽穴上部。试验数据表明碎屑物主要成分为岩屑，含少量石英和长石。石英碎屑约10%，长石占2%，岩屑约占73%，主要为熔结凝灰岩岩屑、凝灰岩岩屑。熔结凝灰岩岩屑具假流纹构造，主要由塑变玻屑组成，含少量晶屑，凝灰岩岩屑含较多弓形弧面和多角形玻屑（图26.3）。岩芯样品照片可见图21.2中的方岩样品。

图26.2 方岩砾岩

图26.3 方岩砾岩偏光显微镜照片

从砂岩试验特征看，其粒径以0.2～0.4mm为主。其颜色呈肉红色、砖红色。碎屑成分有石英、长石。胶结物为方解石、泥质。结构为砂状结构；岩体抗压性强且硬，单轴干抗压强度 69.20～171.70MPa，抗风化能力较强。地貌表现有凹槽、岩穴、正地貌，砾岩夹砂岩时凹进为凹槽（图 26.4）。采样点位于方岩南侧飞桥旁崖壁凹槽下部，试验数据表明其碎屑颗粒约占 70%，主要成分是酸性火山岩岩屑 30%、石英 25%、长石 15%，偶见黑云母碎屑。有些火山岩岩屑具很强烈的蚀变，含大量蚀变黏土矿物（图 26.5）。

图 26.4　方岩砾岩砂岩夹层

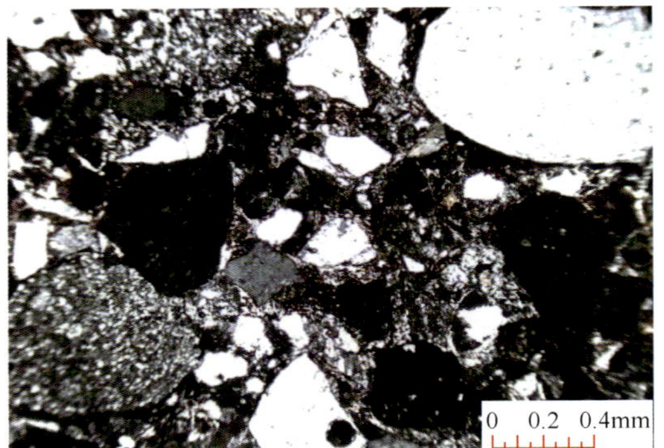

图 26.5　方岩砾岩砂岩夹层偏光显微镜照片

从粉砂岩试验特征看，其粒径为 0.02～0.12mm，粉砂占碎屑总量 70%。其颜色呈棕红色、砖红色（图 26.6）。矿物成分以石英为主，另有长石和白云母、钙质胶结物、泥质物和铁质氧化物。胶结物有泥质、铁质、钙质。结构呈不等粒细碎屑结构。抗压强度较软，单轴干抗压强度 12.2～63.4MPa，抗风化能力较弱。从其地貌特征看主要为丘陵状正地貌，作为夹层时凹进为岩槽或洞穴。采样点位于方岩天门旁大型凹槽，试验数据表明其主要成分是石英、白云母、少量长石，偶见火山岩岩屑，薄片中仅仅见到 1 个岩屑颗粒，粒径约 0.3mm，填隙物占 45%，主要成分是泥质物和少量铁质氧化物。整个岩石中成分分布不均匀，不同成分相对富集构成纹理构造，有的纹理泥质物和铁质氧化物较多（图 26.7）。

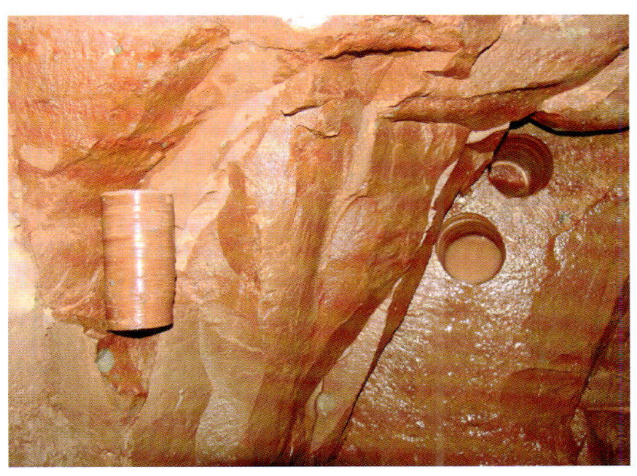

图 26.6　方岩粉砂岩

图 26.7　方岩粉砂岩偏光显微镜照片

4. 构造描述[4~7]

方岩的大地构造位置位于华南褶皱系构造单元。其主要构造线在早白垩世，由于自东南往北西、倾向北西的张扭性断裂，形成斜列式阶梯状断裂以及该区地层北东向的宽缓背向斜褶皱。另有断层北东向江山-绍兴深断裂和丽水-余姚深断裂、东西向衢州-天台大断裂、北西向淳安-温州大断裂。有近南北向、近东西向、北东-南西向和北西-南东向为主的密集节理群组节理。

晚侏罗世末至早白垩世，本区构造应力场由晚侏罗世的北西-南东向挤压，转为早白垩世的北东-南西向挤压和北西-南东向的拉张，自南东往北西，由一系列倾向北西的张扭性断裂，形成斜列式阶梯状断裂，构成永康早白垩世断坳盆地。其第一级剥夷面形成于古近纪末，第二级剥夷面形成于第四纪中期[4]。

26.3 地 貌 属 性[8~11]

1. 地貌单元

方岩在大地貌单元上属于永康盆地边缘，在大地貌部位上位于武夷山脉侧面的山间盆地，地势西高东低。方岩丹霞地貌全区共有方岩山、南岩、五峰、石鼓寮、五指岩等八大景区，总面积达 92km^2。中心景观方岩山拔地而起，高约 400 米，宛如擎天方柱巍然屹立，四壁如削，形若方城[5~7]。

2. 地貌类型

依据岩性，方岩以砂砾岩丹霞为主（图 26.8）。依据产状，呈近水平岩层发育的丹霞地貌坡面形态。方岩山方岩组岩层具有顶平、坡陡、麓缓的特征（图 26.9）。

图 26.8　近水平岩层发育的丹霞地貌坡面形态

图 26.9　方岩山方岩组岩层的“顶平、坡陡、麓缓”

依据外动力，方岩在气候上属于湿润区丹霞，依据主动力，流水是其塑造主动力。该区风化和重力作用同样是重要的常规动力，纵横交错的节理为岩层的风化和崩落奠定了基础。植物、流水、冰等常沿节理进行风化或侵蚀，更加剧风化作用。岩性差异性风化导致崩塌、洞穴及其穿洞的形成[8, 9]。

依据形态有多处正地貌崖坡类型，如层面顶部、陡崖坡、崩积缓坡。大多数山体均有多级陡缓相间的坡面特点。丹霞方山、峰丛、石峰、石堡、石鼓及石柱均有发育（图26.10）。崩塌景观也极其丰富，如崩积体、崩积物，一般陡崖坡下或沟谷均有崩积岩块，如五峰书院丹霞围谷中和鸡鸣峰山麓围谷中的崩积石。

图26.10 从南岩向西北远眺所见到的天下粮仓（五峰峰丛）

负地貌有沟谷、峡谷、围谷、深切曲流；崖壁岩槽、扁平槽穴、崖壁凹槽、顺层凹槽、崩塌凹槽和扁平岩穴也十分发育（图26.11）。丹霞洞穴与穿洞如壁龛式洞穴、蜂窝状洞穴、侵蚀风化穿洞、扁平洞穴也发育很多；差异性侵蚀风化穿洞以灵岩穿洞和洪福寺穿洞最具特色[10, 11]（图26.12）。

方岩形态有簇群式（组团式）峰林-峰丛型，群体组合疏密相间。依发育阶段，方岩属于壮年期丹霞（簇群式峰林-峰丛型丹霞地貌）（图26.13）。

图26.11 婆岩山顶处所见砾岩-砂岩-砾岩互层所成的凹槽

图 26.12　走向 250°SW 的洪福寺穿洞

图 26.13　基部相连的五峰峰丛地貌景观

3. 坡面特性

方岩陡崖的最大高度是 400m，一般高度 350m，陡崖最大坡度 90°，一般坡度 70°～90°，坡面形态以平直型、波浪型、横向槽脊型为主，边角特征以圆化型为主，崩塌面局部呈棱角型。

4. 重要景观

标志性景观主要有赤壁丹崖，簇群式峰林-峰丛。重要景观是方岩五峰书院旁的天墨瀑、方岩与纱帽岩崖壁构成相对的武士景象、从南岩胡公山顶向南远眺所见到的石鼓寮地貌景观、从方岩西北麓向东南方向远眺所见到的公婆岩景区（图 26.14～图 26.17）。其个性化景观有灵岩穿洞、洪福寺穿洞。方岩的地貌造型有赤壁丹崖、丹霞群峰、造型地貌、丹霞洞穴、丹霞裂缝、丹山碧水组合景观（图 26.18）。

图 26.14　方岩五峰书院旁的天墨瀑

图 26.15　方岩与纱帽岩崖壁构成相对的武士景象

图 26.16　石鼓寮地貌景观

图 26.17　公婆岩景区

图 26.18　方岩美丽的冬景图

26.4　自然地理环境

1. 自然环境

方岩的气候类型属于亚热带季风性气候，1 月均温 5.3℃，7 月均温 29.2℃，年均温 17.9℃，年降水量 1513mm。河流主要有永康江，流域面积 965km^2，总径流量 14..4×10^{8}m^3，区内流程干流全长 11km，丰水期 4～9 月。永康江是永康境内最大的河流，自城区华溪、南溪汇合至武义交界处桐琴大桥段。杨溪，流域面积 174km^2，总径流量 1.0×10^{8}m^3，区内流程 35km，丰水期 4～9 月。杨溪发源于永康市铜山，至寺山脚汇入武义江南段。1985 年，在方岩风景区灵岩南面的杨溪建成了杨溪水库，又称灵山湖。杨溪水库集水面积 124km^2，总库容 0.545×10^8m^3，拦截了杨溪 70%流域面积的来水。

方岩土壤类型属于森林赤红壤、山地红壤和山地黄棕壤；农田为水稻土。土壤的土层较薄，砂粒含量高，含水量低。

该区植被类型有 8 种，暖性针叶林、暖性针阔混交林、落叶阔叶林、常绿落叶阔叶林、常绿阔叶林、竹林、灌丛、水生植被。植物种类有高等植物 61 科 103 属 128 种。特色植物有金发草、丛毛羊胡子草。

该区动物种类有脊椎动物 28 目 71 种 168 属 256 种。特色动物有中国小鲵。

其综合自然地理环境是中亚热带丘陵森林景观（图 26.19）。从自然环境变化状况看，该区森林覆盖率达 80%以上。红层生态问题主要是外围林木的破坏与人工林化。

图 26.19　石鼓寮一带具有层次感的重叠山峦和幽谷

2. 地质环境

该区地质环境主要有崩塌灾害，即人为开挖坡脚形成的岩块崩塌（图 26.20）。方岩滑坡灾害主要出现在人工切坡的坡积物、风化壳上，规模较小。方岩景区范围内不具备发生泥石流的条件。而在砂岩出露地区，风化层厚度较大，地质灾害相对容易发生，出现的灾害主要是滑坡。地面塌陷的形成主要是人工开挖萤石矿，造成地面坍塌或地面不均匀沉降。

图 26.20　五峰书院丹霞围谷中的崩积石和鸡鸣峰西北麓围谷中的崩积石

26.5　地方文化及开发利用

1. 地方文化

方岩地区基本上是汉族，其宗教是佛教，该区建筑是浙、闽、赣、徽、欧式复合式建筑（图 26.21）。该区史迹主要为永康松石，“唐代道仙马自然指松化石”，方岩也是浙东地区胡公大帝奉祀中心，五峰书院是陈亮故里和永康学派的发祥地，方岩五峰为抗日战争革命传统教育基地。民俗活动为方岩庙会、打罗汉。

图 26.21　廊穴中的悬中寺和五峰书院

2. 利用现状

方岩丹霞景区如方岩山、五峰、石鼓寮已作旅游开发，开放景区面积较大。对外交通较方便，内部联通较差，生态环境保护状况良好。

参 考 文 献

[1]　浙江省地质矿产厅.中华人民共和国地质概况说明书——永康市幅. 杭州：浙江省区域地质调查大队制图印刷厂，1995：1～15.

[2]　中华人民共和国地质矿产部，浙江省地质矿产局. 浙江省区域地质志. 北京：地质出版社，1989.

[3]　周宣森. 浙江丹霞地貌分布与景观类型.热带地貌，1992（增刊）.

[4]　朱诚，彭华，欧阳杰，等. 浙江方岩丹霞地貌发育的年代、成因与特色研究. 地理科学，2009，29（2）：85～93.

[5]　欧阳杰，朱诚，彭华，等. 浙江方岩丹霞地貌类型及其空间组合. 地理学报，2009，64（3）：349～356.

[6]　欧阳杰. 中国丹霞地貌申报世界自然遗产提名地试验地貌学研究. 南京：南京大学；2010.

[7]　南京大学地理与海洋科学学院. 浙江永康方岩科学考察报告，2009

[8]　曾剑威，陈荣，褚平利，等. 浙江永康盆地朝川组泥灰岩段沉积特征及其古气候意义. 资源调查与环境，2014，(01)：39～45.

[9]　汪庆华，斯小君. 浙江永康盆地沉积作用与成因地层格架分析. 中国区域地质，2000，(01)：8～14.

[10]　朱诚，马春梅，张广胜，等. 中国典型丹霞地貌成因研究. 北京：科学出版社，2015.

[11]　Zhu C，Peng H，Ouyang J，et al. Rock resistance and the development of horizontal grooves on Danxia slopes. Geomorphology，2010，123（1-2）：84～96.

第27章　新昌南岩

27.1　基本信息

1. 名称及保护性命名

新昌南岩位于浙江省绍兴市新昌县，现名南岩，别名滴水岩、乳香岩、大师岩。从保护性命名看，2004年被列为国家地质公园。

2. 概况（面积高程/位置/行政区划/交通）

新昌南岩其丹霞地貌区面积为5.04km²。从高程看，其最低海拔40m，其最高海拔254m，其一般海拔200m。其经纬度范围北至120°50′18″E、29°30′53″N，南至120°50′21″E、29°29′14″N，东至120°51′22″E、29°30′06″N，西至120°49′03″E、29°30′20″N，中心点坐标120°50′16″E、29°30′27″N。

在政区位置上，新昌南岩位于浙江省绍兴市新昌县城鼓山以西3～5km一带。

在对外交通上，在航空领域，新昌南岩距离宁波机场和义乌机场2小时车程；在铁路交通领域，新昌目前不通铁路，距绍兴东动车站1.5小时车程；在公路交通领域，距G1512甬金高速金霖互通出口25km，距上三高速新昌互通出口26km，距双彩互通出口24km。

27.2　地质数据

1. 地质概况

新昌南岩位于新昌盆地，该盆地面积约1000km²。根据从馆头组采集的动植物化石和孢粉显示，其形成于早白垩世，经铷锶同位素年龄测定为113Ma BP。沉积结束于方岩组，顶部见有紫红色中厚层状砾岩、砂砾岩夹灰紫色的薄层泥质粉砂岩，经铷锶同位素年龄测定为97Ma BP。图27.1为新昌地质图。

2. 地层描述

从地层特征看，K_1f方岩组在盆地中广为分布，面积约60km²。其厚度大于418m，与下伏朝川组地层为整合接触。

K_1c朝川组呈带状，分布于澄潭江河谷两侧和城南乡新回公路一带及县城附近，厚348～427m，与下伏馆头组地层呈整合接触。

K_1g馆头组主要分布在盆地中部回山-镜岭-梅渚一线，厚50～295m，与下伏地层不整合接触。

方岩组下段为大套紫红色厚层块状砾岩夹薄层状砂砾岩、泥质粉砂岩，是形成穿岩十九峰、南岩山等丹霞地貌的主体，岩层近南北走向，以 10°倾角向东倾，由于差异风化作用，沿层理发育一系列凹槽或洞穴，深浅不一，深的形成顺层穿洞，浅者凹槽沿层理断续分布在陡壁露头上，特征十分明显。

K_1f^1 方岩组下段沉积相，其河湖相洪积相见洪积砾岩（图 27.2），下部偶见冲刷构造。河床相的砾石发育，磨圆度一般。河漫滩-河间洼地相可见细粒粉砂岩、黏土岩。湖盆相以粉砂岩、黏土岩为主，见水平层理。

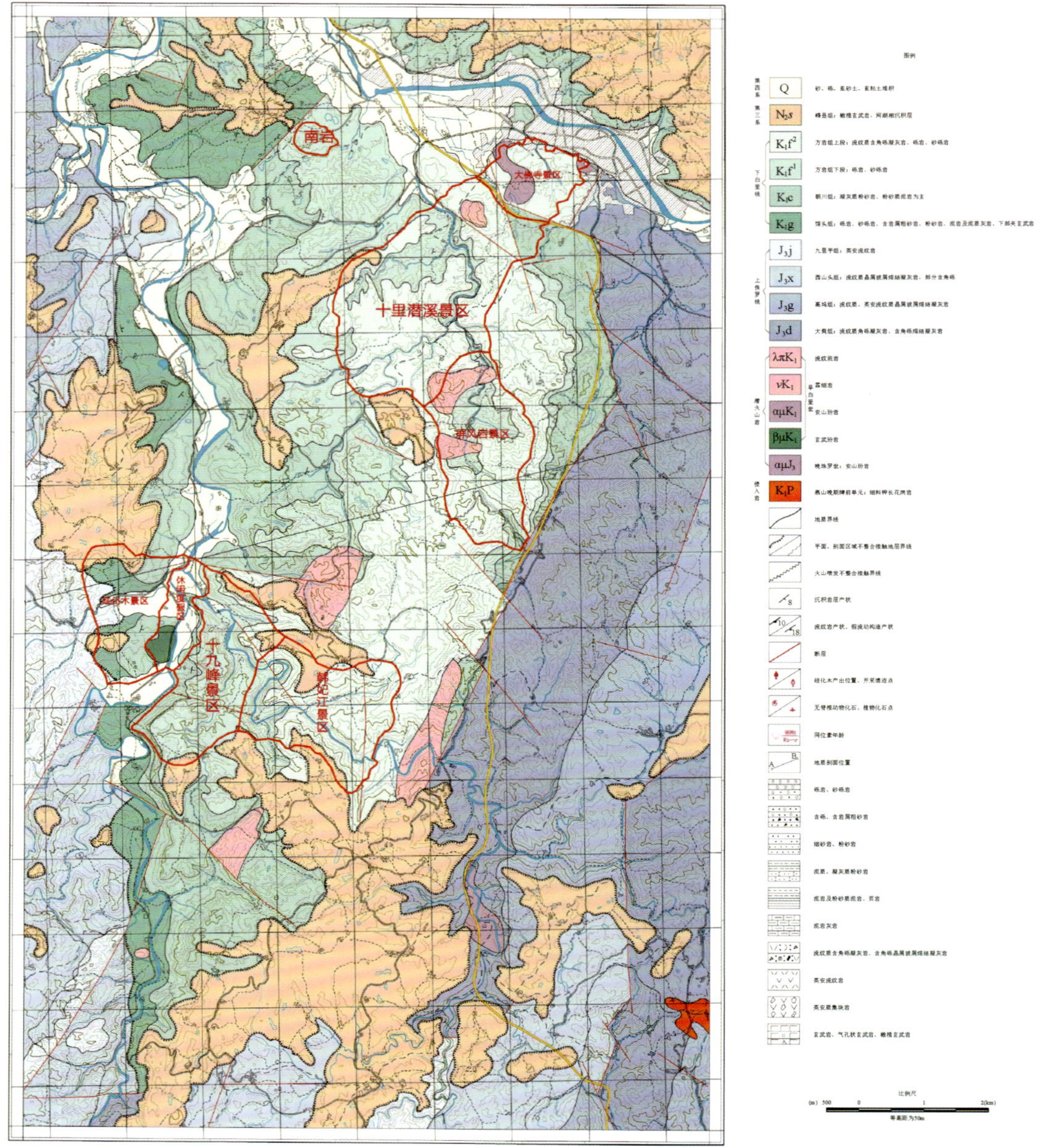

图 27.1　新昌地区地质图[1~3]

图 27.2 新昌南岩河湖相沉积

3. 岩性描述

从砾岩、砂砾岩特征看，其砾石粒径以 2～4mm 为主，砂质粒径以 0.3～2.0mm 为主，颜色为红褐色。碎屑成分中有石英 3%、长石 2%和岩屑 75%。长石为斜长石（具有聚片双晶）。岩屑种类以火山岩岩屑为主，偶见灰岩岩屑。火山岩岩屑主要有安山岩岩屑、熔结凝灰岩岩屑等。还有一些火山岩岩屑为隐晶质-微晶结构，含黑云母斑晶，有的还具有很强的蚀变，在偏光镜下无法准确定名。胶结物占 20%，主要为铁质胶结物和黏土杂基。结构为块状结构。抗压强度为 55.57MPa。地貌表现为正地貌，主要发育为丹霞石峰和崖壁（图 27.3）。采样点位于南岩寺附近。试验数据表明砾状结构中碎屑物分选中等，磨圆度差，以次圆状为主，含少量次棱角状（图 27.4）。

图 27.3 新昌南岩砾岩岩相

图 27.4 新昌南岩砾岩偏光显微镜照片

4. 构造描述

新昌南岩的大地构造位置位于新昌盆地，是发育在火山构造洼地上的山间盆地。从主要构造线看，该盆地受丽水-余姚、温州-镇海两北北东向深断裂、鹤溪-奉化北东向大断裂、孝丰-三门湾北西向大断裂的控制，平面形态呈“个”字形。该区地层主要发育北东向褶皱，断层主要发育北东向断层，主要发育有北东向节理。

构成丹霞地貌的方岩组下段厚层砾岩层上下均有厚度不等的凝灰岩层。其上为方岩组上段下部的浅灰、浅灰红色含角砾凝灰岩，厚 30～110m（如千丈幽谷出口东边山顶、大佛寺、千佛洞、般若谷景区所见）。其下为朝川组顶部，厚 8～30m 的一层凝灰岩（如穿岩隧道西进口下方采石场所见）。过去没有单独区分，统称丹霞地貌。经黄进和陶奎元等研究提出这不是传统的丹霞地貌，应区分并列为凝灰岩地貌。在天烛湖-百丈崖一带，凝灰岩地貌常与丹霞地貌相伴出现[3]。

27.3 地 貌 属 性[1~3]

1. 地貌单元

方岩在大地貌单元上属于浙闽低山丘陵带，在大地貌部位上属于天台、四明、会稽三山环抱区。地势东南高西北低，山岭总体走向北北东。其总体特征是东南部为花岗岩岩体的中低山地、中部为砂页岩-砂砾岩基底上覆玄武岩层的台地、西北部为河谷盆地的三大地貌单元。

2. 地貌类型

该区丹霞地貌依据岩性，以砂砾岩丹霞为主。依据产状呈近水平状丹霞地貌，岩层倾角小于 10°（图 27.5）。

图 27.5 新昌南岩近水平层理的丹霞地貌

依据外动力，新昌南岩在气候上属于亚热带湿润区丹霞，依据主动力具有一些水蚀丹霞地貌特征。其正地貌有丹霞丘陵、方山、石墙、崩积石等（图 27.6）。负地貌有崖壁岩槽、顺层凹槽和顺层岩槽。丹霞洞穴除南岩寺所在洞穴外，邻近还有化云洞、月光洞、蝙蝠洞、柯岩洞等。依群体形态属于丘陵状丹霞地貌。依发育阶段属于老年期丹霞地貌。

图 27.6 丹霞方山

南岩山发育了顶平、坡陡、麓缓的典型丹霞地貌（图 27.7），但奇特的是丹霞峰丛、峰林不发育，顺层岩洞特别突出，不仅丹崖赤壁上一系列断断续续的凹槽与岩洞十分显目，而且特别在丹崖麓部形成了一系列水平大岩洞，如南岩洞（修建了南岩寺）、化云洞（修建了铁佛寺）、长坑洞（修建了东岳寺）、柯岩洞等。虽然南岩山一般山顶海拔相对高度仅 150m 左右，但丹崖赤壁高度常达 40～75m，同样显示出景点的壮观气势。

3. 坡面特性

新昌南岩陡崖的最大高度是 230m，一般高度 100～150m，陡崖最大坡度 90°，一般

图 27.7　南岩山顶平、坡陡、麓缓的典型丹霞地貌

坡度 25°～30°，坡面形态呈平直型和横向槽脊型，边角特征以圆化型为主，崩塌面局部保持棱角型。

4. 重要景观

标志性景观主要有南岩寺（图 27.8）。综合景观有南岩寺整体景观（图 27.9）。

图 27.8　南岩寺

图 27.9　南岩寺整体景观

27.4　自然地理环境

1. 自然环境

新昌南岩的气候类型属于亚热带季风气候，1 月均温 4.06℃，7 月均温 28.6℃，年均温 16.6℃，年降水量 1325.6mm。河流主要有潜溪，其流域面积 78.3km^2，总径流量 1.6×10^{8}m^3。区内流程 18km，丰水期 4～10 月。潜溪是新昌江最大支流，发源于东茗乡马鞍山大岩背。潜溪是典型的山区河流，洪水呈暴涨暴落状态，洪峰持续时间一般为 2 小时左右。河道平均比降为 7.8‰；上游河床狭窄，基岩裸露，断面多呈 V 字型，出元岙村后河道逐渐开阔，并有江滩出现。

新昌南岩土壤类型共分 5 个土类，13 个亚类，39 个土属和 64 个土种，以山区旱地红壤土、黄壤土、岩性土、潮土及水稻土为主。土壤中的岩屑在潜溪流域上游（屏风岩以上）以凝灰岩为主，局部有玄武岩和紫砂岩，土层薄，属粉红泥土，在大佛寺附近以粉红泥土为主。

该区属于亚热带常绿阔叶林北部亚地带，植物以马尾松为主，林枆单调，树种单一。特色植物有枫香、苦槠、青冈栎。在新昌县内有野生动物 156 种，其中兽类 19 种，鸟类 48 种，爬行类 18 种，两栖类 7 种，鱼类 8 种，昆虫 39 种及其他动物 17 种。特色动物有白鹇、鸢、猫头鹰、石龙子、竹叶青、金环蛇、银环蛇、华南兔。

其综合自然地理环境是亚热带常绿阔叶林丘陵景观（图 27.10）。该区森林覆盖率达 80%以上。红层生态问题主要是外围林木的破坏与人工林化。

图 27.10　南岩综合自然地理景观

2. 地质环境

该区地质环境主要有崩塌灾害，包括人为开挖坡脚形成的岩块崩塌。滑坡灾害出现在人工切坡的坡积物、风化壳上，规模较小。该景区范围内不具备发生泥石流的条件。对安全具有较大威胁的主要地质灾害是崩塌和落石。

27.5 地方文化及开发利用

1. 地方文化

新昌南岩地区基本上是汉族，其宗教是佛教，佛教建筑有铁佛寺、南岩寺、东岳庙。该区史迹主要有任公子钓鱼台、玉女矶。

2. 利用现状

从利用类型看，宗教活动场所利用程度良好，交通较为便利，生态环境保护状况良好。

参考文献

[1] 董传万，竺国强，俞仲辉，等. 浙江新昌硅化木赋存地层岩石学与古生态环境研究. 浙江大学学报（理学版），2002，29（2）：202～208.

[2] 吴因业，冯荣昌，岳婷，等. 浙江中西部永康盆地及金衢盆地白垩系冲积扇特征. 古地理学报，2015，17（2）：160～171.

[3] 董传万，竺国强，银薇. 浙江新昌早白垩世盆地中硅质岩石的地球化学特征与成因. 浙江大学学报（理学版），2003，30（2）：230～235.

第 28 章 新 昌 潜 溪

28.1 基 本 信 息

1. 名称及保护性命名

新昌潜溪现名潜溪，别名前溪。从保护性命名看，其丹霞地貌区（含新昌硅化木）2004 年被列为国家级地质公园，2009 年（包括天姥山）被列为国家级风景名胜区。

2. 概况（面积高程/位置/行政区划/交通）

新昌潜溪景区面积为 36.58km^2，其丹霞地貌区面积为 18km^2。从高程看，其最低海拔 60m，其最高海拔 500m，其一般海拔 250～400m。其经纬度范围北至 120°53′24″E、29°28′11″N，南至 120°54′30″E、29°27′1″N，东至 120°54′50″E、29°27′25″N，西至 120°52′35″E、29°27′56″N，中心点坐标 120°53′43″E、29°27′39″N。

在政区位置上，新昌潜溪位于浙江省绍兴市新昌县城西 5km，潜溪村西侧。

在对外交通与南岩相同，详见 27.1 节。

28.2 地 质 数 据

1. 地质概况

新昌潜溪位于新昌盆地，地质概况与南岩相同，详见 27.2 节。

2. 地层描述

K_1g 馆头组主要分布在盆地中部回山-镜岭-梅渚一线，厚 140～295m，与下伏地层呈不整合接触。图 28.1 为新昌盆地综合地层柱状图[1, 2]。

3. 岩性描述[1]

从含砂质粉砂岩特征看，其砾石粒径约 2～5mm，砂质粒径 0.15～2.0mm，粉砂质粒径 0.02～0.06mm。颜色为红褐色和灰黑色，碎屑成分为岩屑 23%、石英碎屑 40%、长石 2%，少量白云母碎屑。岩屑为火山岩岩屑，包括安山岩岩屑、凝灰岩岩屑、熔结凝灰岩岩屑（图 28.2）。还有一些火山岩岩屑为隐晶质-微晶结构，并具有很强的蚀变，在偏光镜

综合地层柱状剖面图

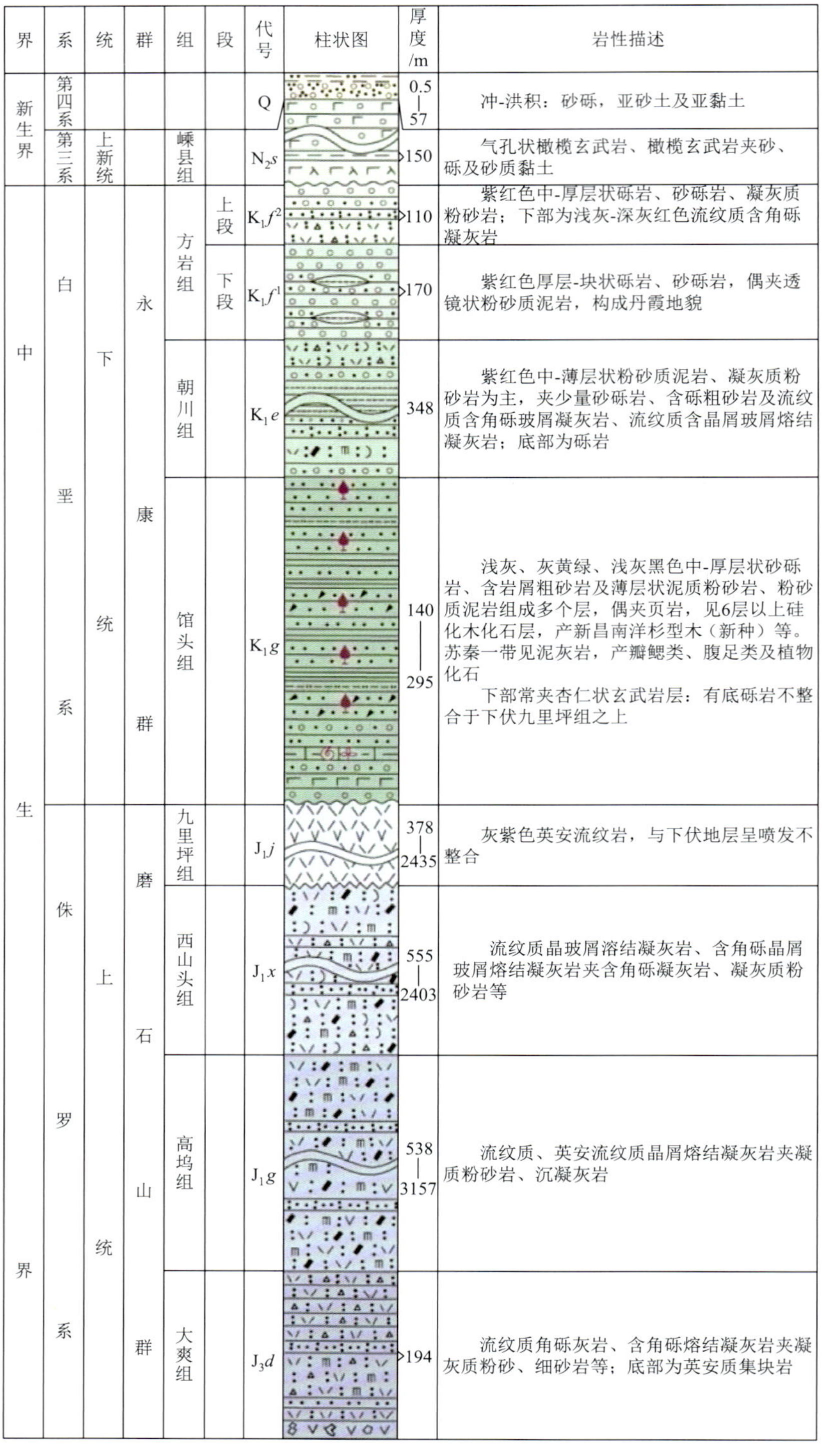

界	系	统	群	组	段	代号	柱状图	厚度/m	岩性描述
新生界	第四系					Q		0.5—57	冲-洪积：砂砾，亚砂土及亚黏土
	第三系	上新统		嵊县组		N_2s		>150	气孔状橄榄玄武岩、橄榄玄武岩夹砂、砾及砂质黏土
中生界	白垩系	下统	永康群	方岩组	上段	K_1f^2		>110	紫红色中-厚层状砾岩、砂砾岩、凝灰质粉砂岩；下部为浅灰-深灰红色流纹质含角砾凝灰岩
					下段	K_1f^1		>170	紫红色厚层-块状砾岩、砂砾岩，偶夹透镜状粉砂质泥岩，构成丹霞地貌
				朝川组		K_1e		348	紫红色中-薄层状粉砂质泥岩、凝灰质粉砂岩为主，夹少量砂砾岩、含砾粗砂岩及流纹质含角砾玻屑凝灰岩、流纹质含晶屑玻屑熔结凝灰岩；底部为砾岩
				馆头组		K_1g		140—295	浅灰、灰黄绿、浅灰黑色中-厚层状砂砾岩、含岩屑粗砂岩及薄层状泥质粉砂岩、粉砂质泥岩组成多个层，偶夹页岩，见6层以上硅化木化石层，产新昌南洋杉型木（新种）等。苏秦一带见泥灰岩，产瓣鳃类、腹足类及植物化石 下部常夹杏仁状玄武岩层：有底砾岩不整合于下伏九里坪组之上
	侏罗系	上统	磨石山群	九里坪组		J_1j		378—2435	灰紫色英安流纹岩，与下伏地层呈喷发不整合
				西山头组		J_1x		555—2403	流纹质晶玻屑溶结凝灰岩、含角砾晶屑玻屑熔结凝灰岩夹含角砾凝灰岩、凝灰质粉砂岩等
				高坞组		J_1g		538—3157	流纹质、英安流纹质晶屑熔结凝灰岩夹凝质粉砂岩、沉凝灰岩
				大爽组		J_3d		>194	流纹质角砾灰岩、含角砾熔结凝灰岩夹凝灰质粉砂、细砂岩等；底部为英安质集块岩

比例尺　1∶5000

图 28.1　新昌盆地综合地层柱状图

下无法准确定名。胶结物中填隙物占35%，主要为细小的黏土杂基和少量钙质胶结物。黏土杂基已重结晶为正杂基。结构以粉砂为主，混杂少量砾状、砂状结构，呈块状构造。抗压强度63.09MPa。地貌多为丘陵坡面。采样点位于七盘仙谷。试验数据表明其碎屑物分选差，磨圆度差，以次棱角状为主。碎屑物占65%，其中砾石10%、砂质物20%、粉砂35%（图28.3）。

图28.2 七盘仙谷粉砂岩

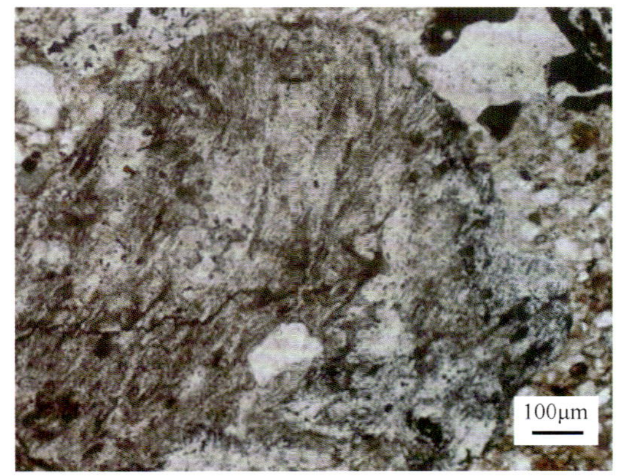

图28.3 七盘仙谷粉砂岩偏光显微镜照片

左为5倍正交，含砂质粉砂岩，含有少量粗大的安山岩岩屑；右为10倍单偏光，含砂质粉砂岩中溶结凝灰岩

4. 构造描述

潜溪的构造描述与南岩相同，详见27.2节。

28.3 地貌属性

1. 地貌单元

潜溪在大地貌单元上同样属于浙闽低山丘陵带，地貌单元与南岩相同。

2. 地貌类型[1]

依据岩性，砾岩层顶上没有凝灰岩层时，砾岩中垂直裂隙发育，而且间距较大，形成雄伟的峰丛或峰林景观；砾岩层顶上有凝灰岩层覆盖时，下部砾岩中一般垂直节理不发育，仅表现为赤壁景观。而上面凝灰岩层发育较密集的垂直裂隙（千丈幽谷出口东侧山脊）时，进一步风化剥蚀则可形成“天烛”状峰林景观，如潜溪、天烛湖地区，或者形成惟妙惟肖的象形石景观，如神笔峰、蘑菇石、仙人椅、企鹅石、倒脱靴等。凝灰岩层之上覆盖有砾岩层时，两者都可以发育垂直裂隙，但凝灰岩中的裂隙间距比砾岩的要小。显然这是相同应力条件作用下，岩石性质的差异引起的变形差异。

该区主要为水平产状地层（图 28.4）。依据外动力，新昌南岩在气候上属于湿润区，丹霞地貌受流水作用影响。

图 28.4　新昌潜溪近水平产状地层

依据形态，其正地貌有崩积体如崩积石，还有山石，如石柱、石墙、石林（图 28.5）。负地貌有丹霞沟谷、线谷、峡谷、宽谷、崖壁岩槽、竖向沟槽十分发育（图 28.6）。凝灰岩层厚度较小，小于 60m 时，顺层凹槽或洞穴一般不发育，尤在穿岩十九峰景区之东和百丈崖至天烛湖地区的凝灰岩中几乎未见凹槽或洞穴，仅在大佛寺岩洞与千佛洞见到较大近水平岩洞。这是否与球状凝灰岩的存在造成岩性特征差异有关，值得进一步研究。

依群体形态，该区属于峰丛状丹霞地貌。依发育阶段，该区属于壮年期丹霞地貌（图 28.7）。

图 28.5　新昌潜溪石柱

图 28.6　百丈岩一线天

图 28.7　新昌潜溪壮年期丹霞地貌

3. 坡面特性

新昌潜溪陡崖的最大高度是 300m，一般高度 100～200m，陡崖最大坡度为 90°，一般坡度 70°～90°（图 28.8），坡面平直型、波浪型、横向槽脊型、竖向槽脊型均有，边角特征以圆化型为主，崩塌面局部保持棱角型。

凝灰岩中垂直裂隙发育的密度较砾岩层中发育的密度更大，即垂直裂隙间距较小，因此凝灰岩形成的峰丛或峰林个体比砾岩层形成的峰丛或峰林更小、更细。如百丈崖至天烛湖一带的凝灰岩地貌景观就是明显例证。

图 28.8　百丈岩

4. 重要景观

标志性景观主要有火山凝灰岩与红层复合型丹霞地貌。个性化景观有摩崖群象，天烛仙境（图 28.9，图 28.10），景区内的造型石柱、潜溪竹筏（图 28.11）。地貌造型为石柱、象鼻。综合景观为十里潜溪综合地貌景观（图 28.12）。

图 28.9　摩崖群象

图 28.10　天烛仙境

造型石柱

潜溪竹筏

图 28.11　天烛仙境景区内风光

图 28.12　十里潜溪综合地貌景观

28.4　自然地理环境

1. 自然环境

潜溪的自然环境与南岩相同，详见 27.4 节。

2. 地质环境

该区地质环境主要有崩塌灾害和人为开挖坡脚形成的岩块崩塌（图 28.13）。滑坡灾害主要发生在修路和建筑人工切坡处，一般规模较小，基本上无泥石流发生。

七盘仙谷崩积石

三山村崩积石

百家岭至东井路段的崩塌岩块

石狗洞崩积石

图 28.13　新昌潜溪地区崩积石

28.5　地方文化及开发利用

1. 地方文化

潜溪地区基本上是汉族，主要宗教是佛教。该区史迹有隋朝智者大师纪念塔（图 28.14）。该区大佛寺，又名大佛禅寺，位于浙江省新昌县城南明街道，始建于东晋（图 28.15）。全寺以石窟造像为特色，佛像规模宏大，历史悠久，立有 1600 多年历史的石弥勒佛，通高 16.3m，两膝相距 10.6m。是中国南方仅存的早期石窟造像，被誉为“越国敦煌”。南朝著名文艺理论家刘勰赞曰：“不世之宝，无等之业”。1983 年，新昌大佛寺被国务院定为汉族地区佛教全国重点寺院。2006 年，大佛寺被列为浙江省重点文物保护单位。2013 年，大佛寺石弥勒像和千佛岩造像成为全国重点文物保护单位。

图 28.14　隋朝智者大师纪念塔

图 28.15　新昌大佛寺

2. 利用现状

从利用类型看，该区已作旅游开发，七盘仙谷景区主要旅游项目有游憩观光、仙谷漂流、野外拓展、棋牌娱乐、农家餐饮、花卉苗木观赏、时令瓜果采摘等。该区对外交通条件尚可，生态环境保护状况良好。

参 考 文 献

[1]　中华人民共和国地质矿产部，浙江省地质矿产局. 浙江省区域地质志. 北京：地质出版社，1989.

第 29 章　新昌穿岩十九峰

29.1　基 本 信 息

1. 名称及保护性命名

新昌穿岩十九峰位于浙江省绍兴市新昌县，现名穿岩十九峰景区（包括穿岩十九峰、千丈幽谷、重阳宫）。从保护性命名看，1991 年穿岩十九峰被评为省级风景名胜区。

2. 概况（面积高程/位置/行政区划/交通）

新昌穿岩十九峰景区面积为 31.35km^2，其丹霞地貌区面积为 25.17km^2。从高程看，其最低海拔 200m，其最高海拔 340.6m，其一般海拔为 300m 左右。其经纬度范围北至 120°48′27″E、29°23′50″N，南至 120°48′44″E、29°22′15″N，东至 120°49′22″E、29°23′31″N，西至 120°48′2″E、29°22′40″N，中心点坐标 120°48′49″E、29°23′4″N。

在政区位置上，新昌穿岩十九峰位于浙江省绍兴市新昌县镜岭镇雅庄村和大岙村境内。

在对外交通与新昌南岩相同，详见 27.1 节。

29.2　地 质 数 据[1～3]

1. 地质概况

新昌穿岩十九峰位于新昌盆地，地质概况与南岩相同，详见 27.2 节。

2. 地层描述

本区山体以方岩组下段（K_1f^1）砾岩为主，澄潭江东侧山麓为朝川组砂岩-粉砂岩，顶部夹有数十米厚的凝灰岩，在左纡江（韩妃江）东侧和肇圃、大古年一带，在方岩组砾岩上覆盖有方岩组上段（K_1f^2）凝灰岩或第三纪嵊县组玄武岩[1]。

马鞍峰下东西方向的新穿洞洞口高 2～5m，宽 10～16m，洞深 18m，可容纳千余人。浅者凹槽沿层理断续分布在陡壁露头上，特征十分明显[1]。该区沉积相有河湖相和洪积相（图 29.1），洪积相中可见洪积砾岩，下部偶见冲刷构造。河床相中砾石发育，磨圆度一般。河漫滩-河间洼地相：可见细粒粉砂岩、黏土岩。湖盆相中以粉砂岩、黏土岩为主，见水平层理。

图 29.1　穿岩十九峰河湖相沉积

3. 岩性描述

穿岩十九峰的砾岩及砾砂岩特征与新昌南岩相近，图 29.2 为穿岩十九峰的砾岩层，图 29.3 为该砾岩层采样岩芯的偏光显微镜照片。

图 29.2　穿岩十九峰方岩组上段的砾岩层

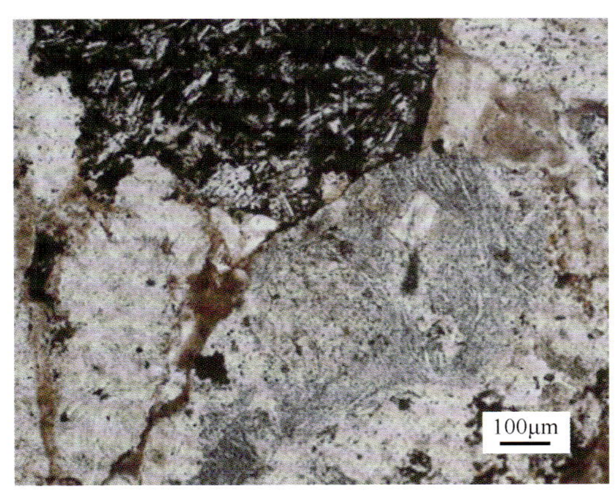

图 29.3　方岩组上段砾岩层偏光显微镜照片

从砂岩特征看，其碎屑物粒径以 0.02～0.06mm 为主，最大粒径为 0.4mm。颜色呈灰白色，碎屑成分占 65%，主要成分为石英（62%），含少量长石（2%）和白云母（1%），偶见岩屑（图 29.4）。长石为斜长石，岩屑为火山岩岩屑，由隐晶-微晶结构的长英质矿物组成。胶结物占 35%，为钙质和铁质胶结物，少量黏土杂基。钙质胶结物为微晶-细晶方解石。岩石中局部方解石富集，钙质粉砂岩转化为粉砂质灰岩。结构呈不等粒砂岩结构。砂岩抗压强度为 88.10MPa。地貌表现为缓丘陵状正地貌。穿岩砂岩的采样点位于重阳宫售票处屋后山坡。粉砂状结构，混杂少量细砂状结构。碎屑物分选好，磨圆度差，以棱角状为主（图 29.5）。

图 29.4　穿岩十九峰砂岩岩相

图 29.5　穿岩十九峰砂岩偏光显微镜照片

左为 5 倍正交，钙质粉砂岩，粉砂结构，碎屑物分选好，磨圆差；右为 20 倍，钙质粉砂岩，填隙物为钙质和铁质胶结物

4. 构造描述

新昌穿岩十九峰的大地构造位置位于新昌发育在火山构造洼地上的山间盆地，参见 27.4 节新昌南岩构造描述。

该区一般沿断层形成陡崖，沿几组不同方向横向或斜向垂直裂隙（在平面上常呈 X 共轭系统）风化剥蚀，形成直立的峰丛或丹峰，自北至南分别命名为香炉、缆船、马鞍、新妇、棋盘、卓剑、覆钟、望海、笔架、阳岫、泗洲、磬、蒸饼、幞头、文殊、普贤、摆棋、狮子、鹅鼻，南北延伸约 2km。

29.3 地貌属性[1~3]

1. 地貌单元

新昌穿岩十九峰在大地貌单元上与南岩相同，属于浙闽低山丘陵地带。

2. 地貌类型

该区地貌类型与新昌南岩相近，图 29.6 为十九峰的近水平层理地层。

图 29.6　十九峰近水平层理地层

依据形态，正地貌坡面类型以直立坡和陡崖坡为主，如石柱、石峰、崩积体和陡崖坡下常见的块状崩塌堆积体（图 29.7）。负地貌可见丹霞沟谷、深切峡谷（千丈坑）、崖

图 29.7　望海峰

图 29.8　沿北北东向断裂从古夷平面深切的千丈坑

壁岩槽、顺层岩槽、顺层凹槽、竖向沟槽均十分发育（图 29.8）。另有丹霞洞穴，其中卧龙洞是位于千丈幽谷西坡底部的一巨大丹霞扁平洞窟，洞宽 80m，深 25m，最高 2.1m，低处人仅能爬行，该洞由方岩组砾石中夹软弱的粉砂质泥岩受风化和流水冲刷作用共同形成（图 29.9）。卧龙洞前红色砾岩河床上，发育有数目达数百个以上的圆形洞穴，宽达 5～50cm，这是流水夹带砂砾长期冲刷，使得红色砾岩中软弱部分磨蚀或砾石松脱形成凹槽，继而水流带动砂砾在洞穴内旋转、摩擦使洞穴加深，洞底扩大，形成口小肚大的壶状窝穴，地貌学上称为“壶状”地貌（图 29.10）。丹霞穿洞与石拱：在马鞍峰下，有一走向东西的穿洞。该穿洞由方岩组（K_1f^1）的红色砂砾岩所构成，岩层倾向 90°，倾角 10°。该穿洞东口宽约 10m，高约 2～2.5m，洞中宽为 9.5m，高 2～2.5m，洞长 18m，西口宽 16m，高 4～5m。该穿洞是由风化片状剥落所形成的滚圆形穿洞，穿岩也由此而得名（图 29.11）。

依群体形态，该区属于峰丛状丹霞地貌。穿岩十九峰由红色砾岩为主而形成，地层倾角平缓，从台地中分离出来后，在北西向次级雁行断裂控制下，受风化、水流侵蚀而逐渐发展成冲沟并进一步将穿岩山体上部分割，形成丹霞峰丛（图 29.12）。十九座山峰高度相仿，山峰上部均为直立的崖壁，但峰顶保留着平坦的古剥夷面（图 29.13），山麓面由于风化崩塌的岩块堆积而成缓坡。依发育阶段，是典型的顶平、坡陡、麓缓的壮年期丹霞峰丛地貌（图 29.14）。

图 29.9　千丈幽谷景区的卧龙洞

发育在千丈坑谷底砾岩上的壶穴

黄进教授和千丈坑壶穴群

图 29.10　十九峰壶穴和壶穴群景观

图 29.11　马鞍峰鞍腰处的穿岩洞

图 29.12　左纡江 V 型河曲和剥蚀台地

图 29.13　穿岩十九峰和澄潭江宽谷

图 29.14　千丈坑（千丈幽谷）深切峡谷——峰丛峰林型丹霞地貌

3. 坡面特性

穿岩十九峰陡崖的最大高度是 250m，一般高度 100～200m，陡崖最大坡度 90°（图 29.15），坡面形态平直型、波浪型、横向槽脊型、竖向槽脊型均有，边角特征以圆化型为主，崩塌面局部保持棱角型。

图 29.15　十九峰大崖壁

4. 重要景观

标志性景观主要有十九峰、韩妃江、千丈幽谷、穿岩洞。个性化景观有将军岩、脚桶岩、生命之根、生命之母、树神迎宾、骆驼献宝、铜墙铁壁、金蟾引路、双龙戏珠。综合景观有穿岩十九峰综合地貌景观（图 29.16）。

图 29.16　穿岩十九峰综合地貌景观

29.4　自然地理环境

1. 自然环境

穿岩十九峰的气候类型属于亚热常季风气候，与新昌南岩相近。河流主要有韩妃江（左纡江），流域面积 263km^2，总径流量 809km^3。区内流程 198km，丰水期 4～10 月。韩妃江正源出自天台观音头西麓大风口（海拔 768m），其主要支流丹溪上游称门溪。门溪峡谷自天台门溪村起，至新昌双彩乡溪边村，南北曲折延伸 15km，形成澄潭江流域最长最险的峡谷区，溪水一直约束在高岭陡壁间湍急流动。自溪边村以下至穿岩十九峰下的左纡村，韩妃江流淌于高山峡谷之间，以致韩妃江段成为澄潭江乃至曹娥江水力资源最为丰富的河段。澄潭江流域面积 851km^2，总径流量 2.57×10^{8}m^3，区内流程 44.1km，丰水期 4～10 月。澄潭江系曹娥江干流，源于磐安县尖公岭（海拔 870m），始称藤（腾）溪，过五丈岩水库称夹溪，于安顶乡石彦坑西北 1km 处入境，由南向北流经镜屏、镜岭、灵川、澄潭、梅渚、山头等乡镇，在田东白渡溪流入嵊州境。

十九峰景区土壤分布面积最大的是红紫砂土，多集中在十九峰、韩妃江两岸、台头山至里镜岭等地。溪、江两岸的水田为不同类型的水稻土。

该地区的主要植被类型与动物类型和南岩相近。

其综合自然地理环境是亚热带常绿阔叶林丘陵景观（图 29.17）。从自然环境状况看，该区森林覆盖率达 80%以上，砂岩裸岩区有水土流失迹象，红层生态问题主要是外围林木的破坏与人工林化。

图 29.17　穿岩十九峰综合自然地理景观

2. 地质环境

该区地质环境主要有崩塌灾害，如岩洞内上覆岩层的临空崩塌。该景区范围内不具备发生泥石流的条件。对安全具有较大威胁的主要地质灾害是崩塌或落石（图 29.18）；滑坡灾害主要发生在修路和建筑人工切坡处，一般规模较小。

图 29.18　千丈幽谷西坡卧龙洞外的崩塌落石

29.5　地方文化及开发利用

1. 地方文化

穿岩十九峰地区镜岭镇外婆坑村，地处澄潭江源头，与东阳、嵊州、磐安三地交界，距新昌县城 45km，全村共有 158 户，总人口为 531 人，有苗族、傣族、白族、彝族、壮族、瑶族等 11 个少数民族，号称江南民族第一村。其宗教是道教、佛教，该区宗教建筑有重阳宫、韩妃庙、百郎殿、泉塘庵、香山庵、伴云庵（图 29.19）。史迹有高起潜墓（老穿岩），王爚读书处（千丈幽谷一丹霞石窟）、甄完墓。民俗活动有 3 月 3 日镜岭镇西溪村真君殿会期、4 月 28 日澄潭镇关帝庙会期。

图 29.19　浙江省最大的道观之一重阳宫

2. 利用现状

从利用类型看，穿岩旅游风景区开发利用程度较好，交通较便利，生态环境保护状况良好。

参 考 文 献

[1] 吴因业，冯荣昌，岳婷，姚根顺，张惠良，马立桥. 浙江中西部永康盆地及金衢盆地白垩系冲积扇特征. 古地理学报，2015，17（2）：160～171.

[2] 董传万，竺国强，俞仲辉，高善坤. 浙江新昌硅化木赋存地层岩石学与古生态环境研究. 浙江大学学报（理学版），2002，29（2）：202～208.

[3] 董传万，竺国强，银薇. 浙江新昌早白垩世盆地中硅质岩石的地球化学特征与成因. 浙江大学学报（理学版），2003，30（2）：230～235.

第 30 章　龙游三叠岩

30.1　基 本 信 息

1. 名称及保护性命名

龙游三叠岩位于浙江省衢州市龙游县，现名龙游三叠岩。从保护性命名看，其丹霞地貌区 2013 年被列为省级风景名胜区。

2. 概况（面积高程/位置/行政区划/交通）

龙游三叠岩其丹霞地貌区面积为 $40km^2$。从高程看，其最低海拔 160m，最高海拔 440m，一般海拔 300～400m。中心点坐标 119°17′54″E、29°0′40″N。

在政区位置上，龙游三叠岩位于浙江省衢州市龙游县湖镇镇。在对外交通上，在航空领域，龙游县距衢州机场、金华机场和义乌机场较近；在铁路领域，龙游火车站乘 1 路或 2 路公交车可直达龙游三叠岩；在公路交通领域，沪杭、杭金衢高速可直达，距杭州 180km，距金华 60km，距衢州 30km。

30.2　地 质 数 据

1. 地质概况[1, 2]

龙游三叠岩位于金衢盆地，该盆地东西长约 200km，南北宽约 20km，面积约为 $4000km^2$。其形成于早白垩世晚期至晚白垩世结束。红层时代初始沉积于早白垩世，沉积结束于白垩纪末。图 30.1 为金衢盆地地质简图[1, 2]。

2. 地层描述[1, 2]

从地层特征看：K_1j 金华组在龙游三叠岩分布于上白垩统的金华组二段之中，该段岩性较粗，以棕红、浅棕红色粉砂岩、细砂岩为主，还有灰白色厚层状砂岩，夹含砾砂岩和砂砾岩透镜体，单层厚度 0.3～2.0m，岩相变化大，并且常具明显的交错层理。岩性为浅灰紫色薄层粉砂质泥岩、泥质粉砂岩、粉砂岩夹细砂岩及灰绿、浅灰、灰黑色泥岩。以浅灰色薄层粉砂质泥岩与下伏中戴组整合，下方以紫红色薄层状粉砂岩夹细砂岩与上覆衢县组均呈整合接触[1]。

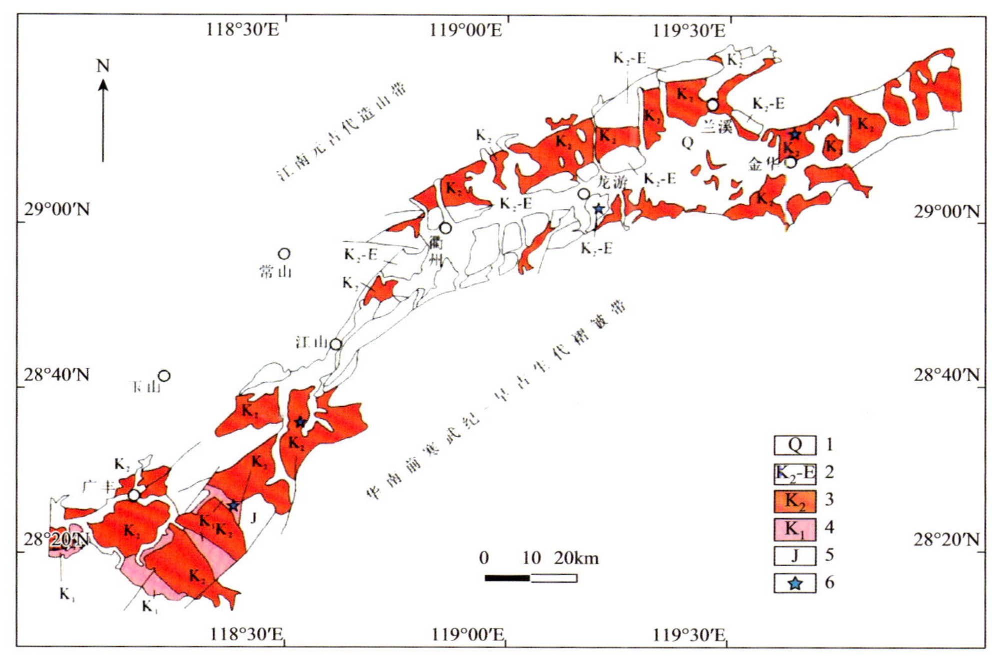

图 30.1　金衢盆地地质简图[1,2]

该区有河湖相与洪积相（图 30.2），洪积相见洪积砾岩，下部偶见冲刷构造。河床相中砾石发育，磨圆度一般。河漫滩-河间洼地相可见细粒粉砂岩、黏土岩。湖盆相以粉砂岩、黏土岩为主，见水平层理。

图 30.2　龙游三叠岩河湖相沉积

3. 岩性描述[1,2]

从砾岩、砾砂岩特征看，其砾石粒径超过 20mm，砂质粒径以 0.3～2.0mm 为主。碎屑物成分主要为岩屑（70%）、石英（17%）和长石（3%）。砾石成分为岩屑和粗大的石英碎屑。胶结物占 20%，主要为黏土矿物和细粉砂混合而成的杂基（图 30.3）。结构构造为砂状结构。砾岩体抗压强度为 43.53MPa。地貌表现为丘陵缓坡。此次采样点位于三叠岩景区大门入口 500m 路旁。试验数据表明砾状结构的砾石之间为砂状结构，碎屑物分选差，磨圆度差，以次棱角状为主，少数为次圆状（图 30.4）。

图 30.3　龙游三叠岩砾岩岩相

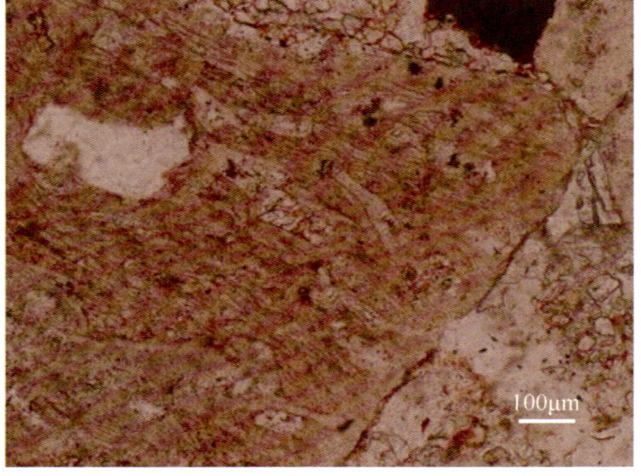

图 30.4　龙游三叠岩砾岩偏光显微镜照片

从砂岩特征看，其粒径多为 0.08～0.20mm。碎屑成分占 75%，主要成分有石英 64%、长石 10%、白云母 1%。填隙物占 25%，为铁质胶结物和黏土杂基，少量钙质胶结物（分布不均）。黏土杂基已重结晶为正杂基。结构呈细粒砂状结构（图 30.5）。砂岩体抗压强度为 33.99MPa。地貌多为石窟和洞穴。采样点位于三叠岩凹槽洞穴附近。试验数据表明细粒砂状结构中碎屑物分选好，粒径个别达 0.3mm，磨圆度差，以次棱角状为主（图 30.6）。

图 30.5　龙游三叠岩砂岩岩相

图 30.6　龙游三叠岩砂岩偏光显微镜照片

4. 构造描述[1, 2]

龙游三叠岩的大地构造位置位于赣杭构造带，其主要构造线为江绍大断裂。该区地层褶皱发育较差，仅有一些比较平缓的短轴状背、向斜和鼻状构造等。断层主要在龙游石窟以北 5km 处，发育有下章断裂。

就构造而言，金衢盆地的白垩纪巨厚层红色岩层所受构造作用不大，所以岩体相当完整，属于整体块状结构。就结构而言，由于该处岩层的组成颗粒较细、岩体均质、泥质含量并不很高，且含有少量铁质，因而风化深度较浅。从衢州市北至兰溪市横山下近百千米的衢江北岸，都是这种浅丘陵状红色岩层。但在金衢盆地的东部，上白垩统岩性发生变化，岩石组成的颗粒变粗，而且在颜色上也不及石窟所在地区艳丽。

30.3　地 貌 属 性

1. 地貌单元[1, 2]

龙游三叠岩在大地貌单元上地处浙西丘陵地带，在大地貌部位上属于浙江省西部。地势从西南向东北下斜伸展。其总体特征是龙游县地貌南北高，中部低，呈马鞍形。中部为金衢盆地一部分，呈红色残丘及冲积平原。北部和南部为低山丘陵区。境内山脉沿金衢盆地南北两侧分布，北部属千里岗山脉余脉，由古生界及中生界褶皱山组成；南部属仙霞岭山脉余脉，由断裂构造控制断块山组成，以火山岩为主。千里岗山脉分布在龙游县北与建德市交界处，呈北东走向。仙霞岭山脉分布在龙游县境南部、西南部或东南部，自龙游县西南与衢江遂昌交界处入境。

2. 地貌类型

依据岩性，龙游三叠岩分布于上白垩统的金华组二段之中。依据产状为近水平层理和微缓倾斜层理（图 30.7）。

图 30.7　龙游三叠岩近水平层理和微缓倾斜层理

依据外动力，龙游三叠岩在气候上属于亚热带季风气候，依据主动力，该区流水侵蚀明显。

依据形态，该区正地貌坡面和人工切坡明显，有崩积体和崩积物。负地貌有崖壁岩槽、扁平槽穴、崖壁凹槽、顺层凹槽。丹霞洞穴有侵蚀风化穿洞、扁平洞穴、穿洞（图 30.8）。

该区多丹霞丘陵，在发育阶段上属于中年期丹霞地貌（图 30.9）。

3. 坡面特性

龙游三叠岩陡崖的最大高度是 400m，一般高度约 350m，陡崖最大坡度为 90°，一般坡度为 30°～70°（图 30.10）。坡面形态为平直型、波浪型、横向槽脊型，边角特征以圆化型为主，人工切面呈棱角型。

三叠岩凹槽

洞穴

图 30.8　龙游三叠岩负地貌丹霞景观

图 30.9　龙游三叠岩中年期丹霞地貌

图 30.10　三叠岩陡崖

4. 重要景观

标志性景观主要有洞穴，寺庙。个性化景观有三叠岩寺庙（图 30.11）。地貌造型多顺层凹槽。综合景观为三叠洞天（图 30.12）。

图 30.11　三叠岩寺庙

图 30.12　三叠洞天

30.4　自然地理环境

1. 自然环境

龙游三叠岩的气候类型属于亚热带季风气候，1 月均温 5.0℃，7 月均温 28.8℃，年均温 17.1℃，年降水量 1602.6mm。河流主要有衢江，其流域面积 6030km^2，总径流量 121.8×10^{8}m^3，区内流程 11.6km，丰水期 4～6 月。衢江上起衢州市常山港、江山港合流的双港口，下迄兰溪市西南横山纳金华江接兰江，是浙江省衢州市的母亲河，上承徽州文化，下接金华八婺，孕育出别具特色的三衢文化。社阳溪的流域面积 35km^2，总径流量 8×10^8m^3，丰水期 4～7 月。社阳溪属衢江支流，发源于青莲山分水岭，向北在河村流入衢江。

龙游县土壤总面积 1 474 123 亩。其类型分为 5 土类，12 亚类，43 土属，106 土种。其中红壤类 796 402 亩，占总土壤面积 54.03%；黄壤类 123 854 亩，占 8.40%；岩性土 85 442 亩，占 5.80%；潮土 38 986 亩，占 2.64%；水稻土 429 439 亩，占 29.13%。

该区植被类型属中亚热带东部常绿阔叶林亚带。植物种类有 60 科 139 种。有北部的浙皖山丘青岗、苦槠植被区和南部的浙闽山丘甜槠、木荷植被区。动物种类方面，具有经济价值的野生动物主要有 35 种（兽类 31 种，禽类 4 种）。特色动物，被国家列为 I 级保护的有老虎、黑麂、花山鸡 3 种；属 II 级保护的有穿山甲、大灵猫、小灵猫、獐、苏门羚、白乌 6 种，另外还有多种一般保护动物。

其综合自然地理环境见图 30.13。从自然环境变化状况看，该区森林覆盖率达 80% 以上。砂岩裸岩区有水土流失与荒漠化迹象。红层生态问题主要是外围林木的破坏与人工林化。

图 30.13　三叠岩综合自然地理景观

2. 地质环境

该区地质环境主要有崩塌灾害，岩洞内上覆岩层有临空崩塌现象。该景区范围内不具备发生泥石流的条件。对安全具有较大威胁的主要地质灾害是崩塌或落石，滑坡灾害主要发生在修路和建筑人工切坡处，一般规模较小。其他地质环境问题有洞内渗水和洞室积水（图 30.14）。

图 30.14　洞穴内渗水

30.5　地方文化及开发利用

1. 地方文化

三叠岩所在龙游县，汉族最多，其次为畲族，还有蒙古族、回族、苗族、壮族、满族等。其宗教是佛教。史迹有护国禅寺与摩崖石刻（图 30.15）。民俗活动有祭祖、小儿走马灯、龙板灯、甘蔗龙舞、草龙舞等。

图 30.15　护国禅寺与摩崖石刻

2. 利用现状

从利用类型看，该区未作旅游开发，但已修建寺院。其对外交通条件尚可，生态环境保护状况良好。

参考文献

[1]　中华人民共和国地质矿产部，浙江省地质矿产局. 浙江省区域地质志. 北京：地质出版社，1989.

[2]　吴因业，冯荣昌，岳婷，等. 浙江中西部永康盆地及金衢盆地白垩系冲积扇特征. 古地理学报，2015，17（2）：160～171.

第31章　龙游石窟

31.1　基本信息

1. 名称及保护性命名

龙游石窟位于浙江省衢州市龙游县小南海镇石岩背村，现名龙游石窟。从保护性命名看，1998年被评为浙江省级风景名胜区，2003年被评为国家AAAA级旅游景区，2005年被列为浙江省重点文物保护单位，2013年被列为全国重点文物保护单位。

2. 概况（面积高程/位置/行政区划/交通）

龙游石窟景区面积1.5km^2，其丹霞地貌区面积为0.38km^2。

在政区位置上，龙游石窟位于浙江省衢州市龙游县小南海镇石岩背村，衢江北岸3km处的凤凰山麓。在对外交通，距千岛湖1小时车程，距大慈岩、诸葛八卦村、灵栖洞半小时车程，在水路领域，一江一港，即衢江和龙游港。

31.2　地质数据

1. 地质概况

龙游石窟位于金衢盆地，地质概况与三叠岩相同。

2. 地层描述

龙游石窟的地层描述详见30.1节三叠岩的地层描述。图31.1为石窟中的河湖相沉积。

图31.1　龙游石窟河湖相沉积

3. 岩性描述[1, 2]

从砾岩、砾砂岩特征看：其砾石粒径超过 20mm，颜色呈红褐色。碎屑物成分与三叠岩处的砾岩、砾砂岩相近，采样点位于石窟出口处（图 31.2），试验数据也与三叠岩处的采样试验数据相近，图 31.3 为岩芯的偏光显微镜照片。

图 31.2　龙游石窟出口处砾岩岩相

图 31.3　龙游石窟砾岩偏光显微镜照片

从砂岩特征看，其与三叠岩处采样砂岩特征相近，图 31.4 为石窟砂岩岩相，图 31.5 为其偏光显微镜照片。

图 31.4　龙游石窟砂岩岩相

图 31.5　龙游石窟砂岩偏光显微镜照片

4. 构造描述[1, 2]

龙游石窟的大地构造位置同三叠岩相同，位于赣杭构造带，而龙游石窟发育主要为北东向节理。

就构造而言，详见 30.2 节的构造描述。

31.3　地 貌 属 性

1. 地貌单元[1, 2]

龙游石窟在大地貌单元上地处浙西丘陵地带，与三叠岩处于同一地貌单元。

2. 地貌类型

依据产状是为水平层理和斜层理，图 31.6 为石窟水平层理和斜层理。

图 31.6　龙游石窟水平层理和斜层理

依据外动力，龙游石窟在气候上属于亚热带季风气候，该区气候较湿热，降水丰富，导致龙游石窟洞内常渗水积水。

发育阶段看，该区属于中年期丹霞地貌（图 31.7）。

图 31.7　龙游石窟中年期丹霞地貌

3. 重要景观

龙游石窟标志性景观主要是石窟和石雕（图 31.8）。

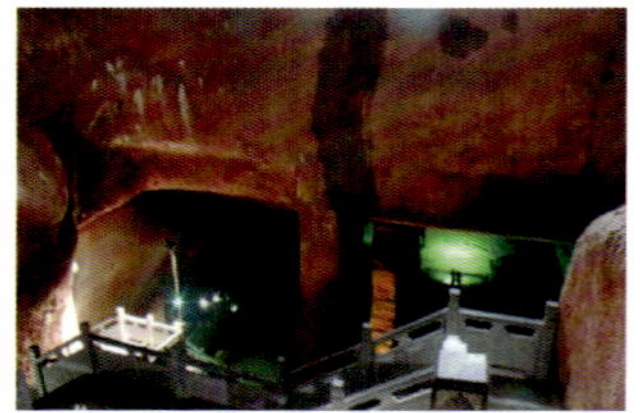

图 31.8　龙游石窟

31.4　自然地理环境

1. 自然环境

石窟的气候条件与三叠岩相近。除衢江外，灵山江在龙游境内流域面积 367.6km^2，

总径流量 $9.396\times10^8 m^3$，区内流程88km，丰水期7～9月。灵山江也称灵山港，旧名薄里溪、泊鲤溪、灵溪等，为龙游县境内衢江第一大支流。发源于遂昌县高坪乡和尚岭，至马戍口村入衢州市境，于龙游县城驿前汇入衢江，主流总长88km。

该地区土壤类型、植被类型、动物类型详见30.4节。图31.9为龙游石窟的综合景观。

图31.9 龙游石窟综合景观

2. 地质环境

该区地质环境主要有崩塌灾害。地震活动性较小，地震基本烈度小，场地基本稳定，洞室基本稳定。该景区范围内不具备发生泥石流的条件。对安全具有较大威胁的主要地质灾害是崩塌或落石。滑坡灾害主要发生在修路和建筑人工切坡处，一般规模较小。其他地质环境问题有围岩风化变形（图31.10）。

图31.10 围岩开裂

31.5 地方文化及开发利用

1. 地方文化

龙游石窟地区的地方文化与龙游其他地区的文化相近，详见 30.5 节，图 31.11 为龙游石窟的竹林禅寺，图 31.12 为当地的典型民俗风情。

图 31.11 龙游石窟竹林禅寺

图 31.12 龙游“年猪饭”传统民俗风情

2. 利用现状

从利用类型看，龙游石窟已作旅游开发，对外交通便利，生态保护状况良好。

参考文献

[1] 中华人民共和国地质矿产部，浙江省地质矿产局. 浙江省区域地质志. 北京：地质出版社，1989.

[2] 吴因业，冯荣昌，岳婷，等. 浙江中西部永康盆地及金衢盆地白垩系冲积扇特征. 古地理学报，2015，17（2）：160～171.

第 32 章　衢州烂柯山

32.1　基 本 信 息

1. 名称及保护性命名

衢州烂柯山位于浙江省衢州市柯城区，现名衢州烂柯山，别名信安山、石室山、悬室山、石桥山、空石山、柯山。从保护性命名看，其丹霞地貌区 1998 年被评为省级风景名胜区，2013 年被列为国家级重点文物保护单位。

2. 概况（面积高程/位置/行政区划/交通）

衢州烂柯山景区面积 10.38km^2，其丹霞地貌区面积为 1.0km^2。从高程看，其最低海拔 70m，其最高海拔 164m，其一般海拔 80～130m。其经纬度范围北至 118°56′00″E、28°53′28″N，南至 118°55′43″E、28°52′25″N，东至 118°56′31″E、28°53′04″N，西至 118°55′06″E、28°53′07″N，中心点坐标 118°55′46″E、28°52′56″N。

在政区位置上，衢州烂柯山位于浙江省衢州市柯城区石室乡。在对外交通上，在航空领域，从义乌机场可直接上 G60（杭金衢高速）到衢州路口转车，在铁路领域到衢州高铁站转车，在公路领域，从杭金衢高速公路到衢州出口转车即可。

32.2　地 质 数 据

1. 地质概况[1, 2]

衢州烂柯山位于金衢盆地，概况详见 30.2 节。

2. 地层描述[1, 2]

地层与三叠岩相近，详见 30.2 节。图 32.1 为烂柯山的洪积相沉积。

3. 岩性描述[1, 2]

烂柯山的砾岩采样点位于柯山大桥旁。试验数据表明，在砾石之间有砂状结构，碎屑物分选差，磨圆度差，以次棱角状为主，少数为次圆状（图 32.3）。

砂岩的采样点位于烂柯山天生桥下方（图 32.4）。试验数据表明，其特征同样是细粒砂状结构的碎屑物分选好，粒径多为 0.08～0.20mm，个别达 0.3mm，磨圆度差，以次棱角状为主（图 32.5）。

图 32.1　衢州烂柯山洪积相沉积

图 32.2　衢州烂柯山砂砾岩

图 32.3　衢州烂柯山砂砾岩偏光显微镜照片

图 32.4　衢州烂柯山砂岩

图 32.5　衢州烂柯山砂岩偏光显微镜照片

4. 构造描述[1, 2]

衢州烂柯山的大地构造位置位于赣杭构造带。其主要构造线包括了江绍大断裂和常山-滴渚大断裂，如图 32.6 所示。

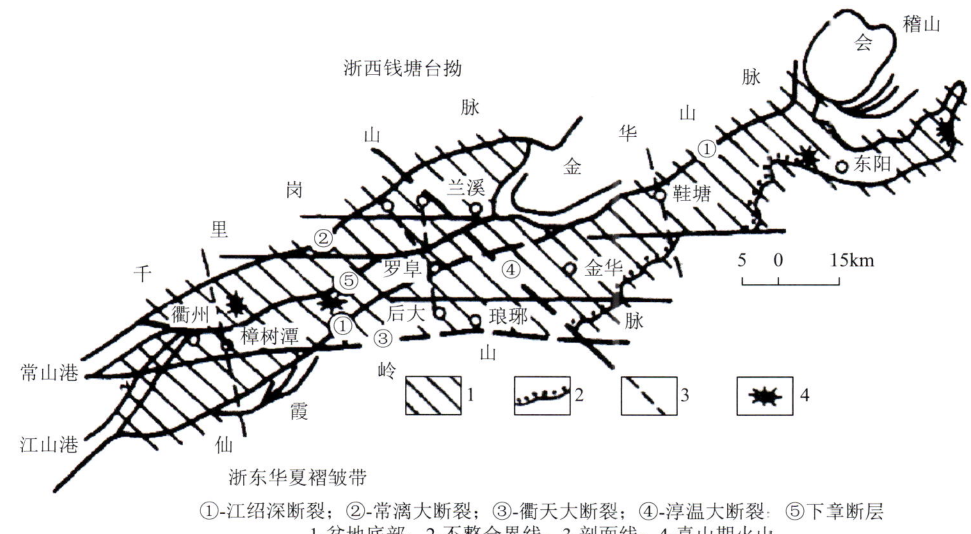

图 32.6　金衢盆地地质构造略图（根据 1∶20 万地质图编绘）

32.3　地 貌 属 性

1. 地貌单元[1, 2]

衢州烂柯山在大地貌单元上地处浙西丘陵地带。其总体特征上，衢州地质构造属江南古陆南侧、华夏古陆北缘，即跨越两个一级构造单元，中部为钱塘江凹陷地带。地势特征为南北高，中部低，西部高，东部低，中部为浙江省最大的内陆盆地——金衢盆地的西半部，自西向东逐渐展宽。境内平原占 15%、丘陵占 36%、山地占 49%。北部为千里岗山脉、西部为怀玉山脉、南部为市内最大山脉——仙霞岭山脉，衢州的最高点为江山市的大龙岗，海拔 1500m。

2. 地貌类型[1, 2]

依据岩性，衢州烂柯山以砾岩、砂砾岩丹霞为主，有砾岩层、砂砾交互层、砂岩层。依据产状，为近水平层理和微缓倾斜层理（图 32.7）。

图 32.7　衢州烂柯山近水平层理和微缓倾斜层理

依据外动力，衢州烂柯山在气候上属于亚热带季风气候，主动力为流水侵蚀，易导致洞内渗水积水。

依据形态，其正地貌坡面类型有缓坡、丘陵、崩积体、崩积物（图 32.8）。负地貌有崖壁岩槽、扁平槽穴、崖壁凹槽、顺层凹槽、丹霞洞穴、天生桥、扁平洞穴、穿洞（图 32.9）。其群体形态属于丹霞低矮丘陵。

图 32.8　烂柯山丘陵

穿洞　凹槽

天生桥

图 32.9　烂柯山负地貌丹霞景观

该区从发育阶段看属于老年早期丹霞地貌（图 32.10）。

图 32.10　烂柯山老年早期丹霞地貌

3. 坡面特性

衢州烂柯山陡崖的最大高度是30m，一般高度10m，陡崖最大坡度90°，一般坡度30°～70°。坡面形态呈平直型、波浪型、圆滑型、横向槽脊型，边角特征以圆化型为主（图32.11）。

图 32.11　圆化型丹霞坡面

4. 重要景观

标志性景观主要有天生桥。个性化景观有忠壮陵园、梅岩、赤松岩、宝岩寺、崇文洞、樵隐岩（图32.12）。典型的地貌造型如一线天（图32.13）。综合景观是烂柯山天生桥景观（图32.14）。

梅岩

宝岩寺

图 32.12　烂柯山个性化景观

图 32.13　烂柯山一线天

图 32.14　烂柯山天生桥景观

32.4　自然地理环境

1. 自然环境

衢州烂柯山的气候类型属于亚热带季风气候，1 月均温 5.2℃，7 月均温 29.1℃，年均温 17.3℃，年降水量 1666.7mm。河流主要有乌溪江为衢江右岸支流，发源于福建浦城仙霞岭山脉的大福罗峰东麓东坡（海拔 1250m），在浙江衢州流入衢江。乌溪江流域面积 2577.3km^2，总径流量 29.4×10^{8}m^3，区内流程 15km，丰水期 4～6 月。

衢州烂柯山土壤类型有 5 个土类，从衢江沿岸到丘陵山地依次为潮土、水稻土、红壤、黄红壤、黄壤。岩性土因受母岩影响，穿插分布于各地。

该区植被类型有针叶林、常绿阔叶林、落叶-常绿混交林、针阔混交林、竹林、常绿落叶灌木丛、草灌丛、经济林。附近有维管束植物 190 多科，1900 种，其中木本植物有 779 种（包括 109 个栽培种），隶属于 93 科 273 属。裸子植物有 9 科 22 属 40 种，其中野生种类 10 种，隶属于 4 科 9 属。被子植物有 1600 多种，其中木本植物 715 种（包括引种栽培 71 种），隶属于 84 科 257 属。特色植物有国家 Ⅰ 级保护树种 3 种，即南方红豆杉、香果树、银杏，Ⅱ级保护树种 8 种，即花榈木、杜仲、浙江楠、鹅掌楸、凹叶厚朴、榉木、金钱松、七子花。

衢州地区有野生动物四大类 140 余种，其中两栖类 10 余种，爬行类 30 种，哺乳类 50 种，鸟类 50 种。特色动物：被国家列为 Ⅰ 级保护的野生动物有云豹、黑麂、白颈长尾雉、黄腹角雉；属Ⅱ级保护的野生动物有猕猴、大灵猫、小灵猫、斑羚、穿山甲、白鹇、雕、鸢及其他鹰类。

图 32.15 为烂柯山附近的综合景观。

图 32.15　乌溪江引水灌溉工程，被誉为“江南的红旗渠”

2. 地质环境

该区地质环境灾害主要有崩塌灾害，即岩洞内上覆岩层的临空崩塌。对安全具有较大威胁的地质灾害主要是崩塌或落石，滑坡灾害主要发生在修路和建筑人工切坡处，一般规模较小，图 32.16 为水土流失情况，主要原因是坡面风化。

图 32.16　坡面风化层易水土流失

32.5　地方文化及开发利用

1. 地方文化

衢州烂柯山地区基本上都是汉族。其宗教是道教与佛教，相关建筑有日迟亭与天生桥石碑（图 32.17）。烂柯山上名胜古迹有忠壮陵园、我来补亭、牛岩、宝严教寺、石桥寺、战龙松、五指樟、碧桃花、徐徵言祠、徐可求墓、柯山书院等。

图 32.17　日迟亭与天生桥石碑

2. 利用现状

烂柯山是旅游开发区，对外交通条件较好。

参 考 文 献

[1]　中华人民共和国地质矿产部，浙江省地质矿产局.浙江省区域地质志. 北京：地质出版社，1989.

[2]　吴因业，冯荣昌，岳婷，等. 浙江中西部永康盆地及金衢盆地白垩系冲积扇特征. 古地理学报，2015，17（2）：160～171.

第33章 汤 江 岩

33.1 基 本 信 息

1. 名称及保护性命名

汤江岩位于浙江省中部绍兴市诸暨市，现名汤江岩，别名汤官岩。从保护性命名看，其丹霞地貌区1985年被评为省级风景名胜区，2003年被列为国家级风景名胜区。

2. 概况（面积高程/位置/行政区划/交通）

汤江岩其丹霞地貌区面积为 52.8km^2。从高程看，其最低海拔 160m，其最高海拔440m，其一般海拔300～400m。其经纬度范围北至120°6′34″E、29°33′40″N，南至120°7′6″E、29°33′7″N，东至120°7′13″E、29°33′23″N，西至120°6′26″E、29°33′27″N，中心点坐标120°6′51″E、29°33′23″N。

在政区位置上，汤江岩位于浙江省中部绍兴市诸暨市安华镇汤村。该区对外交通上，在航空领域，临近杭州萧山机场，在铁路领域临近浙赣铁路，在公路交通领域，该区有330国道、39省道、35省道、大永线、东永高速。

33.2 地 质 数 据[1]

1. 地质概况

汤江岩位于金衢盆地的诸暨次级盆地，该盆地面积约216km^2。其形成于晚侏罗世末至早白垩世，本区构造应力场由晚侏罗世的北西-南东向挤压，转为早白垩世的北东-南西向挤压和北西-南东向构造的拉张，发育了永康早白垩世断拗盆地。红层时代初始沉积于早白垩世，沉积结束于白垩纪末。

2. 地层描述

从地层特征看，K_1q 衢县组为块状砾岩、砂砾岩、含砾砂岩、粉砂岩、泥岩，厚1000～2361m；K_1j 金华组为粉砂质泥岩、泥质粉砂岩，夹细砂岩、粗砂岩，厚度800～2125m。K_1z 中戴组为块状砾岩、砂砾岩，夹砂岩、粉砂岩、粉砂质泥岩，厚度120～800m。

衢县组在盆地内总体呈东、西部粗，中部较细，以棕褐色厚层块状泥质粉砂岩为主，夹较多薄至厚状钙质粉砂岩、细砂岩。东部及龙游-衢江一带较粗，以棕红色厚层、块状粉砂岩、粉细砂岩为主，夹较多厚层状砂岩、砂砾岩。粗、细二者在游埠镇西柴埠头-余家垅一带呈明显的相变关系。衢县组以棕红色中厚层、厚层状砂岩、粉砂岩与下伏金华组呈整合渐变接触。

金华组以棕褐色厚层块状泥质粉砂岩、粉砂质泥岩、泥岩为主，夹薄至中厚层状钙质粉砂岩和少量细砂岩，岩性较粗。盆地北部顶部有时夹异常灰绿、灰黑色泥岩或粉砂质泥岩，底部则常夹灰绿、灰黑色泥岩、泥灰岩（局部见白云质泥岩），层数不等。在盆地南部，顶部和底部的暗色夹层则比较少见，仅见薄层或一些条带。金华组与上覆的衢县组均呈整合接触，底部以浅灰紫色薄层粉砂质泥岩与下伏中戴组的紫红色薄层状粉砂岩夹粉砂岩呈整合接触。

中戴组的岩性为紫红色厚层块状砾岩、砂砾岩、细砂岩、粉砂岩夹粉砂质泥岩，下部偶夹火山岩。北部以棕褐、棕红色块状砾岩为主夹粉砂岩、泥质粉砂岩或两者成互层，与下伏地层呈不整合接触，厚度 120～300m，而南部出现 2 层块状砾岩夹泥质粉砂岩，厚度 500～700m。顶部则以紫红色细砂岩、粉砂岩与金华组灰紫色薄层状粉砂质泥岩呈整合接触，北部厚度一般为 340～460m，其他地区为 600～800m。

河湖相和洪积相可见洪积砾岩，图 33.1 可见汤江岩冲积扇相的基本层序。

图 33.1 汤江岩冲积扇相基本层序

3. 岩性描述

从砾岩（火山碎屑岩）特征看，其晶屑粒径为 0.3～3.0mm，分选差，磨圆度差，多呈棱角状（图 33.2）。其颜色呈深褐色，碎屑成分中晶屑占 20%，成分为石英和长石。石英晶屑可见熔蚀边，长石晶屑可见阶梯状断口。该岩体重结晶作用较强，原始结构改造很强，很多原始成分已难以识别。镜下鉴定发现胶结物晶屑之间的充填物占 80%，主要为细小的长英质，晶体界线不清，光性模糊，具粒状变晶结构，含较多极其微小的尘点状包裹体（这些包裹体中部分是细小的铁质氧化物），表面很混浊。这些长英质是火山物质重结晶的产物。结构为火山碎屑结构（晶屑结构）。砾岩单轴干抗压强度 117.92MPa，抗风化能力较强。地貌表现多为正地貌。采样点位于汤江岩星月洞口砾岩。试验数据表明，火山岩中的长石晶屑具阶梯状断口，火山碎屑岩晶屑之间的火山物质具粒状变晶结构，含较小的尘点状包裹体，表面很浑浊。

图 33.2　火山碎屑岩

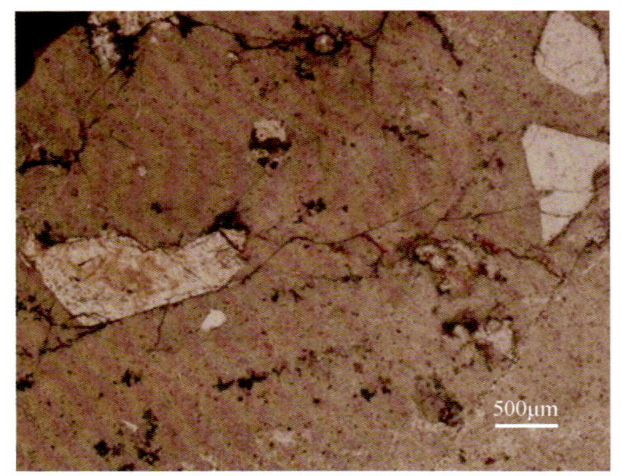

图 33.3　火山碎屑岩偏光显微镜照片

从砂岩特征看，其晶屑粒径多为 0.15～2.0mm，为凝灰级火山碎屑物，个别达 3mm，（图 33.4）。其颜色呈红色。碎屑成分晶屑占 60%，成分为石英和长石。石英晶屑常见熔蚀边，形态呈双锥状或短柱状，锥面较发育，柱面很短，为高温石英（β-石英）。长石晶屑可见阶梯状断口，以斜长石为主，少量条纹长石。岩屑数量很少（＜1%），为较为典型的熔结凝灰岩岩屑，主要由塑变玻屑组成。该岩体隐约可见的玻屑具有变形和定向的特征，局部隐约可见浆屑。这些特征预示着该岩石可能是流纹质熔结凝灰岩。胶结物晶屑之间的充填物占 40%，为非常细小的火山物质。隐约呈现玻屑的特征，可能以玻屑为主。结构呈凝灰结构。抗压强度较坚硬，单轴干抗压强度 84.28MPa；抗风化能力较强。地貌多为正地貌。采样点位于汤江岩景区门口公路边砂岩。试验数据表明，流纹质凝灰岩中的晶屑分选差，磨圆度差，多呈棱角状，斜长石晶屑具聚片双晶，有的断口呈阶梯状。流纹质凝灰岩中的熔结凝灰岩岩屑主要由塑变玻屑组成（图 33.5）。

图33.4 砂岩

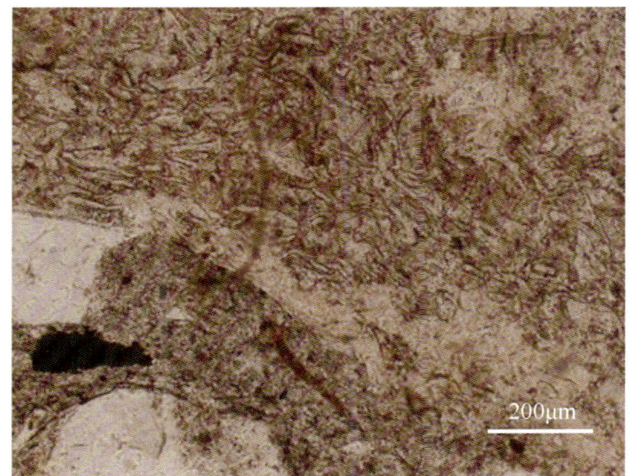

图33.5 砂岩偏光显微镜照片

从火山岩特征看，其晶屑粒径多为0.3～2.0mm，为凝灰级火山碎屑物，个别达4mm，（图33.6，图33.7）。浆屑呈弯曲的条带状，条带宽窄变化较大，宽度从不足0.1mm到1.5mm不等，长度从不足0.5mm至超过10mm不等。颜色呈深褐色。矿物成分晶屑占20%，成分为石英和长石。晶屑碎裂程度不等，有的碎裂微弱过渡为斑晶。浆屑占70%，边缘多具有梳状结构，其中心多充填较粗大的它形粒状石英（可能是硅化的产物）。有的则呈透镜状。由于脱玻化作用，浆屑的边缘非常模糊，很难识别其具体边界。胶结物晶屑、浆屑之间充填的火山物占10%，可见清晰的球粒结构，由纤维状长英质环绕某一中心呈放射状生长构成。结构呈熔结凝灰结构，假流纹构造。单轴干抗压强度167.57MPa，抗风化能力较强。地貌表现为正地貌。采样点位于汤江岩星月洞口火山岩。试验数据表明，熔结凝灰岩为假流纹构造，含较多浆屑（又称塑性岩屑）熔结，由塑变玻屑、浆屑和晶屑构成，石英晶屑具熔蚀边，为短柱状高温石英（图33.8）。

图 33.6　火山岩

图 33.7　流纹质凝灰岩

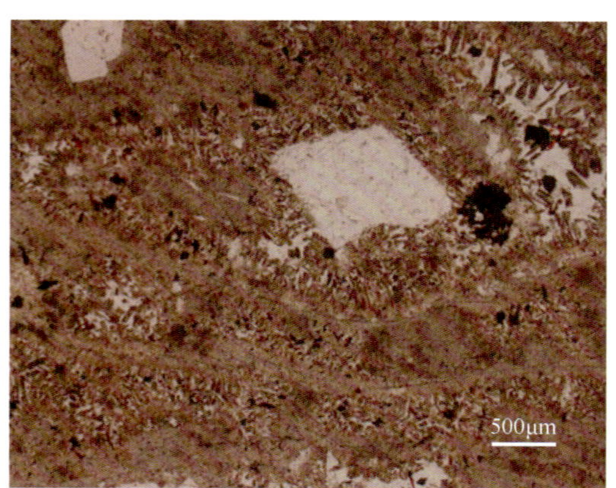

图 33.8　流纹质凝灰岩偏光显微镜照片

4. 构造描述

汤江岩的大地构造位置位于华南褶皱系构造单元。其主要构造线在早白垩世自东南往北西、倾向北西的张扭性断裂形成斜列式阶梯状断裂。该区地层为北东向的宽缓背向斜褶皱。断层有北东向江山-绍兴深断裂和丽水-余姚深断裂、东西向衢州-天台大断裂、北西向淳安-温州大断裂。节理有近南北向、近东西向、北东-南西向和北西-南东为主的密集节理群组。

晚侏罗世末至早白垩世，本区构造应力场由晚侏罗世的北西-南东向挤压，转为早白垩世的北东-南西向挤压和北西-南东向的拉张，自南东往北西，由一系列倾向北西的张扭性断裂，形成斜列式阶梯状断裂，构成永康早白垩世断拗盆地；第一级剥夷面形成于古近纪末，第二级剥夷面形成于第四纪中期。

33.3 地 貌 属 性

1. 地貌单元

汤江岩在大地貌单元上属浦江盆地，在大地貌部位上属于丹霞地貌，位于武夷山脉侧面的山间盆地。地势西高东低。

2. 地貌类型

依据岩性，汤江岩以砂砾岩和火山流纹质熔结凝灰岩丹霞为主。依据产状，主要呈近水平岩层发育的丹霞地貌坡面形态（图33.9）。

图33.9 近水平岩层发育的丹霞地貌坡面形态

依据外动力，汤江岩在气候上属于湿润区丹霞，依据主动力，流水是塑造主动力。流水、风化和重力作用都是重要的常规动力，纵横交错的节理为岩层的风化和崩落奠定了基础，植物、流水、冰等常沿节理进行风化或侵蚀，更加剧风化作用。岩性差异性风化导致崩塌、洞穴及其穿洞的形成。

依据形态，其正地貌崖坡类型主要有层面顶坡、陡崖坡、崩积缓坡，大多数山体均有多级陡缓相间的坡面特点，如丹霞方山、峰丛、石峰、石堡、石鼓及石柱（图 33.10）；山石景观极其丰富，一般陡崖坡下或沟谷均有崩积岩块（图 33.11）。负地貌如丹霞沟谷、峡谷、围谷、深切曲流、宽谷均发育；崖壁岩槽如扁平槽穴、崖壁凹槽、顺层凹槽、崩塌凹槽和扁平岩穴均十分发育。丹霞洞穴与穿洞有壁龛式洞穴、蜂窝状洞穴、侵蚀风化穿洞、扁平洞穴、差异性侵蚀风化穿洞，以灵岩穿洞和洪福寺穿洞最具特色。

图 33.10　丹霞石峰

图 33.11　崩积石

依群体形态，簇群式（组团式）为峰林-峰丛型，其群体组合疏密相间。依发育阶段属壮年早期丹霞（图 33.12）。

图 33.12 壮年早期丹霞

3. 坡面特性

汤江岩陡崖的最大高度是400m，一般高度350m，陡崖最大坡度90°，一般坡度70°～90°（图 33.13）。坡面形态多为平直型、波浪型、横向槽脊型，边角特征以圆化型为主，崩塌面局部呈棱角型。

图 33.13 汤江岩直立陡坡

4. 重要景观

标志性景观主要有赤壁丹崖，簇群式峰林-峰丛。汤江岩的个性化景观以险峰、奇岩、怪石、幽洞及深潭等为主，有险峰六座、奇岩六尊、怪石十六处、幽洞二穴。六座险峰为螳螂峰、石鳌峰、莲花峰、仙掌峰、斗鸡峰、石猴峰。六尊奇岩除汤江岩外，又有飞珠岩、应声岩、玉镜岩、成道岩与归栖岩。十六处怪石为登云石、老鼠石、氓牛石、木鱼石、狮子石、月台石、冰心石、灵龟石、慈航石、龙珠石、罗伞石、开磨石、大刀石、望姑石、梯弄石、屏风石等。幽洞二穴为神仙洞与无心洞。地貌造型主要有赤壁丹崖、丹霞群峰、造型地貌、丹霞洞穴、丹霞裂缝、丹山碧水组合景观。综合景观为汤江岩综合景观（图 33.14）。

图 33.14　汤江岩综合景观

33.4　自然地理环境

1. 自然环境

汤江岩的气候类型属于亚热带季风性气候，1 月均温 5.3℃，7 月均温 29.2℃，年均温 17.9℃，年降水量 1513mm。河流主要有浦阳江，流域面积 2452km^2，总径流量 24.6×10^{8}m^3。区内流程 150km，丰水期 4～9 月。浦阳江为钱塘江右岸支流，古称浣江、潘水，发源于浦江县花桥乡蛇高岭南麓岭脚（海拔 450m），北流至文艳镇汇入钱塘江。安华水库位于汤江岩西侧，水库集水面积 635.2km^2，多年平均径流量 4.5×10^{8}m^3，1993 年完成保坝工程后，总库容为 5880×10^{8}m^3。大陈江流域面积 264km^2，总径流量 5.4×10^{8}m^3，区内流程 37km，丰水期 4～9 月。大陈江，旧称酥溪，发源于义乌市巧溪乡全章岭大坞尖，至诸暨安华镇注入浦阳江。

汤江岩土壤类型为森林赤红壤、山地红壤和山地黄棕壤；农田为水稻土。土壤特点是总体土层较薄，砂粒含量高，含水量低。

该区植被类型有 8 种，暖性针叶林、暖性针阔混交林、落叶阔叶林、常绿落叶阔叶林、常绿阔叶林、竹林、灌丛、水生植被。植物种类有高等植物 61 科 103 属 128 种。特色植物有金发草、丛毛羊胡子草。动物种类有脊椎动物 28 目 71 种 168 属 256 种。特色动物有中国小鲵。

其综合自然地理环境是中亚热带丘陵森林景观（图 33.15）。从自然环境变化状况看，该区森林覆盖率达 80%以上，无水土流失与荒漠化迹象，红层生态问题主要为外围林木的破坏与人工林化。

2. 地质环境

该区地质环境灾害主要有崩塌灾害，如人为开挖矿和坡脚形成的岩块崩塌，而滑坡

图 33.15 汤江岩山水结合

灾害主要出现在人工切坡的坡积物、风化壳上，规模较小。景区范围内不具备发生泥石流的条件，而在砂岩出露地区，风化层厚度较大，地质灾害相对容易发生，出现的灾害主要是滑坡（图 33.16）。

图 33.16 汤江岩地质环境问题

33.5 地方文化及开发利用

1. 地方文化

汤江岩地区基本上都是汉族。其宗教是道教和佛教，该区标志建筑是胡公殿（图 33.17）。史迹有西施故居。民俗活动有三九廿九、清明望囡、庆生做寿。

图 33.17　汤江岩半山腰的胡公殿

2. 利用现状

从利用类型看，该区已作旅游开发和户外拓展基地，景区利用程度较好，外部交通便利，生态环境保护状况良好。

参 考 文 献

[1]　中华人民共和国地质矿产部，浙江省地质矿产局. 浙江省区域地质志. 北京：地质出版社，1989.

第 34 章　金华九峰山

34.1　基 本 信 息

1. 名称及保护性命名

金华九峰山位于浙江省金华市婺城区，现名金华九峰山，别名：龙丘山、芙蓉山、妇人岩。从保护性命名看，其丹霞地貌区 1998 年被评为浙江省级风景名胜区，区内寺平村乡土建筑 2013 年被列为全国重点文物保护单位。

2. 概况（面积高程/位置/行政区划/交通）

金华九峰山其丹霞地貌区面积为 152.8km^2，景区面积 10.38km^2。从高程看，其最低海拔 160m，其最高海拔 306m（葛坞峰），其一般海拔 180～300m。其经纬度范围北至 119°22′46″E、29°01′09″N，南至 119°21′54″E、28°59′31″N，东至 119°23′38″E、29°00′30″N，西至 119°21′38″E、28°59′36″N，中心点坐标 119°22′38″E、28°59′38″N。

在政区位置上，金华九峰山位于浙江省金华市婺城区汤溪镇岩下村和宅口村之间。在对外交通上，在航空领域，出义乌机场直接上 G60（杭金衢高速）义乌路口至金华方向即可，从金华西出口下，按指示牌走，15 分钟可到九峰山风景区。在铁路领域，从金华西站乘坐 K705 路公交车至汤溪镇后，包车前往九峰山风景区。在公路交通领域，上杭金衢高速公路，在金华西出口下高速按指示牌走 15 分钟可到九峰山风景区，从衢州建德方向沿 S315 省道或 G330 国道至下潘转入白汤下线往南按指示牌走，15 分钟也可到九峰山风景区。

34.2　地 质 数 据

1. 地质概况[1]

金华九峰山盆地位于金衢盆地，该地区地质概况详见 30.2 节。

2. 地层描述

该地区形成丹霞地貌的主要地层为金华组地层，岩性为浅灰紫色薄层粉砂质泥岩、泥质粉砂岩、粉砂岩夹细砂岩及灰绿、浅灰、灰黑色泥岩。以浅灰色薄层粉砂质泥岩与下伏中戴组、以紫红色薄层状粉砂岩夹细砂岩与上覆衢县组呈整合接触。

沉积相有河湖相和洪积相，洪积相见洪积砾岩（图 34.1）。

图 34.1　九峰山地区洪积相

3. 岩性描述

从砾岩和砂砾岩看，其砾石大小超过 20mm，颜色呈紫红色（图 34.2）。图 34.3 为岩芯采样的样品照片和抗压强试验照片。碎屑物成分主要为岩屑（70%）、石英（17%）和长石（3%）。砾石成分为岩屑和粗大的石英碎屑。胶结物为黏土矿物和细粉砂混合而成的杂基。砾岩较坚硬，单轴干抗压强度为 76.77MPa，抗风化能力较强。地貌表现为丘陵缓坡。采样点位于达摩峰。试验数据表明，碎屑物分选差，磨圆度差，以次棱角状为主，少数为次圆状（图 34.4）。

图 34.2　砾岩岩相

岩芯样品照片

抗压强度试验照片

图 34.3　岩芯采样和试验照片

图 34.4　砾岩偏光显微镜照片

从砂岩特征看，其晶屑粒径为 0.3～4.5mm，分选差，磨圆度差，多呈棱角状。颜色呈红色（图 34.5）。碎屑成分晶屑占 15%，碎裂程度不等，有的碎裂微弱过渡为斑晶。晶屑成分为石英和长石。石英晶屑可见熔蚀边。胶结物晶屑之间的充填物占 85%，主要有纤维状长英质矿物、微小板条状长石和较粗大的它形粒状石英。纤维状长英质矿物环绕某一中心呈放射状生长构成球粒。微小板条状长石镶嵌于较粗大的它形粒状石英晶体中，构成嵌晶结构。纤维状长英质矿物为火山物质脱玻化的产物。粗大的它形粒状石英晶体可能是硅化作用的产物。结构呈火山碎屑结构（晶屑结构）。岩体较坚硬，单轴干抗压强度为 137.97MPa，抗风化能力较强。地貌表现多为石窟和洞穴。采样点位于金华九峰山入口桥底砂岩。试验数据表明，砂岩中的火山碎屑岩含长石石英晶屑，石英晶屑具有熔蚀边和贝状断口（图 34.6）。

4. 构造描述[1]

金华九峰山的大地构造位置位于赣杭构造带。断层常山-漓渚大断裂沿盆地北侧延伸，直接控制了金衢盆地白垩纪地层的沉积。受区域构造控制，构造盆地沿北东—北北东向发育，自早白垩世燕山运动以来，主体构造线并没有发生大的变动。喜马拉雅运动期间，发生整体性或差异性抬升，发育了众多的多级断裂构造，形成了切割红层的断层和节理，

图 34.5　砂岩岩相

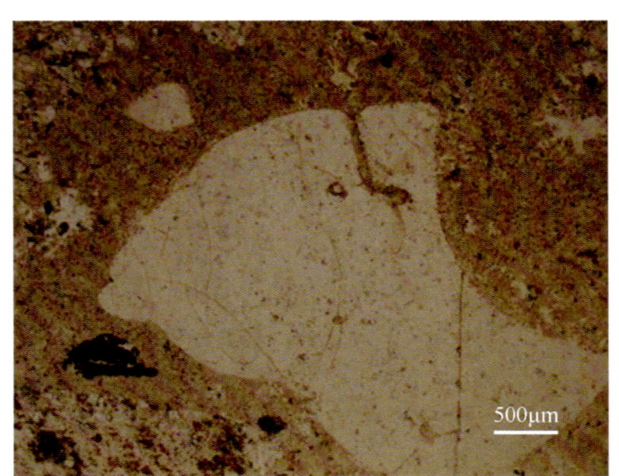

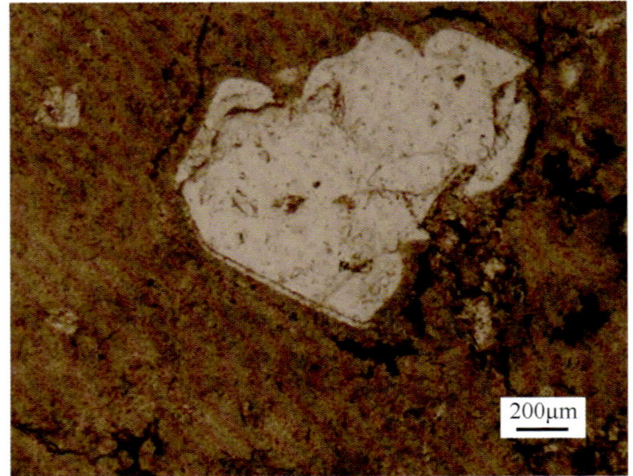

图 34.6　砂岩偏光显微镜照片

主要有北南向、东西向、北西西向断裂，导致主要山体的走向与断裂方向一致。同时，大的盆地发育有多组次级断层和节理，它们成为控制山体走向和轮廓的重要因素，如达摩峰、葛坞峰呈北北东向，牛头峰、寿桃峰近北西向。节理和区域大构造线控制山体总体的排列方向，次级构造线控制了山块的走向、密度和平面形态及巷谷排列方向。受江绍断裂带的影响，金衢盆地南部和北部的山脉走向主要为北北东。沿着九峰栈道左侧，可见多组节理，走向分别为南西向 240°、西向 270°、西向 232°。

34.3　地 貌 属 性

1. 地貌单元

金华九峰山在大地貌单元上地处浙西丘陵地带，在大地貌部位上属于浙江省中西部。

地势从西南向东北下斜伸展。九峰山总体特征是仙霞岭山脉括苍山脉余叉，为丹霞地貌结构，峰石林立，山水相依。

2. 地貌类型[1]

金华九峰山在金衢盆地南缘的冲积扇规模一般较大，空间上，扇体向盆地中心凸起，向两侧扇体厚度减薄，晚期扇体之上叠加河流相沉积。沉积物以砾岩为主，夹有粉砂岩透镜体，成层性较好，单层厚度 0.3～2.0m，岩相变化大，并且常具明显的交错层理。

河流冲积扇和山麓沉积相以砾岩、砂砾岩、砂岩等粗碎屑沉积为主，多以铁质、硅质胶结，岩性坚硬。中戴组属于河流冲积和洪积相沉积，往往以坚硬的厚层和巨厚层状产出，而岩层厚度是丹霞地貌形成的重要控制因素之一。金华峰九峰仙洞区一带，砾石含量高，质地均匀致密，呈块状构造，抗风化、抗侵蚀能力强，形成面积较大的崖壁和山块，而盆地中心以粉砂岩、泥质岩沉积为主，其所含的可溶性物质较多，透水性较差，含水较多，呈薄层状，因抗侵蚀能力弱，常形成红层丘陵。

依据产状，九峰山群峰的岩层产状大都呈水平和近水平（图 34.7）。大部分呈城堡状和石寨山体，部分具有单面山、猪背山特征。

图 34.7　近水平层理和微缓倾斜层理

依据外动力，金华九峰山气候属亚热带季风气候。依据主动力，其流水和风化作用力强。地壳抬升过程中由流水引起的河谷下切、侧向侵蚀、溯源侵蚀，造就了千姿百态的丹霞地貌单体景观和群体形态。流水的侵蚀掏空坡脚的物质，加快重力崩塌的进行，加快岩体分割，促进高大石峰形成，也不断加大沟谷深度和宽度，促进幽深巷谷的出现，如阴阳谷、百花蝶谷。同时，流水蚀去岩体表面的松散物质，使风化得以进行。在九峰山地区，风化作用对丹霞岩体的破坏尤为突出，出露地表的红色碎屑砂砾岩在垂向上的岩性差异而导致抗风化能力的不同，从而使得砾岩等硬性岩层风化剥蚀缓慢，相对凸出成顺层岩额或岩脊，而泥质或砂质软性岩层被风化剥蚀，逐渐向崖壁内凹进而形成顺层岩槽或顺层岩洞。在九峰山九峰仙洞一带崖壁上形成的数量多达 60 个洞穴，最大的是九峰仙洞，最小的直径为 2m，其他丹霞山峰也多见类似的岩槽或岩洞。裂隙和节理为岩层的风化和崩落奠定了基础。节理面是地表流水下渗的最好通道，植物的根劈作用和流水侵蚀沿节理面进行。

九峰山地处我国中亚热带，季风气候特征显著，温暖多雨的季节使地表水沿节理裂隙大量下渗的同时，节理面也受到侵蚀、加宽而扩展。此外，严寒霜冻季节，储藏在节理中的水凝结成冰，体积增大，使节理裂隙逐步扩大，更利于地下水渗透，加快风化作用的进程。

依据形态，本区正地貌多陡坡和山峰，坡面类型多直立陡坡。九峰山山峰由大小马峰、马钟峰、饭甑峰、芙蓉峰、寿桃峰、箬帽峰、牛头峰、达摩峰构成，远望似芙蓉，近看似蜂巢，呈峰林、峰丛、石峰、石崖、石墙、石梁、单面山等形态（图 34.8）。负地貌有崖壁岩槽、扁平槽穴、崖壁凹槽、顺层凹槽。丹霞洞穴有侵蚀风化穿洞、扁平洞穴、穿洞。依群体形态，其山峰由南北向、北西向 320°、近东西向断层切割而成，形成网格状构造（图 34.9）。直到全新世，紫红色岩块被抬升到侵蚀基准面之上，由于流水沿着断裂、垂直节理不断进行侵蚀、下切，形成巷谷型地貌，随着流水沿深沟向下切割侵蚀，山原面 30%～40%保持原始沉积面，山顶呈弧面，发育多方山状（箬帽峰）、城堡状（饭甑峰）、钟状（马钟峰）、尖锥状、石峰状等正地貌和线谷（芙蓉谷）、巷谷（达摩峰）等负地貌，不同类型的山峰群体组合，构成了丹霞地貌最主要的景观。由于该地远离河谷地带，所以发育成丹霞峰丛，地表崎岖峻峭，九峰壮观挺拔，属于典型的壮年期丹霞地貌（图 34.10）。

图 34.8　九峰山峰丛

九峰山凹槽

洞穴

沟谷

巷谷发育

图 34.9　九峰山负地貌丹霞景观

图 34.10　壮年期丹霞地貌

3. 坡面特性

金华九峰山陡崖的最大高度是 150m，一般高度是 100m，陡崖最大坡度 90°（图 34.11），

图 34.11　金华九峰山陡崖

一般坡度 30°～90°。坡面形态有平直型、波浪型、横向槽脊型、垂直凹槽型，边角特征以圆化型为主。

4. 重要景观

标志性景观主要有洞穴和寺庙。个性化景观有大小马峰、马钟峰、饭甑峰、芙蓉峰、寿桃峰、箬帽峰、牛头峰、达摩峰，远望似芙蓉，近看如蜂巢，峰峦嵯峨叠嶂，壑涧峡谷深邃，溪、泉、瀑、潭清冽。地貌造型有九峰仙洞、龟兔守天门、九峰悬椅、芙蓉谷。综合景观有九峰山丹霞峰林景观（图 34.12）。

图 34.12　九峰山丹霞峰林景观

34.4　自然地理环境

1. 自然环境

金华九峰山的气候类型属于亚热带季风性气候，1 月均温 4.8℃，7 月均温 23.2℃，年均温 18.3℃，年降水量 1314mm。河流主要有厚大溪，流域面积 170.9km^2，总径流量 12.18×10^{8}m^3。区内流程 49.75km，丰水期为夏季。九峰水库位于九峰山风景区内，为充分利用厚大溪水资源而建，集水面积 119.5km^2，总库容 98.05×10^{4}m^3。莘畈溪流域面积 166km^2，总径流量 19.5×10^{8}m^3，区内流程 43km，丰水期 4～9 月。莘畈溪属衢江支流，发源于青莲山分水岭，流经莘畈、汤溪、洋埠、罗埠等乡镇。

本区土壤类型主要为低丘岗地类型和中、高丘土壤类型，以红、黄壤为主，成土母质主要是第四纪红色黏土和紫红色砂岩（砾岩）。

该区植被类型属中亚热带东部常绿阔叶林。植物种类有 71 科 189 种。特色植物有马尾松、麻栎、木荷、毛竹、香樟。动物种类中有经济价值的野生动物有 35 种（兽类 31 种，禽类 4 种）。特色动物有被国家列为 I 级保护的老虎、黑鹿、花山鸡三种；属 II 级保护的有穿山甲、大灵猫、小灵猫、獐、苏门羚、白乌 6 种，另外还有多种一般保护动物。

其综合自然地理环境如图 34.13 所示。从自然环境变化状况看，该区森林覆盖率达 80% 以上。砂岩裸岩区有水土流失与荒漠化迹象；红层生态问题主要有外围林木的破坏与人工林化。

图 34.13　九峰山综合自然地理景观

2. 地质环境

该区地质环境灾害主要有崩塌灾害，对安全具有较大威胁的地质灾害主要是崩塌或落石，主要为岩洞内上覆岩层临空崩塌。滑坡灾害主要发生在修路和建筑人工切坡处，一般规模较小，基本上无泥石流发生条件。

34.5　地方文化及开发利用

1. 地方文化

金华九峰山地区基本上都是汉族。其宗教是佛教。九峰禅寺原名九峰寺，坐落于九峰山风景区内，始建于南梁天监年间（公元 502 年），迄今 1500 余年。原九峰寺初建于九峰山下达摩峰以北，俗名“凤凰形”之平坡，是江南最早的寺院之一。当时九峰寺殿宇 200 余间，左侧佛塔 13 层，气势宏伟，亦是佛教在中国的第一个鼎盛期的寺院建筑。僧侣多达两千之众，香火鼎沸。据《汤溪县志》记载：“九峰寺在县南十里，九峰山下，梁天监年间嵩头陀（达摩）卓锡于此，明嘉靖年间废。九峰寺僧徒于明万历年间复就山腰石室为佛殿，号九峰禅寺”（图 34.14）。现九峰禅寺依岩洞之三层木质古建，乃清乾隆年间所建。石窟主殿约 150 平方米，左右两侧及主殿其后约 500 平方米，原系“达摩宫”“九峰禅堂”“贯修艺斋”“释典（佛经）堂”等佛事之所和“葛洪炼丹房”“三贤堂”“胡森石刻”等历史文物古迹。金华九峰山其他史迹有东南侧的石磨、北侧的大柜、西侧的石夜壶，均为天作之成，龟守大门如入云中之路，神龟守卫着凡人向往升天之门。点将台记叙着北宋兵部侍郎胡则出征点将的故事。仙椅置于悬崖峭壁间，千百年而不朽。更有“高台朝佛寺，明镜照心田”的镜台奇观。此外，吕洞宾停转石磨降冰雪、铁拐李仗义点化牛头峰、朱元璋遇难九峰山等脍炙人口的传说让人如入仙境。县级爱国主义教育基地、县级文物保护单位九峰山烈士陵园坐落于九峰山风景区月亮湾杨梅园中，为原金华县人民政府为了纪念烈士人数较多的汤溪籍革命烈士而建造，1997 年建成。陵园坐南朝北，依山而建，建有纪念亭“九霄亭”，集中安放了 21 位汤溪籍革命烈士的骨灰。著名道教人士葛洪、中国禅宗始祖菩提达摩、西汉才子龙丘苌、五代名僧贯休、南齐大学者徐伯珍、唐代中书侍郎徐安贞等都在此留下了足迹。

图 34.14　九峰禅寺

2. 利用现状

该区已作旅游开发，景区利用程度较好，对外交通较好，生态环境保护状况良好。

参 考 文 献

[1]　中华人民共和国地质矿产部，浙江省地质矿产局. 浙江省区域地质志. 北京：地质出版社，1989.

第35章 观 音 山

35.1 基 本 信 息

1. 名称及保护性命名

观音山位于浙江省台州市仙居县，现名观音山，别名响石山、猴山谷、后山根、鸡冠岩。从保护性命名看，其丹霞地貌区（响石山）2008年被评为省级风景名胜区。

2. 概况（面积高程/位置/行政区划/交通）

其经纬度范围北至 120°26′42″E、28°43′55″N，南至 120°25′50″E、28°42′2″N，东至 120°27′25″E、28°43′22″N，西至 120°25′18″E、28°42′48″N，中心点坐标 120°26′06″E、28°42′48″N。

在政区位置上，观音山位于浙江省台州市仙居县湫山乡溪口张村附近。在对外交通上，在航空领域，台州、温州、义乌机场距该景区各约 100km，在铁路领域，该区距金温高铁永康南站 69km，在公路交通领域，该区距 S28 台金高速横溪互通出口约 6km。

35.2 地 质 数 据

1. 地质概况[1]

观音山位于永康-仙居盆地。该盆地面积约 216km^2。其形成于晚侏罗世末至早白垩世，该区构造应力场由晚侏罗世的北西-南东向挤压，转为早白垩世的北东-南西向挤压和北西-南东向构造的拉张，发育了永康早白垩世断坳盆地。红层时代初始沉积于早白垩世，沉积结束于白垩纪末，可以参考1∶20万观音山地质图[1]。

2. 地层描述[1]

从地层特征看 K_1f 方岩组见于横溪河谷平原西北一带，为一套巨厚的块状紫红色巨砾岩夹砂砾岩，厚 1571m 以上。该区岩层为冲积扇相砾岩、砂砾岩，上部冲积扇至辫状河相砂砾岩夹细砂粉砂岩。K_1c 朝川组见于横溪、田市河谷平原两侧，厚度 650～1350m，主要为辫状河相砂砾岩、砂岩、粉砂岩、泥质粉砂岩，局部夹冲积扇村砾岩及滨浅湖相粉砂岩，泥质粉砂岩。K_1g 馆头组仅见于上张盆地和杨岸港西部一带，总面积不到 5km^2。岩石呈黄绿、浅灰或灰黑色，为粉砂岩、泥岩和页岩，局部夹多层火山碎屑岩，厚度 170～

600m，底部常有底砾岩。K_1f 方岩组与下伏砂岩划界，上下产状基本一致，呈过渡整合接触。

K_1c 朝川组紧随馆头组出露，与下伏馆头组整合接触。岩体呈紫红色，为砂岩和泥岩。常含钙质结核，并夹有较多的火山岩层。常以大片的中厚层状的红层出现，而与下伏馆头组划界。但馆头组顶部杂色层中也常见单薄红层，两者之间有一定的过渡层，确切界限不十分明显。K_1g 不整合于上侏罗纪各段地层之上，接触面波状起伏。

沉积相、河湖相和冲积扇，在方岩期最为发育，其次是馆头早期阶段及朝川组。碎屑粒度范围很宽，以砾岩为主，砾石大小混杂，分选性及磨圆度较差。三角洲相中馆头组早期产物在层序下部为炭、钙质页岩，上部为砂岩、砂砾岩、砾岩，显示向上变粗趋势。滨浅湖相中的馆头期沉积产物在层序下部为砾砂岩、砂砾岩，上部为细砂岩、粉砂岩、粉砂质泥岩。深湖相见于馆头组一段，岩性主要有泥岩和粉砂质、炭质、钙质页岩。

3. 岩性描述

从砾岩、砾砂岩看，其粒级碎屑物占 90%，其中砾石约 70%，砂质碎屑约 20%。砾石大小 2～14mm，有的甚至超过 14mm，砂质碎屑大小以 0.2～1.5mm 为主，颜色呈红色（图 35.1）。碎屑成分碎屑物成分主要为岩屑（80%），少量石英（5%）和长石（5%）。砾石成分主要为岩屑。石英和长石碎屑主要存在于砂质物中。岩屑种类为火山岩岩屑（包括酸性熔岩岩屑、安山岩岩屑等）、微晶灰岩岩屑、泥质细砂-粉砂岩岩屑、燧石岩屑等。长石为斜长石和条纹长石。胶结物中填隙物占 10%，充填于砾石和砂质物之间。主要为硅质和钙质胶结物，少量细粉砂杂基。硅质胶结物为形态极不规则的它形粒状石英，钙质胶结物为它形粒状方解石，细晶-微晶结构。结构构造为砾状结构，砾石之间为砂状结构，碎屑物分选差，磨圆度中等，次棱角状-次圆状和块状构造。砾岩抗压强度为 182.14MPa。地貌表现多为崖壁。采样点位于观音山下 S322 溪口张村路牌旁边洞穴砾岩。试验数据表明，砾岩中的微晶灰岩岩屑砾岩、含安山岩岩屑的填隙物主要为硅质和钙质胶结物，含少量细砂杂基。硅质胶结物为形态极不规则的它形粒状石英（似条带状或云朵状）（图 35.2）。

图 35.1　观音山砾岩

图 35.2　观音山砾岩偏光显微镜照片

从砂岩特征看其碳酸盐矿物晶粒粒径多为 0.1～0.3mm，细粉砂粒径多数不足0.03mm，颜色呈红色（图 35.3）。碎屑成分岩石由黏土矿物、碳酸盐矿物和细粉砂组成。不同成分的分布很不均匀。不规则条带状构造（泥质物相对富集呈条带），条带色调较深。胶结物中黏土矿物占 40%，呈非常细小的鳞片状，形态模糊。碳酸盐矿物占 50%，为方解石矿物，高级白干涉色，较强的闪突起。多呈它形微晶粒状（40%），少数（10%）为中细晶结构，中细晶方解石多聚集成大小不等的斑块状。细粉砂占 10%，棱角状，主要成分为石英碎屑。结构构造为微晶结构、泥质结构、块状构造。岩性抗压强度为100.04MPa（图 35.4）。地貌表现多为洞穴。采样点位于观音山下 S322 溪口张村路牌旁边洞穴砂岩。

图 35.3　观音山砂岩（镜下定名：泥质微晶灰岩）

4. 构造描述[1]

观音山的大地构造位置位于华南褶皱系构造单元。其主要构造线为二张-大地林新华夏系构造带。褶皱断裂挤压破碎带强烈，有的断面近于直立或倾向相背，部分岩层受到牵

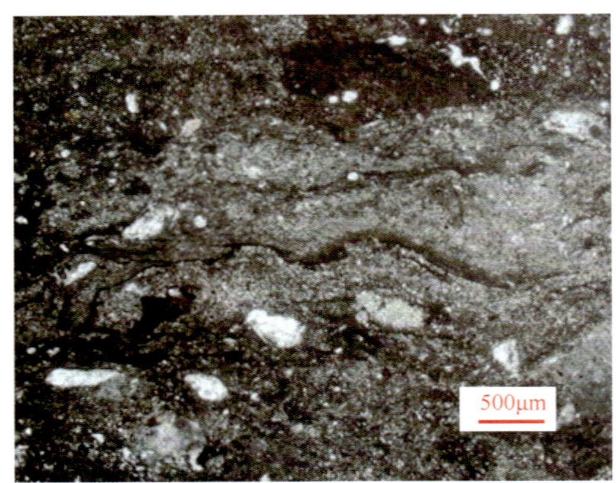

图 35.4　观音山砂岩偏光显微镜照片

引而直立倒转。断层新华夏系构造主要形迹有步路断裂、南塘-上王断裂、上张-白水洋断裂。华夏系构造主要形迹有李宅-蛙蟆岩断裂、双庙-马岭路断裂、长马坑-陈车断裂、老鹰尖-杨柳背断裂。本区构造以断裂为主，大致可分为华夏系、新华夏系、南北向和东西向四个体系，多呈现交接复合关系，其中新华夏系和华夏系两构造表现为斜接或部分重接复合关系。它们之间彼此互截互切，其形成时代一般为印支期至燕山晚期。

35.3　地 貌 属 性

1. 地貌单元

观音山在大地貌单元上地处浙东南丘陵区，在大地貌部位上属于仙居盆地（永安溪河谷）。地势上，观音山及周边丹霞地貌属于仙霞岭余脉苍岭小山系的低山丘陵。其总体特征是其地势从外向内倾斜，略向东倾。该区周围均为山地，中间夹少量丘陵、盆地和河谷平原，属壮年至老年期地貌。地貌分割强烈，原始地面已被完全破坏，河谷切割深邃，分水岭狭窄，沟谷密布，部分河谷开始展宽，曲流开始发育，残丘出现。

2. 地貌类型

其岩性以砂砾岩丹霞为主。其产状主要为近水平层理和斜层理（图 35.5）。该区气候湿润，流水是塑造丹霞地貌的主动力。纵横交错的节理为岩层的风化和崩落奠定了基础，植物、流水、冰等常沿节理进行风化或侵蚀，更加剧了风化作用。岩性差异风化导致崩塌、洞穴及穿洞的形成。

该区正地貌有陡崖坡，崩积缓坡，方山，丘陵，崩积岩块（图 35.6）。负地貌的丹霞沟谷有宽谷、河谷。崖壁岩槽有崖壁凹槽、顺层凹槽、竖向沟槽，丹霞洞穴与穿洞有崩积洞穴，丹霞沟谷有宽谷（图 35.7）。该区属于壮年晚期丹霞地貌。

图 35.5 观音山近水平层理和斜层理

图 35.6 观音山方山—丘陵

图 35.7　观音山负地貌丹霞景观

3. 坡面特性

观音山陡崖的最大高度是 600m，一般高度 300～400m，陡崖最大坡度 90°，一般坡度 60°～80°。坡面形态有平直型、波浪型、横向槽脊型、竖向槽脊型，边角特征以圆化型为主，崩塌面局部保持棱角型。

4. 重要景观

标志性景观主要有九龙洞、浮丘室、会仙阁、弃马涧、拜马涧。个性化景观有恐龙化石、升仙坛、王子乔成仙。地貌造型有仙猴迎宾、神龟思夫、鸡冠岩、观音造型石（图 35.8）。综合景观为观音山丹霞地貌（图 35.9）。

鸡冠岩

观音造型石

图 35.8　观音山地貌造型重要景观

图 35.9 观音山丹霞地貌综合景观

35.4 自然地理环境

1. 自然环境

观音山的气候类型属于亚热带季风性气候，1 月均温 5.3℃，7 月均温 29.2℃，年均温 16.9℃，年降水量 1433mm。河流主要有永安溪，流域面积 2704km^2，总径流量 51.7×10^{8}m^3（椒江入海年径流量）。区内流程 141.30km，丰水期 4～10 月。永安溪为浙江八大水系之一的灵江-椒江的源头，源头称石长坑水库天堂尖，自仙居县西南端安岭乡迂回东北，流经缙云县境，在大源附近折回称曹溪（又名金坑）。在曹店附近与发源于陈岭水壶岗的曹店港汇合后称永安溪。主要支流有曹店港、九都坑、十三都坑、十八都坑、北岙坑、朱溪、双港溪和方溪。至临海城西三江村与天台始丰溪汇合为灵江。

土壤类型主要为森林赤红壤、山地红壤和山地黄棕壤；农田为水稻土。土壤特点总体上是土层较薄，砂粒含量高，含水量低。

该区植被类型有 8 种，暖性针叶林、暖性针阔混交林、落叶阔叶林、常绿落叶阔叶林、常绿阔叶林、竹林、灌丛、水生植被。植物种类中高等植物有 61 科 103 属 128 种。特色植物有金发草、丛毛羊胡子草。动物种类有脊椎动物 28 目 71 种 168 属 256 种。特色动物有中国小鲵。

其综合自然地理环境是中亚热带丘陵森林景观（图 35.10）。从自然环境变化状况看，该区森林覆盖率达 90%以上。无水土流失与荒漠化迹象，无红层生态问题。

2. 地质环境

该区地质环境主要有崩塌灾害，即人为开挖坡脚形成的岩块崩塌（图 35.11）。滑坡灾害主要出现在人工切坡的坡积物、风化壳上，规模较小。对安全具有较大威胁的主要地质灾害是崩塌或落石，基本上无泥石流发生条件。

图 35.10　仙居观音山综合自然地理景观

图 35.11　观音山崩积岩块

35.5　地方文化及开发利用

1. 地方文化

观音山地区基本上都是汉族。其宗教不突出，建筑是浙、闽、赣、徽、欧式复合式建筑。史迹有皤滩古街、桐江书院、石仓古洞（图 35.12）。

图35.12　仙居县城皤滩古街

2. 利用现状

从利用类型看，观音山本身未做旅游开发，附近已开发响石山景区和永安溪漂流（图35.13）。景区开发利用程度良好，对外交通与设施良好，生态环境保护状况良好。

图35.13　永安溪漂流

参考文献

[1] 中华人民共和国地质矿产部，浙江省地质矿产局. 浙江省区域地质志. 北京：地质出版社，1989.

第 36 章　屏　岩　山

36.1　基 本 信 息

1. 名称及保护性命名

屏岩山位于浙江省金华市东阳市，现名东阳屏岩山。从保护性命名看，其丹霞地貌区 1996 年被评为浙江省级风景名胜区，区内横店影视城景区 2001 年被评为国家 AAAA 级旅游景区，2010 年被评为国家 AAAAA 级景区。

2. 概况（面积高程/位置/行政区划/交通）

屏岩山其丹霞地貌区面积为 30km^2，景区面积 10.38km^2。从高程看，其最低海拔 160m，其最高海拔 440m，其一般海拔 300～400m。其经纬度范围北至 120°26′8″E、28°43′3″N，南至 120°18′36″E、29°11′14″N，东至 120°19′8″E、29°11′49″N，西至 120°18′31″E、29°11′18″N，中心点坐标 120°18′52″E、29°11′47″N。

在政区位置上，屏岩山位于浙江省台州市仙居县横店镇双月塘村镇北路附近。在对外交通上，在航空领域，其附近有义乌机场，在铁路领域，其附近有义乌高铁站，在公路领域，其邻近 S26 诸永高速横店互通出口。

36.2　地 质 数 据

1. 地质概况

屏岩山位于金衢盆地东阳次级盆地。金衢盆地的概况详见 30.2 节。

2. 地层描述

屏岩山地层描述与龙游三叠岩相近，详见 30.2 节。图 36.1 为屏岩山的洪积相沉积。

3. 岩性描述

从砾岩、砂砾岩看，其颜色呈红褐色（图 36.2）。碎屑成分塑变玻屑占 70%，呈细长、宽窄不一的弯曲条带状、扁平的透镜状，宽度一般不超过 0.01mm，长度一般为 0.05～0.10mm，变形较弱的玻屑呈弧面多角形，可见燕尾分叉。塑变玻屑断续相连，大致平行排列，并绕晶屑弯曲，构成假流纹构造。已脱玻化，由非常微小的长英质矿物组成。晶屑占 30%，成分以长石晶屑为主，少量黑云母晶屑。长石蚀变很强，主要为绢云母化，

图 36.1　洪积相沉积

图 36.2　屏岩山砾岩

表面混杂，隐约可见聚片双晶，多数为斜长石，大小 0.3～2.4mm，棱角状，有的可见阶梯状断口。黑云母具有较厚的暗化边。结构构造为塑变玻屑结构、晶屑结构。砾岩十分坚硬，单轴干抗压强度为 289MPa。地貌表现多为崖壁。采样点位于斤丝洞。试验数据表明，其熔结凝灰岩的熔结程度很高，主要由塑变玻屑和晶屑构成，具有清晰的假流纹构造（图 36.3）。

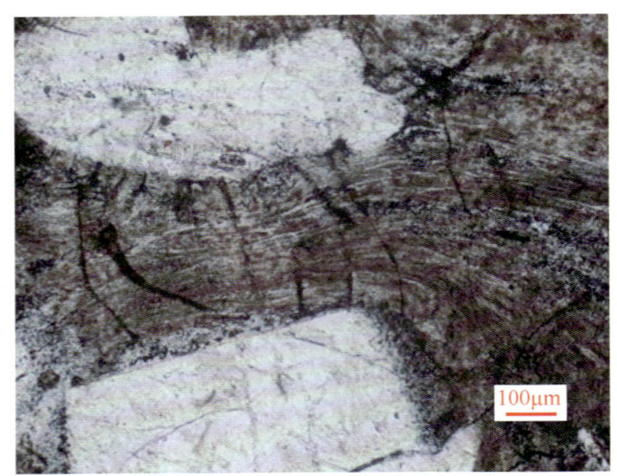

图 36.3　屏岩山砾岩偏光显微镜照片

从砂岩特征看，其晶屑粒径为 0.2～2.1mm，棱角状。碎屑成分塑变玻屑占 60%，呈细长、宽窄不一的弯曲条带状、很扁平的透镜状。个别粗大、变形较弱的玻屑呈弧面多角形，偶尔可见燕尾分叉。浆屑占 25%，呈弯曲条带状，但比塑变玻屑要宽大，透镜状，云朵状。有的浆屑一端或两端具分叉，分叉长短不一，似火焰状。比塑变玻屑脱玻化强，脱玻化形成的长英质矿物比塑变玻屑略粗。胶结物晶屑占 15%，成分为斜长石晶屑，常见聚片双晶。破碎程度不一，有的可见阶梯状断口，破碎较强，有的呈完好的自形板状形态，未破碎。砂岩较坚硬，单轴干抗压强度为 211MPa。地貌表现多为凹槽、洞穴（图 36.4）。采样点位于八仙过海凹槽处（120°18′E，29°11′N），海拔 147m，岩层倾向北西 W203°。试验数据表明，其熔结凝灰岩具有清晰的假流纹构造，主要由塑变玻屑、浆屑和晶屑构成，塑变玻屑和浆屑大致平行排列并绕晶屑弯曲，构成假流纹构造（图 36.5）。

图 36.4　屏岩山砂岩

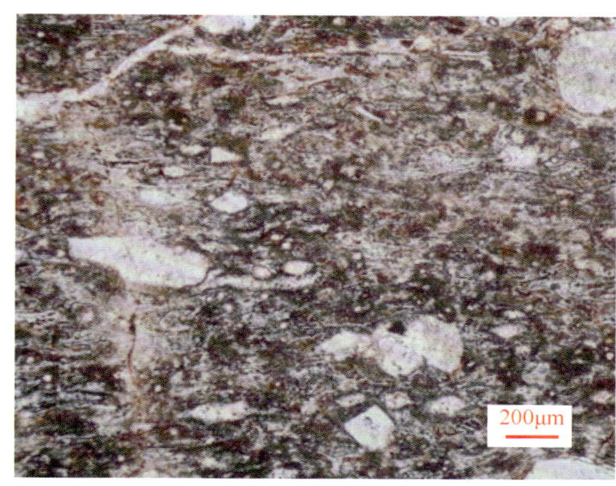

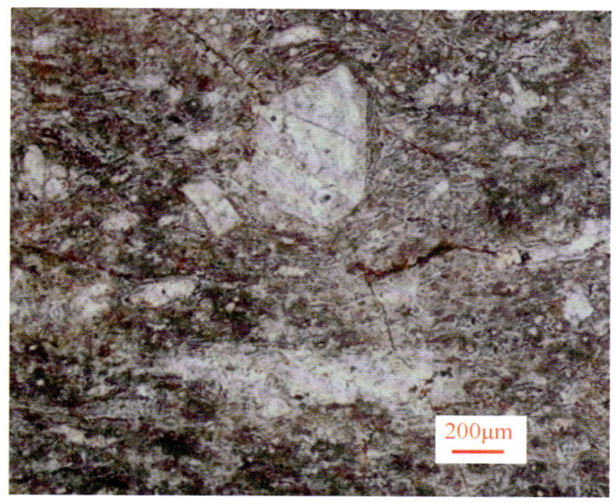

图 36.5　屏岩山砂岩偏光显微镜照片

4. 构造描述

屏岩山的大地构造位置位于赣杭构造带。其主要构造线主要受启先-东阳、壶镇-回山两大区域性新华夏系构造带影响。构造有梓涧（岭）背斜、维风（城头）向斜。断层和断裂有任岭（脚）断裂、张山坞-澄塘断裂、桑梓-千祥断裂。

36.3　地 貌 属 性

1. 地貌单元

屏岩山在大地貌单元上地处浙西丘陵地带，在大地貌部位上属于浙江省中西部。地势从西南向东北下斜伸展。

2. 地貌类型

依据产状，主要为近水平层理，图 36.6 为屏岩山近水平的层理。该区气候属亚热带季风气候。依据主动力是流水和长期高温。因气候较湿热，降水丰富，导致洞内长期渗水积水。

依据形态，该区正地貌，坡面多直立陡坡（图 36.7）。无山石崩积体和崩积物。负地貌主要为崖壁岩槽，有扁平槽穴、崖壁凹槽、顺层凹槽。丹霞洞穴有侵蚀风化穿洞、扁平洞穴、穿洞（图 36.8）。

依群体形态，主要为丹霞丘陵、方山。依发育阶段，属于壮年期丹霞地貌（图 36.9）。

3. 坡面特性

屏岩山坡面特性与龙游三叠岩相近，图 36.10 为屏岩山地区陡峭的丹霞崖壁。

4. 重要景观

标志性景观主要有洞穴、神庙、道观。个性化景观主要有仙岩宫、龙圆洞、四海龙王殿、黄大仙宫、玉皇殿、胡公殿、芙蓉池、天师殿（图 36.11）。

图 36.6　屏岩山近水平层理

图 36.7　屏岩洞府方山

凹槽

凹槽和洞穴

沟谷、巷谷发育

图36.8 屏岩山负地貌丹霞景观

图36.9 壮年期丹霞地貌

图 36.10　屏岩山丹霞崖壁

仙岩宫

龙圆洞

图 36.11　屏岩山个性化景观

36.4　自然地理环境

1. 自然环境

屏岩山的气候类型属于亚热带季风气候，1 月均温 5.0℃，7 月均温 28.8℃，年均温 17.1℃，年降水量 1424mm。河流主要是南江，流域面积 933km^2，总径流量 7.45×10^8m^3，丰水期 4～9 月。南江属金华江左岸支流，古称画溪，又名洋滩江。发源于磐安县大盘山北双峰乡仰曹尖北坡（海拔 940m），在义乌市佛堂镇以北的中央村汇入金华江。

其土壤类型、植被类型和动物类型与龙游三叠岩相近，详见 30.5 节。

其综合自然地理环境如图 36.12 所示。

从自然环境变化状况看，该区森林覆盖率达 80%以上。有水土流失与荒漠化迹象，尤其砂岩裸岩区。红层生态问题是外围林木的破坏与人工林化。

图 36.12 屏岩山综合自然地理环境

2. 地质环境

该区地质环境灾害主要有崩塌灾害，对安全具有较大威胁的主要地质灾害是崩塌或落石。滑坡灾害主要发生在修路和建筑人工切坡处，一般规模较小。基本上无泥石流发生条件。

36.5 地方文化及开发利用

1. 地方文化

屏岩山地区基本上都是汉族。宗教是道教。建筑多为仿古建筑，有各种道观神庙。史迹是五福亭、千佛塔（图 36.13）。

图 36.13 千佛塔

2. 利用现状

从利用类型看已做旅游开发，建有影视基地。景区修建寺院和缆车。交通基础设施良好，外部交通一般，但环境保护状况良好。

参考文献

[1] 中华人民共和国地质矿产部，浙江省地质矿产局. 浙江省区域地质志. 北京：地质出版社，1989.

第 37 章　义乌德胜岩

37.1　基 本 信 息

1. *名称及保护性命名*

义乌德胜岩位于浙江省金华市的义乌市，现名德胜岩，别名稠岩。从保护性命名看，其丹霞地貌区 2015 年被评为省级森林公园。

2. *概况（面积高程/位置/行政区划/交通）*

义乌德胜岩丹霞地貌区面积为 1.5km^2。从高程看，其最低海拔 41.9m，其最高海拔 381.7m，其一般海拔 150～250m。其经纬度范围北至 120°01′50″E、29°25′42″N，南至 120°01′43″E、29°23′13″N，东至 120°02′45″E、29°24′28″N，西至 120°00′44″E、29°24′16″N，中心点坐标 120°01′38″E、29°24′22″N。

在政区位置上，义乌德胜岩位于浙江省金华市义乌市后宅街道上岩寺村。在对外交通上，在航空领域，其邻近义乌机场，在铁路领域，其邻近义乌高铁站，在公路领域，其境内有 G60 沪昆高速（杭金衢高速）。

37.2　地 质 数 据

1. *地质概况*[1]

德胜岩位于金衢盆地。地质概况详见 30.1 节。

2. *地层描述*

德胜岩地层描述与汤江岩相近（图 37.1），详见 33.2 节。

3. *岩性描述*[1]

火山岩采样点与方岩地区接近，岩性特征与方岩地区砾岩特征相近。图 37.2 为岩芯采样照片。图 37.3 为火山岩屑岩的偏光显微镜照片。

德胜岩地区的砂岩样品粒径为 0.2～0.4mm，颜色呈肉红色、砖红色。碎屑成分包括石英、长石。胶结物为方解石和泥质（图 37.4）。结构呈砂状结构。采样点位于德胜岩山下道路旁。试验数据表明碎屑颗粒约占 70%，主要成分是酸性火山岩岩屑占 30%、石英 25%、长石 15%，偶见黑云母碎屑。火山岩岩屑具很强烈蚀变，含大量蚀变黏土矿物（图 37.5），这些特征与方岩地区砂岩相近。

图 37.1　冲积扇相基本层序

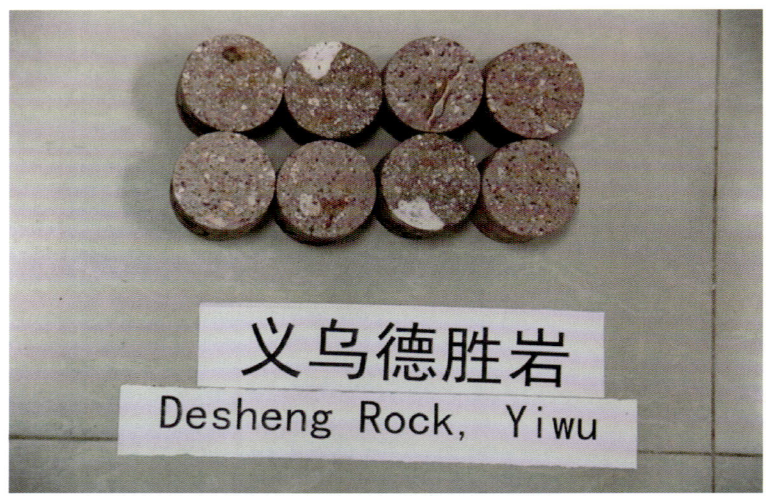

图 37.2　义乌德胜岩芯采样照片

图 37.3　火山岩屑砾岩偏光显微镜照片

图 37.4　砂岩

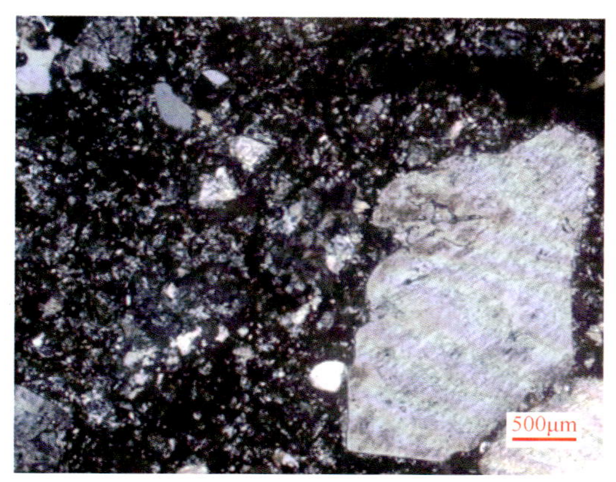

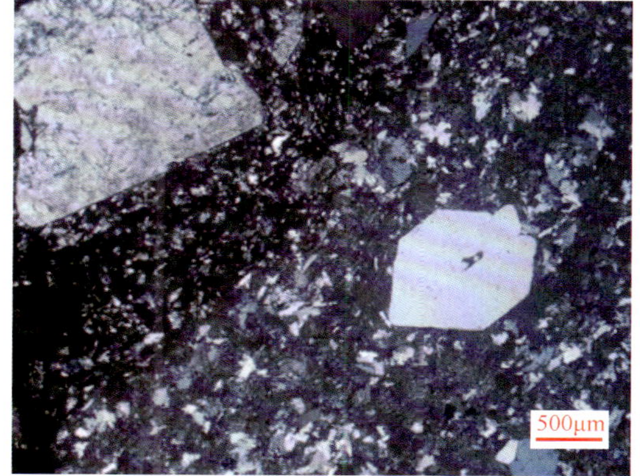

图 37.5　砂岩偏光显微镜照片

4. 构造描述[1]

德胜岩的构造位置和描述与方岩相近，详见 26.2 节。

37.3　地貌属性

1. 地貌单元[1]

德胜岩在大地貌单元上位于金衢盆地边缘，在大地貌部位上属于仙霞岭余脉玉壶山脉，即金华山脉。金华山主峰金星山，又名北山、玉壶山，位于金华市区北 10km。延伸于义乌的金华山脉，为浦阳江与东阳江的分水岭，绵亘于市西北吴店、下宅、溪华、黄山、何里、东河、塘李、湖门等乡与金华、兰溪、浦江的边界上，最高峰为下宅乡之双尖，海拔 822m。金华山干脉自天公山继续沿义乌、浦江界山东走向，至塘李乡，有狮岩，过步虚岭，有德胜岩。

2. 地貌类型

依据岩性，以砂砾岩丹霞地貌岩层为主。依据产状，呈近水平层理和斜层理岩层发育的丹霞地貌坡面形态（图 37.6）

图 37.6　近水平层理和斜层理岩层发育的丹霞地貌坡面形态

依据外动力，属于气候湿润区。依据主动力，流水是其塑造主动力。风化和重力作用同样是重要的常规动力，纵横交错的节理为岩层的风化和崩落奠定了基础，植物、流水、冰等常沿节理进行风化或侵蚀，更加剧了风化作用（图 37.7）。岩性差异性风化导致崩塌、洞穴及穿洞的形成。

图 37.7　岩块中垂直节理产生的裂隙

依据形态，正地貌有崖坡类型，如陡崖坡、崩积缓坡，大多数山体均有多级陡缓相间的坡面特点，山体主要有丘陵、崩积体、崩积岩块（图 37.8）。负地貌有丹霞沟谷、宽谷、崖壁岩槽、崖壁凹槽、顺层凹槽、竖向沟槽、丹霞洞穴与穿洞、崩积洞穴（图 37.9）。

图 37.8　龟岩崩积体

图 37.9　崩积洞穴

3. 坡面特性

德胜岩陡崖的最大高度是 40m，一般高度 10m，陡崖最大坡度 90°，一般坡度 50°～70°（图 37.10）。坡面形态以平直型、圆化型为主。边角特征以圆化型为主。

图 37.10　红云禅寺后方陡崖

4. 重要景观

标志性景观是德胜岩胡公殿（图 37.11）。个性化景观有蝙蝠洞、洪岩洞、上岩洞。地貌造型有龟岩、九龙抢珠岩（图 37.12）。

图 37.11　胡公殿

图 37.12　龟岩

37.4　自然地理环境

1. 自然环境

德胜岩地区气候类型属于亚热带季风气候，1 月均温 5.3℃，7 月均温 29.2℃，年均温 17.9℃，年降水量 1513mm。河流主要是洪巡溪，流域面积 70.1km^2，总径流量 14.4×10^{8}m^3。区内流程 14.5km，丰水期 4～9 月。洪巡溪属于浦阳江支流，全长 20km，其支流马库溪和演溪在陈宅汇合后称洪巡溪，流经后宅街道向北注入浦阳江。

土壤类型有森林赤红壤、山地红壤和山地黄棕壤。农田为水稻土。土壤特点为土层较薄，砂粒含量高，含水量低。

植被类型，德胜岩森林公园植被属中亚热带常绿阔叶林。枝叶茂盛的常绿阔叶林、挺拔苍翠的松柏类针叶林、满山遍野的花草灌木，形成了层次丰富、生机盎然的森林植物景观。森林公园内既有苍松林海，也有茂林秀竹；既有山花烂漫，也有野果飘香；既有经人工大面积种植可观赏而又能养生的南方红豆杉林，也有古老苍劲、郁郁葱葱的古樟树、古榆树和古罗汉松等。植物种类，森林公园内木本植物有 66 科 33 属 202 种。特色植物：花榈木、香樟，均为国家 II 级重点保护野生植物。

动物种类，森林公园内陆生野生动物资源有 4 纲 16 目 25 种。特色动物：穿山甲、草鸮，均为国家 II 级重点保护野生动物。

其综合自然地理环境是中亚热带丘陵森林景观（图 37.13）。从自然环境变化状况看，该区森林覆盖率达 89.53%。无水土流失与荒漠化迹象，红层生态问题主要有外围林木的破坏与人工林化。

图 37.13　德胜岩中亚热带丘陵森林景观

2. 地质环境

该区地质环境灾害主要有崩塌灾害和滑坡。该地区人为开挖坡脚易形成岩块崩塌，而在砂岩出露地区，风化层厚度较大，滑坡类的地质灾害相对容易发生。

37.5　地方文化及开发利用

1. 地方文化

德胜岩地区基本上都是汉族，宗教是佛教，建筑是浙、闽、赣、徽复合式建筑。史迹有胡公庙、济公寺、上岩禅寺、红云禅寺、乐天亭、净居禅寺、西崮寺、乌龙殿等 10 余处古刹寺庙，寺庙景观集聚，宗教文化源远流长（图 37.14）。除了古老厚重的千年古刹，森林公园内还有历史悠久、环境清幽的杭金古道、戚宅岭古道。

红云禅寺

乐天亭

图 37.14　德胜岩地区古刹寺庙

2. 利用现状

从利用类型看，该区已建设集游览观光、森林休闲、康体健身、生态保护、科普教育为一体的省级森林公园。

参 考 文 献

[1]　中华人民共和国地质矿产部，浙江省地质矿产局. 浙江省区域地质志. 北京：地质出版社，1989.

第 38 章　武义大红岩

38.1 基 本 信 息

1. 名称及保护性命名

武义大红岩位于浙江省金华市武义县，现名武义大红岩。从保护性命名看，其丹霞地貌区范围内，2001 年俞源村古建筑群被评为全国重点文物保护单位，武义大红岩 2012 年被评为国家级风景名胜区。

2. 概况（面积高程/位置/行政区划/交通）

武义大红岩景区面积 58km^2，其丹霞地貌区面积为 10km^2。从高程看，其最低海拔 312m，最高海拔 500m（大红岩），一般海拔 360m。其经纬度范围北至 119°41′6″E、28°49′52″N，南至 119°40′47″E、28°47′58″N，东至 119°41′32″E、28°49′6″N，西至 119°39′42″E、28°49′16″N，中心点坐标 119°40′27″E、28°49′14″N。

在政区位置上，武义大红岩位于浙江省金华市武义县西南 18km。在对外交通上，在航空领域，武义距义乌、杭州、上海等地机场分别为 45 分钟、90 分钟、180 分钟车程，在铁路领域，京沪线、京广线、浙赣线都有火车直达武义，在公路领域，可从杭金衢、沪杭甬、甬金高速公路转入金丽温高速公路至武义出口进入武义。

38.2 地 质 数 据

1. 地质概况[1]

武义大红岩位于武义盆地。该盆地面积 550km^2，其形成于早白垩世晚期，至晚白垩世结束。红层时代初始沉积于白垩纪早期，沉积结束于白垩纪晚期。

2. 地层描述[1, 2]

从地层特征看，K_1g 馆头组总厚度超过 330m，岩性为杂色的砂岩、泥岩以及页岩互层，间杂流纹质凝灰岩；K_1c 朝川组总厚度超过 260m，含辫状河相砂砾岩、砂岩、泥质粉砂岩，局部夹冲积扇相砾岩及滨浅湖相泥灰岩。馆头组主要分布于盆地东南边缘，不整合在上侏罗统之上，由一套内陆湖泊相沉积岩及少量中基性、基性熔岩、酸性火山碎屑岩组成，岩相类型较为复杂，岩性组合多变。图 38.1 为武义地区综合地层柱状图。

朝川组以辫状河相沉积为主体，由多个辫状河相基本层序组成，每个基本层序下部为砾岩，顶部为不稳定紫红色粉砂岩，在盆缘附近，有冲积扇相砾岩和砂砾岩[3]。

有洪积相和冲洪积相。冲洪积相的红色碎屑岩主要见于浦口组，以紫红色厚层-巨厚层砾岩、砂砾岩为主，夹砂岩、粉砂岩。河床相沉积穿插在浦口组之间，以碎屑岩为主，夹粉砂岩及砂砾岩（图 38.2）。

岩石地层单位		代号	柱状剖面	厚度(m)	岩性岩相特征
鄞江桥组		Qhy^{al}/Qhy^{apl}		＞10	冲积冲洪积砂砾石，含砾石砂土
赖家组		K_2l		＞50	滨湖相含砾砂岩、砂砾岩、砂岩、粉砂岩
塘上组		$K_{1-2}t$		＞160	空落相含角砾凝灰岩，底部砾岩、砂砾岩
方岩组		K_1f		＞200	冲积扇相砾岩，砂砾岩，上部冲积扇至辫状河相砂砾岩夹细砂粉砂岩
朝川组		K_1c		＞260	辫状河相砂砾岩、砂岩、粉砂岩、泥质粉砂岩，局部夹冲积扇相砾岩及滨浅湖相粉砂岩、泥质粉砂岩浅湖相粉砂岩，泥岩及泥质粉砂岩，局部水下扇含砾岩屑砂岩，细砂粉砂岩
馆头组	二段	K_1g^2		＞150	滨浅湖-深湖相细砂粉砂岩粉砂质泥岩、凝灰岩、炭钙质页岩，顶部喷溢相玄武岩，中部夹少量火山碎屑岩，底部见冲积扇相砾岩
	一段	K_1g^1		＞180	
九里坪组		J_3j		＞150	喷溢相流纹岩，底部含角砾集块
西山头组	三段	J_3x^3		＞120	火山碎屑流相玻屑熔结凝灰岩，局部含角砾
	二段	J_3x^2		＞250	火山碎屑流相晶玻屑熔结凝灰岩夹少量沉凝灰岩、凝灰质粉砂岩等

图 38.1　武义地区综合地层柱状图[1]

图 38.2　武义大红岩河湖相沉积

3. 岩性描述[1-3]

从砂砾岩看，其粒级为次棱角状-次圆状，砾石粒径 4～15mm，砂质碎屑大小以 0.2～2.0mm 为主。新鲜面颜色为红褐色和灰褐色。碎屑物成分主要为岩屑（78%），少量石英（5%）和长石（2%）。砾石成分主要为岩屑。胶结物为钙质和铁质胶结物。结构构造为巨厚层、块状，与砂岩互层；局部含砂质夹层。岩体较坚硬，单轴抗压强度为 153.45MPa；抗风化能力强。地貌表现一般构成岩壁和正地貌。砂砾岩的采样点位于读书洞洞内（图 38.3）。试验数据表明，砾状结构之间为砂状结构，碎屑物分选差，磨圆度中等，石英和长石碎屑主要存在于砂质物中。岩屑几乎全部为火山岩岩屑，包括酸性熔岩岩屑、安山岩岩屑、熔结凝灰岩岩屑等。熔结凝灰岩的熔结程度不等，有的熔结凝灰岩蚀变很强，有的酸性熔岩岩屑具斑状结构，斑晶为具暗化边的黑云母（图 38.4）。

图 38.3　读书洞内砂砾岩

图 38.4　武义砂砾岩偏光显微镜照片

从砂岩特征看，其粒级以次棱角状-棱角状为主（图 38.5）。碎屑物有明显粗细不同的两种，较粗的碎屑物，约占碎屑物总量的 20%，粒径多数为 0.25～1.1mm，较细的碎屑物，约占碎屑物总量的 80%，粒径多数为 0.06～0.15mm。颜色砖红色，肉红色。碎屑成分占 70%，主要成分为石英 30%、岩屑 30%、长石 10%，偶见黑云母。胶结物为黏土杂基、铁质和钙质胶结物。结构构造为巨厚-薄层，块状或层状，与砾石互层。岩体抗压强度坚硬，单轴抗压强度为 67.15MPa，抗风化能力较强。地貌表现为岩壁和正地貌，砾岩夹砂岩时凹进为岩槽。砂岩采样点位于悟经洞内。试验数据表明，其为不等粒砂质结构，其碎屑物分选差，磨圆度差，岩屑主要为火山岩岩屑包括安山岩岩屑、熔结凝灰岩岩屑、玻屑凝灰岩等。长石以斜长石为主，有的斜长石被方解石交代（图 38.6）。

图 38.5　悟经洞内砂岩

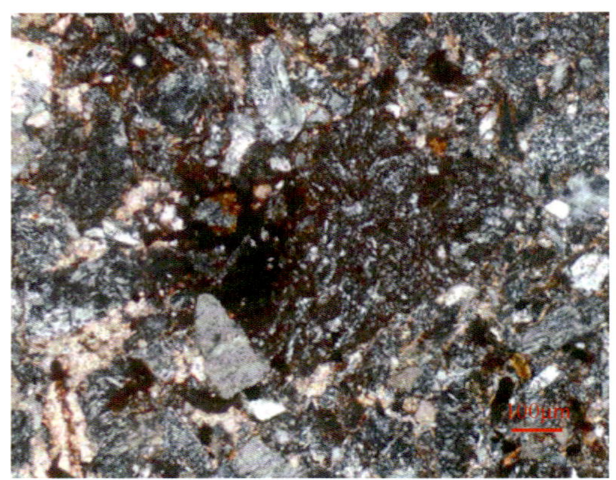

图 38.6　武义砂岩偏光显微镜照片

从泥灰岩特征看，其粒级为中细晶结构，晶粒大小多为 0.1～0.4mm（图 38.7）。颜色呈红褐色。岩石矿物成分由黏土矿物、碳酸盐矿物和细粉砂组成。胶结物为黏土杂基，含少量铁质。该岩体结构单轴抗压强度为 53.15MPa，抗风化能力低。其地貌表现多为负地貌，主要形成凹槽。泥灰岩采样点位于读书洞洞内。试验数据表明，其为微晶结构、泥质结构，岩石由黏土矿物、碳酸盐矿物和细粉砂组成。不同成分的分布很不均匀。具不规则条带状构造，条带色调较深。构造为薄层、块状或层状（图 38.8）。

图 38.7　读书洞泥灰岩

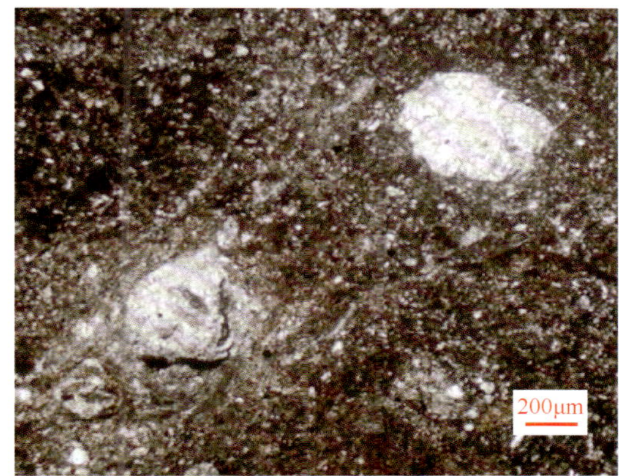

图 38.8　武义泥灰岩偏光显微镜照片

4. 构造描述[1~3]

大红岩的大地构造位置位于华南褶皱系构造单元。其主要构造线区域受南北向构造带与北西向乐清-章村断裂带、北北东向萧山-庆元断裂带、北北西向金华-丽水断裂带和东西向三门-衢县断裂带共同作用。发育北西北东方向褶皱，发育北西方向断层，发育北东向节理。武义盆地位于区域南北向构造带与北西向乐清-章村断裂带、北北东向萧山-庆元断裂带、北北西向金华-丽水断裂带和东西向三门-衢县断裂带的多方向构造带的交接复合地段，由于北西向乐清-章村断裂、东西向三门-衢县断裂和北北东向上虞-丽水断裂的压性、压扭性，力学特征和断面分别外倾。

38.3　地 貌 属 性

1. 地貌单元[1~3]

大红岩在大地貌单元上是武义盆地，位于武夷山脉侧面的山间盆地。地势东南高西北低。主要有望夫岩、盘龙岩、天堂岭、荷花心、秋风洞、通天峡、拇指岩、大红岩、留仙湖等。中心景区大红岩为丹霞赤壁。

2. 地貌类型

依据岩性，以砂砾岩丹霞为主夹杂泥岩火山岩。产状主要近水平，倾角较小（图 38.9）。依据外动力属于气候湿润区丹霞。流水是塑造主动力，风化和重力作用是重要的常规动力。纵横交错的节理为岩层的风化和崩落奠定了基础，植物、流水、冰等常沿节理进行风化或侵蚀，更加剧了风化作用。岩性差异性风化导致崩塌、洞穴及穿洞的形成。

图 38.9　武义近水平产状丹霞地貌

依据形态，其正地貌有坡面类型如层面顶坡、陡崖坡、崩积缓坡。大多数山体均有多级陡缓相间的坡面特点。丹霞赤壁、石峰及石柱均有分布（图 38.10）。山石景观极其

图 38.10　大红岩丹霞石峰

丰富。一般陡崖坡下或沟谷均有崩积岩块。负地貌如丹霞沟谷和线谷有发育。崖壁岩槽如扁平槽穴、崖壁凹槽、顺层凹槽、崩塌凹槽和扁平岩穴均十分发育。丹霞洞穴如壁龛式洞穴、蜂窝状洞穴、侵蚀风化穿洞、扁平洞穴、穿洞均有发育（图 38.11）。依发育阶段属于青壮年期丹霞地貌（图 38.12）。

梵音洞水平顺层凹槽

牛鼻洞穿洞

悟经洞大型洞穴

一线天

水平与垂直凹槽

图 38.11　武义大红岩负地貌丹霞景观

图 38.12　大红岩青壮年期丹霞地貌

3. 坡面特性

大红岩陡崖的最大高度是 300m，一般高度 200m，陡崖最大坡度 90°，一般坡度 70°～90°。坡面形态有平直型、横向槽脊型、竖向槽脊型。边角特征以圆化型为主，崩塌面局部保持棱角型。

4. 重要景观

标志性景观主要有赤壁丹崖，色如渥丹、灿若明霞。个性化景观有绣花鞋崩积石（图 38.13）。地貌造型有丹霞赤壁、丹霞洞穴、丹霞石峰。综合景观为山水合一丹霞景观（图 38.14）。

图 38.13　绣花鞋崩积石

图 38.14　山水合一丹霞景观

38.4　自然地理环境

1. 自然环境

大红岩所在地区气候类型属于亚热带季风性气候，1 月均温 5.3℃，7 月均温 29.2℃，年均温 17.9℃，年降水量 1513mm。河流主要有熟溪，流域面积 358km^2，总径流量 3.25×10^8m^3。区内流程 52km，丰水期 6～9 月。武义江支流熟溪，旧名武阳川，元代至正年间改名熟溪，取“溪有水，则岁熟”之意，上游段称麻阳溪，发源于武义县登云乡龙潭背，主峰海拔 1321m，在王宅镇李兰桥与乌溪汇合后称熟溪。沿途有古竹溪、双坑溪自右岸汇入，在县城汇入武义江。源口水库是熟溪上一座中型水库，坝址位于武义县白姆乡境内，集水面积 112km^2，多年平均径流量 0.9×10^8m^3。

土壤类型有森林赤红壤、山地红壤和山地黄棕壤。农田为水稻土。土壤特点总体土层较薄，砂粒含量高，含水量低。

植被类型 8 种，暖性针叶林、暖性针阔混交林、落叶阔叶林、常绿落叶阔叶林、常绿阔叶林、竹林、灌丛、水生植被。植物种类有高等植物 61 科 103 属 128 种。动物种类有脊椎动物 28 目 71 种 168 属 256 种。其综合自然地理环境是亚热带丘陵景观（图 38.15）。

从自然环境变化状况看，该区森林覆盖率达 95%以上。无水土流失与荒漠化迹象。红层生态问题主要是外围林木的破坏与人工林化。

2. 地质环境

该区地质环境灾害主要有崩塌灾害，人为开挖坡脚形成的岩块崩塌。滑坡灾害，如大红岩滑坡主要出现在人工切坡的坡积物、风化壳上。大红岩景区范围内不具备发生泥石流的条件。对安全具有较大威胁的主要地质灾害是崩塌或落石（图 38.16）。

图 38.15　武义大红岩人与自然和谐

图 38.16　武义大红岩崩积石

38.5　地方文化及开发利用

1. 地方文化

大红岩地区基本上都是汉族。宗教是佛教，建筑是浙、闽、赣、徽复合式建筑。史迹有双岩禅寺（图 38.17）。

2. 利用现状

从利用类型看，作为景区开发利用程度较高。外部交通便利，两个景区交通发达，生态环境保护状况良好。部分摩崖石刻风化严重（图 38.18）。

图 38.17　双岩洞内寺庙（双岩禅寺）

图 38.18　严重风化的摩崖石刻

参 考 文 献

[1]　浙江省地质矿产局. 浙江省区域地质志. 北京：地质出版社. 1989.

[2]　徐步台，章秋芳，周树根. 浙江武义盆地地热水同位素地球化学研究. 地球学报（中国地质科学院院报），1999，(4).

[3]　朱诚，马春梅，张广胜，等. 中国典型丹霞地貌成因研究. 北京：科学出版社，2015.

第四篇　安徽省丹霞地貌特征

[**安徽省概况**] [①]

安徽省简称“皖”，省会合肥，旧以安庆、徽州两府的首字命名。位于我国华东地区西北部，跨长江、淮河中下游。春秋战国时属吴、楚等地。秦置九江、泗水等郡，汉属扬、豫、徐州，明直隶南京，清初始置安徽省。1952 年前，安徽以长江为界分为皖北和皖南两个行政公署（省级）。1952 年，两个行政公署合并为安徽省。现辖 16 个地级市、7 个县级市、54 个县及 44 个市辖区。全省面积 14.011 万平方千米。至 2016 年，人口 7027 万，有汉、畲、回、蒙古、满、苗、彝、壮、布依等民族。2016 年地区生产总值为 24117.9 亿元。

① 数据来源：安徽省 2016 年国民经济和社会发展统计公报.

第39章 齐 云 山

39.1 基本信息

1. 名称及保护性命名

齐云山位于安徽省黄山市。从保护性命名看，其丹霞地貌区1981年被评为安徽省级重点风景名胜区，1993年被评为国家森林公园，1994年被评为国家级风景名胜区，2002年被列为国家地质公园，2005年被评为国家AAAA级旅游景区，齐云山石刻1981年被列为安徽省级重点文物保护单位，2006年被列为全国重点文物保护单位。

2. 概况（面积/高程/位置/行政区划/交通）

齐云山其丹霞地貌区东西绵延约15km，南北跨越6km，面积约90km^2。从高程看，其最低海拔80m，其最高海拔585m，其一般海拔200～300m。其经纬度范围北至118°3′25″E、29°49′21″N，南至118°2′11″E、29°48′2″N，东至118°3′29″E、29°49′16″N，西至118°1′48″E、29°48′36″N，中心点坐标118°2′35″E、29°48′42″N。

在政区位置上，齐云山位于安徽省黄山市休宁县城西约15km的齐云山镇，东至齐云山镇蓝渡村，南至渭桥乡的紫溪河，西至黟县渔亭镇的万寿山，北至山脚横江。

在对外交通上，在航空领域，齐云山东南距国家一类航空口岸的黄山机场不到30km，在铁路交通领域，临近有合福高铁黄山北站、皖赣铁路黄山站、祁门站，在公路领域，临近S42黄浮高速休宁出口、黟县出口，在水路领域，新安江的源头横江流经本区。

39.2 地质数据

1. 地质概况[1~4]

齐云山地处休宁断陷盆地，该盆地面积约660km^2，呈狭长带状展布于武夷山脉与怀玉山脉之间，其为晚侏罗世初、早白垩世末形成的断陷盆地。其丹霞地貌初始沉积于白垩世早期，沉积结束于白垩世末。图39.1为皖南屯溪-休宁盆地地质简图。

2. 地层描述[1, 3, 4]

从地层特征看，K_2x 小岩组最厚达482m，含砂岩、砾质砂岩、岩屑砂岩夹玄武岩、岩屑砂岩韵律层。K_2q 齐云山组最厚达485m，含砾岩、岩屑砂岩、泥岩交互层。K_2g 桂林组最厚达2037m。

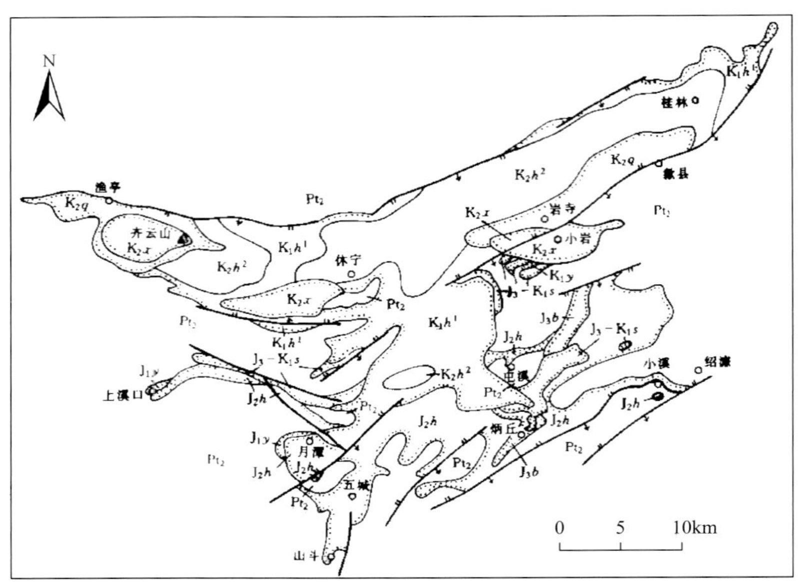

图 39.1　皖南屯溪-休宁盆地地质简图

K_2g 桂林组主要出露于齐云山北麓岩脚，分为上、下两段。下段（K_1g^1）在岩脚北部铁路旁可见，由棕灰色巨厚砾岩、紫红色厚层钙质硬砂岩、钙质细砂岩、钙质粉砂岩组成若干个大型韵律层，韵律层砾岩较薄（厚 1～3m），砂岩较厚（3m 以上）。砾岩成分有砂岩、脉石英及少量硅质岩、灰岩等，砾径 1～5cm，多呈次圆状至次棱角状，分选性差。

K_2q 齐云山组，在桂林组之上，为一套紫灰色厚至巨厚层砾岩和紫红色厚层钙质砂岩，与下伏层在铛金街呈不整合接触。齐云山组主要由 4 种岩层构成大型韵律层，即不等粒结构和粗粒状结构的含砾钙质硬砂岩、砂状结构的钙质细砂岩、粉质泥质结构的钙质粉砂岩以及粉砂微粒结构的粉砂质灰岩。

K_2x 小岩组，为暗红色厚层砾岩、紫灰色巨厚层砾岩、鲜红色厚层硬砂岩及紫红色巨厚层砂岩互层。

从沉积相看，其河流冲积相的小岩组（图 39.2），为紫色砂岩、砂砾岩及含粗砂砾硬砂岩，厚度 919m。河流冲积相-浅湖相的齐云山组，为暗红色砾岩、砖红色硬砂岩、底部夹细砂岩，厚度 85～207m。内陆湖泊相桂林组上段，有砾岩、粗砂岩、细砂岩、泥岩等，厚度 992～2037m。河流冲积相-湖泊相的桂林组下段，为砾岩、钙质硬砂岩、粉砂岩等，厚度 232～486m。

3. 岩性描述

从砾岩特征看，其砾石粒径 2～5mm，约占 70%。颜色呈新鲜面灰紫色，胶结物为褐红色（图 39.3）。碎屑成分为砂质泥岩岩屑、石英岩、石灰岩岩屑、花岗斑岩岩屑、碱性长石碎屑。胶结物有方解石、钙质胶结物、黏土杂基。结构为巨厚层和块状。岩体坚硬，单轴干抗压强度可达 100.86MPa，抗风化能力强。地貌表现一般为崖壁和正地貌。砾岩的采样点位于天生桥，图 39.4 为偏光显微镜照片，岩芯采样照片可见图 21.2。

图 39.2　河流冲积相

图 39.3　砾岩

图 39.4　砾岩偏光显微镜照片

左可见粗大碎屑颗粒为浅变质岩岩屑，略显片理构造；右为中性熔岩（安山岩）岩屑、酸性熔岩岩屑和微晶灰岩岩屑从石英砂岩试验数据看，其颗粒直径约 0.15～0.50mm，颜色呈棕红色、肉红色、砖红色。胶结物为方解石、钙质胶结物、黏土杂基（图 39.5）。结构为巨厚层-薄层，块状或层状，与砾岩互层。岩体抗压强度坚硬，单轴干抗压强度可达 99.33MPa，抗风化能力强。地貌表现多为正地貌。砂岩的采样点位于天生桥和龙虎洞。试验数据表明，石英砂岩主要呈不等粒砂状结构，碎屑物占 70%～80%，分选性差，以次棱-次圆状为主。主要碎屑物成分为单晶石英，次为长石碎屑（图 39.6）。

图 39.5　石英砂岩

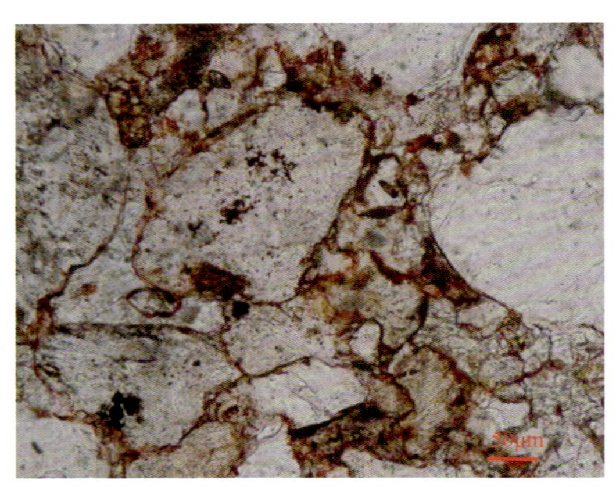

图 39.6　石英砂岩偏光显微镜照片

从钙质粉砂岩特征看（图 39.7），其砂岩粒径为 0.03～0.08mm；其颜色呈棕红色、砖红色。结构呈薄层、块状或层状，与砾岩互层。岩体抗压强度一般，抗风化能力较弱。地貌表现多为负地貌如岩洞和凹槽。粉砂岩的采样点位于龙虎洞。试验数据表明，其主要为粉砂-微粒砂状结构，碎屑物约占 65%，次棱-棱角状。主要碎屑物为单晶石英，少量长石碎屑（约占 2%）和白云母碎片（约占 3%）。填隙物约占 35%，为方解石胶结物、泥质和少量铁质氧化物（图 39.8）。

图 39.7　粉砂岩

图 39.8　粉砂岩偏光显微镜照片

4. 构造描述[3, 4]

齐云山的大地构造位置位于“山字形构造”（即中生代屯溪至休宁一带盆地）前弧的西翼。主要构造线为休宁深断裂、皖浙赣断裂、汤口断裂。褶皱两翼较陡，呈中部平缓开阔的向斜构造。断层东北走向的有景德镇-祁门断裂带、江湾-街口挤压破裂带、开化-淳安褶断带。稀疏的走向是北西 290°～310°纵节理，密集的走向是南西 230°～250°横节理。屯溪-休宁盆地北至歙县桂林、西至黟县渔亭、东至歙县绍濂、南至休宁山斗，红层出露完整，剖面露头基本连续，在中国东部中（新）生代盆地中具有一定的代表性。侏罗纪以来怀玉山台拱在休宁深断裂、虎-月深断裂和汤口断裂的作用下，形成规模较大的休宁断陷盆地，侏罗系地层分布于盆地南部，白垩系地层则偏于北部，沉积中心自南向北迁移，区内有 3 个深大断裂构造，即休宁深断裂、虎-月深断裂和汤口断裂。

39.3 地 貌 属 性

1. 地貌单元[1, 3, 4]

齐云山在大地貌单元上属于扬子准地台，江南台隆怀玉山台拱的休宁台凹区，属于屯溪-祁门丘陵平原亚区的西南部，在大地貌部位上属于扬子地台东南部，江南台隆的怀玉山台拱中部，即江南古陆之东北段。在地势上，休宁县地貌以山地、丘陵为主，整个地势南北高、中间低，起伏较大，垂直高差明显。休宁盆地是沿元古界地层发育的断陷盆地，在大地构造上盆地处于扬子地台江南台隆的东端，其发育过程主要是受北东向的苏浙皖赣大断裂和北北东向的宁国-绩溪-歙县大断裂影响，以及近东西向的祁门-歙县大断裂和一些盖层断裂所控制[3]。

2. 地貌类型[1, 3, 4]

依据岩性，以砾岩、砂岩、粉砂岩丹霞为主。依据产状，以近水平丹霞（＜10°）为主。依据外动力，属于气候半湿润区丹霞，主动力有水蚀作用。依据形态，其正地貌崖坡类型以直立坡和陡崖坡为主，大多数山体均有多级陡缓相间的坡面特点。丹霞方山、丹霞单面山、石峰、石梁、石墙、石柱、丘陵、孤峰、孤石均有发育，山石景观极其丰富（图 39.9）。崩积体有崩积堆，一般陡崖坡下均有崩积堆，有些地段陡崖坡下被侵蚀则

图 39.9　钟鼓峰

不易保存。负地貌有丹霞沟谷、线谷和巷谷、峡谷、围谷、深切曲流、宽谷（图39.10）。崖壁岩槽如顺层凹槽、顺层岩槽、竖向沟槽均十分发育。宏观上有顺层沟槽和竖向沟槽，使得地貌坡面比较复杂。丹霞洞穴如顺层洞穴、水平洞穴、壁龛式洞穴、蜂窝状洞穴、竖向洞穴、崩积洞穴均十分发育。群体组合疏密相间，剥蚀量超过50%。水平或近水平的岩层倾角大部分在10°以内，还有单斜构造岩层倾角多在10°～30°。

巷谷

天生桥

图39.10 负地貌丹霞景观

3. 坡面特性

齐云山陡崖的最大高度是230m，一般高度50～100m，陡崖最大坡度90°，一般坡度80°～90°。坡面形态有平直型、波浪型、不规则型。边角特征以圆化型为主，崩塌面局部保持棱角型且坡面见有侵蚀凹槽。

4. 重要景观

标志性景观有赤壁丹崖。从个性化景观看，有天生桥、象鼻岩、栖真岩、太素宫、小壶天、玉虚宫、月华街、五老峰、洞天福地、真仙洞府[3, 4]（图39.10）。

象鼻岩

小壶天

五老峰

图 39.11　齐云山标志性景观

地貌造型有紫霄崖、天船峰、楼上楼、香炉峰、方腊寨。

综合景观有月华街景区（图 39.12）。

图 39.12　齐云山月华街景观

根据 2011 年 7 月 2 日新闻报道，我国古生物学家邢立达对齐云山开展地质考察时在小壶天发现了 62 处恐龙足迹化石，比原来发现的 36 处多了 26 处。他认为这些恐龙足迹来自食草恐龙和食肉恐龙两种类型。此次考察属于加拿大阿尔伯塔大学和中国科学院古脊椎动物与古人类研究所合作的中国恐龙足迹科研项目。这一发现不仅为齐云山恐龙化石研究提供了新证据，也为丹霞地貌成因研究提供了新思路（图 39.13）。

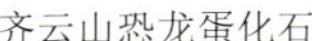
齐云山恐龙蛋化石

齐云山恐龙腿骨化石

齐云山恐龙足迹化石

图 39.13　齐云山各类恐龙化石

以上照片均由朱诚拍摄

39.4　自然地理环境

1. 自然环境

齐云山的气候类型属于北亚热带湿润季风气候，1 月均温 3.7℃，7 月均温 27.9℃，年均温 16.2℃，年降水量 1715.1mm。河流主要有横江，其流域面积 1025km^2，区内流程 26km，丰水期 3～6 月。横江古名东港、吉阳水，又称白鹤溪，是新安江的主要发源地之一。发源于黟县五溪山脉白顶山东麓，峰顶高程为 1137m，上源称漳河，南流经何家溪、碧山，进入黟县小盆地，至双溪桥。

齐云山土壤类型主要有山地红壤、山地黄棕壤、山地黄壤，以及山脚、河谷盆地中的水稻土（红砂土、猪肝土、黄砂土、青泥土、黄泥土）。该区土壤的分布随不同地形而有相应变化，黄壤和暗黄棕壤分布在海拔 700m 以上的中上部，黄红壤广泛分布于海拔 700m 以下的中山、低山和丘陵，棕色石灰土、石灰性紫色土、酸性紫色土、中性紫色土、灰潮土和水稻土等镶嵌分布在海拔 500m 以下的丘陵、河谷盆地。pH 为 4.5～6.5，有机质含量为 0.38%～9.30%，腐质层厚度为 10～30cm。

植被类型属于北亚热带常绿阔叶林地带，系皖南山地丘陵植被区。植物种类有 173 科 553 属 1302 种。特色植物有银杏、南方红豆杉、香果树、水杉、古梅、木瓜、榉树。

动物种类有兽类动物 49 种，鸟类 200 余种，两栖类 20 种，爬行类 45 种，鱼类 17 种，昆虫类 700 余种。特色动物有红嘴相思鸟、豹猫、夜鹰、红嘴蓝鹊、四声杜鹃、斑啄木鸟、黑枕黄鹂、金腰燕、黄鼬、鼬獾、尖吻蝮。

其综合自然地理环境是中亚热带丘陵森林景观（图 39.14）。

图 39.14　齐云山中亚热带丘陵森林景观

从自然环境变化状况看，该区森林植被为乔木、灌木、草本植物三层林相结构，植被覆盖率达 90%，基本无水土流失和荒漠化迹象，红层生态问题主要有外围林木的破坏与人工林化。

2. 地质环境

该区地质环境灾害主要有崩塌灾害。在丹霞地貌区，由于凹槽和洞穴不断扩大，顶部凌空的岩体在重力作用下，沿着破裂面崩塌滑落，形成崩积石。滑坡主要由暴雨洪涝等气象灾害引起。对安全具有较大威胁的主要地质灾害是崩塌或落石。滑坡灾害主要发生在修路和建筑人工切坡处，一般规模较小。基本上无泥石流发生。

39.5　地方文化及开发利用

1. 地方文化[5]

齐云山地区基本上是汉族，其宗教是道教，齐云山是中国四大道教圣地之一，有玄天太素宫、玉虚宫、无量寿佛宫。齐云山是明代皇帝亲自命名的地名，明万历刻本《齐云山志》载有“齐云一石插天，直入霄汉，真可与云齐也，故谓之齐云”。清代乾隆皇帝则将其誉之为“天下无双胜境，江南第一名山。”历史上，齐云山与黄山、九华山并列为皖南三大名山。明代旅行家徐霞客两次上黄山都是先到齐云山再上黄山[4]。其建筑为徽派风格。史迹记载有朱熹游览齐云山石桥岩。王守仁观光齐云山，留有《题云岩》诗文。山上还有唐寅墓碑。各种道家寺庙，崖刻碑刻遍及山间。民俗活动有齐云山玄帝庄会。

2. 利用现状

从利用类型看，齐云山景区旅游开发较好，对外部交通发达，生态环境保护状况良好。

参 考 文 献

[1] 余心起，王德恩. 安徽黄山地区侏罗纪-白垩纪层序地层学特征. 现代地质，2001，(1)：27～34.

[2] 周秉根，吴莉淳. 休宁白垩系红层盆地的沉积特征和地貌发育. 地理研究，1992，(1)：23～29.

[3] 朱诚，彭华，李世成，等. 安徽齐云山丹霞地貌成因. 地理学报，2005，(3)：445～455.

[4] 朱诚，马春梅，张广胜，等. 中国典型丹霞地貌成因研究. 北京：科学出版社，2015.

[5] 安徽省齐云山志编纂委员会. 齐云山志. 合肥：黄山书社，2011.

第 40 章　花 山 谜 窟

40.1　基 本 信 息

1. 名称及保护性命名

花山谜窟位于安徽省南部黄山市东郊，现名花山谜窟。从保护性命名看，其丹霞地貌区 2002 年被列为国家级风景名胜区，2005 年被列为国家 AAAA 级旅游区。

2. 概况（面积/高程/位置/行政区划/交通）

花山谜窟区面积为 1.5km^2，其景区面积 81km^2。从高程看，其最低海拔 100m，其最高海拔 200m，其一般海拔 160～180m。其经纬度范围北至 118°24′2″E、29°45′24″N，南至 118°23′46″E、29°44′36″N，东至 118°24′6″E、29°45′15″N，西至 118°23′24″E、29°45′18″N，中心点坐标 118°23′44″E、29°45′0″N。

在政区位置上，花山谜窟位于安徽省黄山市屯溪东郊的新安江南岸群山中。

在对外交通上，在航空领域，此处距离黄山机场 18.1km；在铁路领域，临近皖赣线黄山站、合福高铁黄山北站；在公路领域，紧邻徽杭高速公路、合肥-铜陵-九华-黄山高速公路、黄山-景德镇高速公路、环黄山高速公路和 205 国道。

40.2　地 质 数 据

1. 地质概况[1]

花山谜窟地处徽州盆地，该盆地面积 550km^2。其形成的时代为侏罗纪。初始沉积于侏罗纪中期，沉积结束于侏罗纪晚期。

2. 地层描述[1]

从地层特征看：洪琴组（J_2h）韵律层厚度一般为 30～60m，最厚 120m，向上略变薄；炳丘组（J_2b）以砾岩、砾质砂岩为主。洪琴组有 3 种韵律组合：底部为灰白、绿色厚层砾岩，紫红、灰色岩屑砂岩、砂质泥岩韵律层；中部为紫红色中细粒岩屑或石英砂岩、粉砂岩、泥岩韵律层；上部为灰白、紫红色岩屑砂岩、长石石英砂岩、砂质泥岩韵律层。炳丘组以砾岩、砾质砂岩为主，夹透镜状、条带状岩屑砂岩，具有多个明显砾岩、砾质砂岩旋回，底部砾石以巨砾为主，基质以近源物质为主；中上部砾石以中粗砾为主，往上还有轻微的磨圆。

从沉积相看，冲积扇相见于炳丘组和洪琴组，浅湖-深湖相见于洪琴组，中小型三角洲-较深湖相见于洪琴组，冲积扇-扇三角洲-滨浅湖相见于洪琴组，图 40.1 为洪琴组湖相沉积。

图 40.1　洪琴组湖相沉积

3. 岩性描述

从灰白色中粗粒石英砂岩特征看，颜色呈灰白色（图 40.2）。碎屑成分为单晶石英、脉石英和燧石。胶结物有黏土杂基和黄铁矿。结构为砂质结构、块状构造。岩体抗压强度较软，单轴干抗压强度为 35.02MPa，抗风化能力较弱。地貌表现为负地貌即凹槽。灰白色石英砂岩的采样点位于花山 2 号石窟。试验数据表明其主要为粗粒砂状结构，碎屑粒径为 0.5～1.2mm，分选中等，次棱-次圆状，碎屑物占 80%，其中单晶石英 72%、脉石英 6%、燧石不足 1%，填隙物 20%（含黏土杂基 19%，黄铁矿不足 1%）（图 40.3）。

图 40.2　花山谜窟石英砂岩

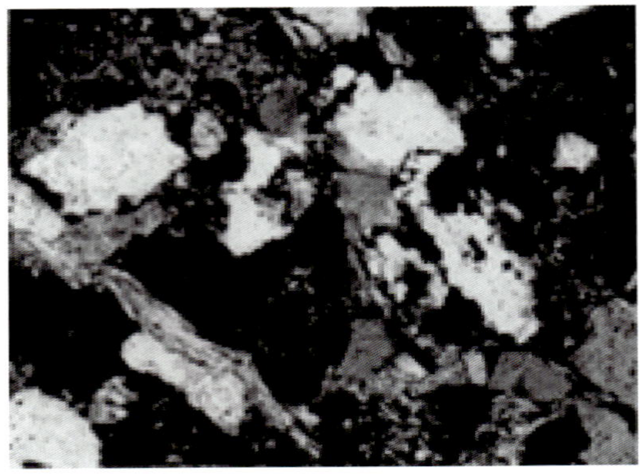

图 40.3　石英砂岩偏光显微镜照片

从粉红色中粒石英砂岩特征看，其颜色呈粉红色（图 40.4）。碎屑成分为单晶石英、长石、白云母。胶结物含黏土杂基和黄铁矿。结构为砂质结构，块状构造。岩体抗压强度较软，单轴干抗压强度为 23.00MPa，抗风化能力较弱。地貌表现为负地貌即凹槽。粉红色石英砂岩的采样点位于花山 32 号石窟。试验数据表明其中粗粒砂状结构中碎屑粒径为 0.3～1.2mm，分选中等，呈次棱-次圆状，碎屑物占 80%，其中单晶石英 75%、白云母不足 1%，填隙物 20%（含黏土杂基 19%，碳酸盐矿物 1%，硅质不足 1%）（图 40.5）。

图 40.4　花山谜窟粉红砂岩

4. 构造描述[1]

花山谜窟的大地构造位置位于扬子准地台，江南台隆休宁台凹。主要构造线为北北东向构造，其次为近东西向构造。褶皱基底以东西向障公山复背斜发育最好，北东向褶皱斜跨于东西向次级褶皱之上。断层东西向延伸，休宁深断裂、北东向断裂也发育，但切割深度不大，北东向节理发育。说明在地质历史上经历了漫长的构造运动，在 200Ma BP 的

图 40.5　粉红砂岩偏光显微镜照片

中生代侏罗纪早期，地壳抬升；约 180～140Ma BP 的侏罗纪中晚期，盆地内沉积了厚度很大的砂砾岩层，为洪琴组和炳丘组，其中洪琴组地层分布范围较广，且相对集中，构成了该区处于新安江两岸巨大的中侏罗世地层。

40.3　地 貌 属 性

1. 地貌单元[1]

花山谜窟在大地貌单元上属于徽州盆地，其地势四周高、中间低，地形以低山丘陵为主。

2. 地貌类型

依据岩性，该区属于以砂岩为主的丹霞地貌，以灰白砂岩与粉红色砂岩居多，有的呈交替互层出现（图 40.6、图 40.7）。依据外动力其气候属半湿润气候，依据主动力属于水蚀丹霞。说明流水侵蚀是塑造主动力，重力是重要常规动力。依据形态其正地貌崖坡类型以直立坡和陡崖坡为主；其负地貌如丹霞洞穴和水蚀型丹霞地貌较多。

图 40.6　灰白色砂岩与粉红色砂岩互层

图 40.7　砂砾岩和砂岩互层

3. 坡面特性

花山谜窟陡崖的最大高度为10m，一般高度6～8m，陡崖最大坡度90°，一般坡度70°～90°。坡面形态多为平直型。边角特征以圆化型为主。

4. 重要景观

标志性景观主要有石窟。地貌造型主要为花山石窟 2 号、24 号、33 号、34 号、35 号（图 40.8）。综合景观有花山湖（图 40.9）。

图 40.8　花山石窟 35 号（洞外、洞内）

图 40.9　花山湖

40.4　自然地理环境

1. 自然环境

花山谜窟的气候类型属于亚热带季风湿润气候，1 月均温 3.8℃，7 月均温 28℃，年均温 17.8℃，年降水量 1519mm。河流主要有新安江，流域面积 11 674km^2，丰水期 6～8 月，新安江东流入浙江省西部，经淳安至建德与兰江汇合，东北流入钱塘江，是钱塘江正源，水质 II～III类。

花山谜窟土壤类型有黄壤、黄红壤、黄棕壤。土壤特点，pH 为 4.5～6.5，有机质含量为 0.38%～9.30%，腐质层厚度为 10～30cm。

植被类型为北亚热带常绿阔叶林地带，系皖南山地丘陵植被区。植物种类有 173 科 553 属 1302 种。特色植物有银杏、南方红豆杉、香果树、水杉、古梅、木瓜、榉树。

动物种类有兽类动物 49 种、鸟类 200 余种、两栖类 20 种、爬行类 45 种、鱼类 17 种、昆虫类 700 余种。特色动物有红嘴相思鸟、豹猫、夜鹰、红嘴蓝鹊、四声杜鹃、斑啄木鸟、黑枕黄鹂、金腰燕、黄鼬、鼬獾、尖吻蝮。

其综合自然地理环境是中亚热带丘陵森林景观。

2. 地质环境

该区森林覆盖率和植被覆盖率达 83%，基本无水土流失和荒漠化迹象。红层生态问题主要是外围林木的破坏与人工林化。该区有崩塌灾害，景区见崩塌落石现象，对安全具有较大威胁（图 40.10）。景区未见滑坡，也未见泥石流。

图 40.10　花山地区崩塌落石

40.5　地方文化及开发利用

1. 地方文化

花山谜窟地区基本上是汉族，其宗教是佛教。建筑为徽派风格。

2. 利用现状

从利用类型看，花山谜窟旅游开发很好，已开发部分石窟作为旅游观光点，其中以 2 号窟和 35 号窟最具特色。该区对外交通很方便，生态环境保护状况良好。

参 考 文 献

[1]　朱诚，唐云松，马春梅，等，皖南花山石窟群开凿年代地衣测年及成因. 地理学报，2003，58（3）：433-441.

第 41 章　巢湖中庙

41.1　基本信息

1. 名称及保护性命名

巢湖中庙位于安徽省巢湖市，现名巢湖中庙，又名圣姥庙、忠庙。从保护性命名看，其丹霞地貌区 1998 年被列为安徽省重点文物保护单位，2002 年被评为国家级风景名胜区，2016 年被评为国家 AAAA 级旅游景区。

2. 概况（面积/高程/位置/行政区划/交通）

巢湖中庙其景区面积为 $15km^2$，其丹霞地貌面积小于 $1km^2$。从高程看，其最低海拔 65m，其最高海拔 205m，其一般海拔 120m。其位置为 117°28′25″E、31°35′20″N。

在政区位置上，巢湖中庙位于安徽省巢湖市西部巢湖北岸。在对外交通上，在铁路领域，其邻近巢湖火车站。在公路领域，其公路交通便利。

41.2　地质数据

1. 地质概况[1-3]

巢湖中庙地处巢湖盆地，该盆地面积 $1000km^2$。其形成于侏罗纪晚期。巢湖盆地位于安徽省中部，四周丘陵、台地围绕，形态相当完整。盆地由偏于东南隅的巢湖和宽窄不等的环湖平原组成。巢湖为中国五大淡水湖之一，在水位为 8m 时，即水深 2～3m 时，湖面面积和储水量分别达 $753km^2$ 和 $1.72\times10^9m^3$。湖面广阔稳定，对沿岸城市用水和农业灌溉意义十分重大，同时也可用于发展淡水养殖和航运事业。环湖平原，主要由两级阶地和入湖各河的河漫滩及巢湖湖滩地所组成。河漫滩、湖滩地现已多筑堤围垦，成为良田。丹霞红层初始沉积于侏罗纪晚期，沉积结束于白垩纪晚期。图 41.1 为巢湖中庙地质简图[1, 2]。

2. 地层描述[1-3]

从地层特征看，J_3m 毛坦厂组厚度大于 151m，有紫灰色安山岩、粗安质火山角砾岩，夹凝灰质岩细砂岩、粉砂岩。J_1m 磨山组厚度大于 20m，由砖红色中厚层砂砾岩与细粒岩屑、长石砂岩组成。

从沉积相看，河床相有砾石发育，磨圆度一般。河漫滩-河间洼地相见细粒粉砂岩、黏土岩，湖盆相以粉砂岩、黏土岩为主，见水平层理（图 41.2）。

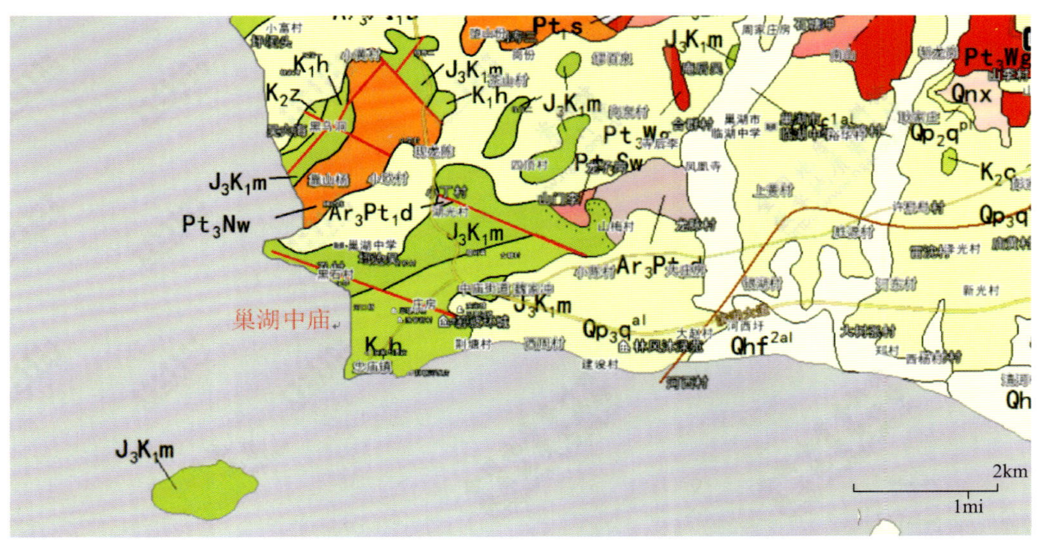

图 41.1　巢湖中庙地质简图[1, 2]

图 41.2　河湖相沉积地层

3. *岩性描述*

从中酸性火成岩特征看，颜色呈砖红色、肉红色。结构为巨厚-薄层，呈块状或层状，与砾石互层（图 41.3）。其抗压强度坚硬，单轴抗压强度为 75.6MPa，抗风化能力较强。地貌表现为河岸带。火成岩的采样点位于巢湖湖岸。试验数据表明斑晶约占 15%，主要为黑云母 14%，少量石英 1%。黑云母呈片状，粒径约 0.3～0.9mm，一组解理极完全，呈深褐红色至浅黄色，具很强的多色性和吸收性，无蚀变很新鲜。石英具有熔蚀圆滑的边缘，大小约 0.7mm。基质占 85%，微晶-隐晶质结构，微晶质矿物为微小的长英质矿物，晶粒界线模糊，光性微弱。基质中含少量副矿物磷灰石，无色透明，长柱状，长度 0.16mm，具横向裂理，干涉色呈一级暗灰。

图 41.3　巢湖中庙丹霞地貌岩相

图 41.4　巢湖中庙岩芯采样偏光显微镜照片

4. 构造描述[1, 3]

巢湖中庙的大地构造位置位于扬子板块的东北部（下扬子台褶带南京拗陷褶皱束滁巢褶断带）郯庐断裂带的东侧、半汤复式背斜的西翼。主要构造线郯庐断裂的活动对该区地质发展有明显的控制作用。褶皱区内位于特提斯构造与太平洋构造的交汇处，中生代以来的构造活动强烈，并奠定了区内的构造格架。尤其是印支运动在本区表现最为明显，以北北东-南南西向褶皱为主，伴随有一系列的纵断层、横断层和斜断层。断层南缘以桥头集-东关断层为界，西缘以夏阁-圣桥断层（滁河断裂带的一部分）为界。

41.3　地 貌 属 性

1. 地貌单元[1, 3]

巢湖中庙在大地貌单元上属于扬子准地台，江南台隆，大地貌部位位于扬子准地台东南部，江南台隆的怀玉山台拱中部，即江南古陆之东北段，地势平坦。

2. 地貌类型

依据岩性，该区以火山岩为主，而该区域丹霞地貌仅为巢湖河岸，无景观，见图41.5。其产状以水平为主（图41.6）。依据外动力其气候属于半湿润气候，依据主动力以水蚀作用为主。依据形态主要为正地貌坡面河岸类型。

图41.5 巢湖河岸丹霞地貌

图41.6 巢湖中庙丹霞地貌水平产状

41.4 自然地理环境

1. 自然环境[1, 3, 4]

巢湖中庙的气候类型属于北亚热带湿润季风气候，1月均温3.7℃，7月均温27.9℃，年均温16.2℃，年降水量1715.1mm。巢湖，曾称南巢、居巢湖，俗称焦湖，为长江水系下游湖泊，位于安徽省中部，东西长 54.5km，南北平均宽 15.1km，湖岸线最长 181km。最大水域面积约 825km^2，最大容积 4.81×10^9m^3，最大深度 0.98～7.98m，是中国五大淡水湖之一。湖水主要靠地面径流补给，流域面积为 12 938km^2，集水范围包括合肥、巢湖、肥东、肥西、庐江、舒城、无为等地。沿湖共有河流 35 条。其中较大的河流有杭埠河、白石天河、派河、南淝河、烔炀河、柘皋河、兆河等。从南、西、北三面汇入湖内，然后在巢湖市城关出湖，经裕溪河东南流至裕溪口注入长江[4]。

巢湖中庙土壤类型有山地红壤、山地黄棕壤、山地黄壤，以及山脚、河谷盆地中的水稻土（红砂土、猪肝土、黄砂土、青泥土、黄泥土）。

植被类型属于北亚热带常绿阔叶林地带，系皖南山地丘陵植被区。

其综合自然地理环境是中亚热带丘陵森林景观。

2. 地质环境[1, 3, 4]

该区地质环境中森林覆盖率和植被覆盖率低于 30%，基本无水土流失和荒漠化迹象。对安全具有较大威胁的主要地质灾害是崩塌或落石，而滑坡灾害主要发生在修路和建筑人工切坡处，一般规模较小，无泥石流灾害。

41.5　地方文化及开发利用

1. 地方文化

巢湖中庙地区丹霞盆地内基本是汉族。宗教为道教。建筑为徽派风格。史迹有中庙寺，如图 41.7。

图 41.7　巢湖中庙

2. 利用现状

从利用类型看，该区丹霞地貌仅为巢湖河岸，没有开发成具有丹霞特色的旅游景点，但交通便捷。

参考文献

[1] 安徽省地质矿产局. 安徽省区域地质志. 北京：地质出版社，1987.
[2] 国家地质资料数据中心：https：//www.ngac.org.cn.
[3] 牛漫兰.安徽省嘉山-巢湖地区的区域地质构造稳定性. 合肥工业大学学报（自然科学版），2005，28（7）：716-118+726..
[4] 朱诚，马春梅，张广胜，等. 中国典型丹霞地貌成因研究. 北京：科学出版社，2015.

第 42 章　皖西大裂谷

42.1　基 本 信 息

1. 名称及保护性命名

皖西大裂谷位于安徽省六安市金安区张店镇，现名皖西大裂谷。从保护性命名看，其丹霞地貌区 2005 年被列为国家级地质公园、国家 AAAA 级旅游区。

2. 概况（面积/高程/位置/行政区划/交通）

皖西大裂谷其丹霞地貌区面积为 5km^2，其景区面积 10km^2。从高程看，其最低海拔 62m、最高海拔 245m、一般海拔 95m。其经纬度范围北至 116°35′21″E、31°30′28″N，南至 116°34′57″E、31°28′24″N，东至 116°35′50″E、31°29′29″N，西至 116°33′11″E、31°29′29″N，中心点坐标 116°34′20″E、31°28′14″N。

在政区位置上，皖西大裂谷位于安徽省六安市金安区张店镇南太平桥村西南侧。

在对外交通上，在航空领域，邻近有六安机场；在铁路领域，附近有六安火车站；在公路领域，附近有高速公路。

42.2　地 质 数 据

1. 地质概况[1-3]

大裂谷地处凤凰台盆地，该盆地面积约 120km^2，该范围内沉积有一套巨厚的砾岩、砂砾岩和砂岩的组合。其形成于中侏罗世晚期。凤凰台盆地东部出露的地层单一，属于中侏罗世晚期的凤凰台组。大约在 1.6 亿年前，北淮阳构造带隆起抬升，在一系列断裂的控制下，发育并形成凤凰台盆地，总厚约 2075m，地学界将该套地层定名为“凤凰台组”[4]。初始沉积于中侏罗世晚期，沉积结束于晚白垩世早期，图 42.1 为大别山地质略图[1, 2]。

2. 地层描述[2-4]

从地层特征看，凤凰台组位于凤凰台-太平桥一带，有一套巨厚的砾岩、砂砾岩、砂岩的组合，具有典型冲积扇相沉积（图 42.2），沿山麓呈多个扇体相互叠压状分布。凤凰台组出露在龙河口-响洪甸一线以北，岩性以厚层巨砾岩夹薄层砂砾岩、紫红色砂岩为主，砾石呈次圆状-次棱角状，分选差、接触式胶结，是典型的磨拉石建造，沉积环境多为山前洪积扇相、河口三角洲相及河漫滩相。其成分主要由灰白色至灰紫色块状岩块砾岩组成，砾石成分复杂，有榴辉岩、角闪岩、片麻岩、花岗岩等，多为卵石和巨砾，砾径一般为 10～30cm，最大达 1m 以上，为冲积扇根部相，砾石来源于大别山造山带[1, 2]。

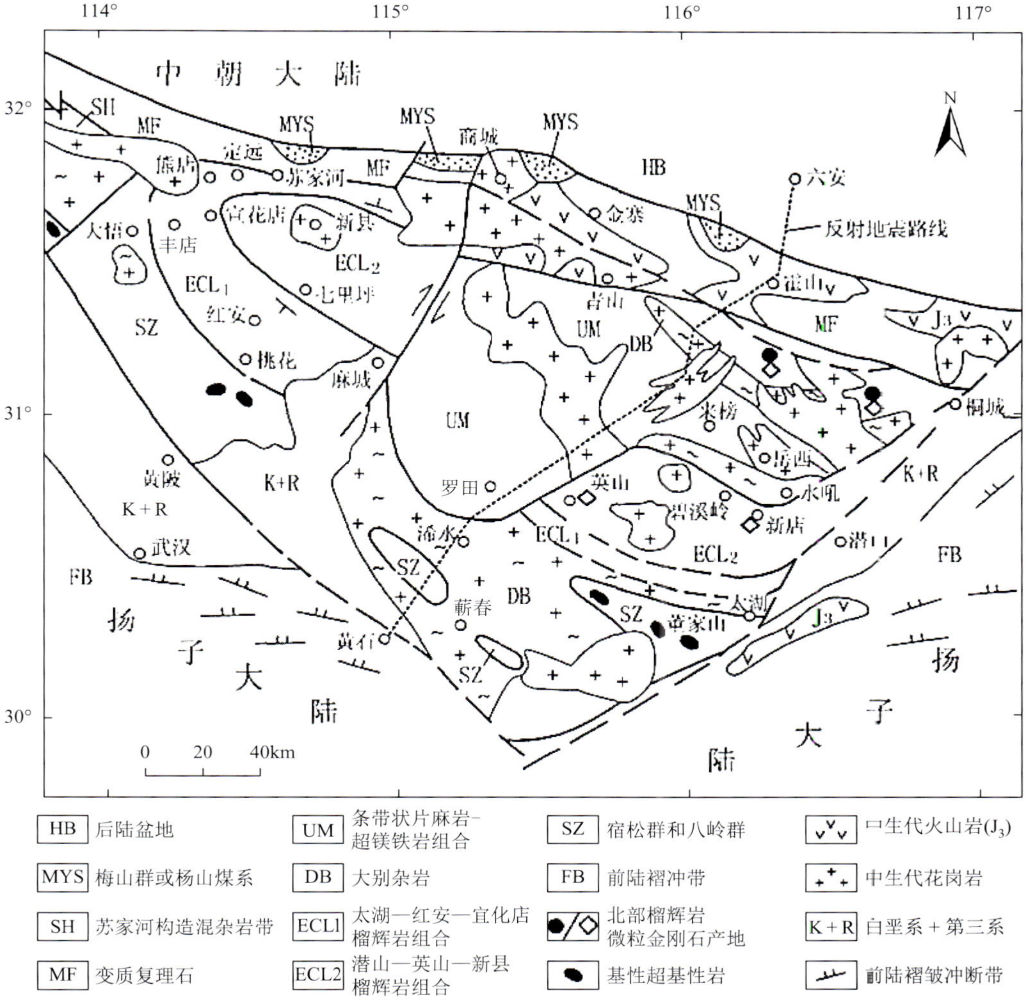

114°
115°
116°
117°
32°
31°
30°
中朝大陆
扬子大陆
扬子大陆
N
SH
MF
MYS
HB
六安
反射地震路线
商城
熊店
定远
苏家河
大悟
丰店
宣化店
新县
ECL2
ECL1
七里坪
红安
SZ
桃花
麻城
金寨
霍山
青山
UM
DB
J3
桐城
来榜
岳西
水吼
英山
罗田
黄陂
K+R
武汉
FB
浠水
蕲春
黄石
碧溪岭
新店
潜山
太湖
章家山
0
20
40km
HB 后陆盆地
UM 条带状片麻岩-超镁铁岩组合
SZ 宿松群和八岭群
中生代火山岩(J3)
MYS 梅山群或杨山煤系
DB 大别杂岩
FB 前陆褶冲带
中生代花岗岩
SH 苏家河构造混杂岩带
ECL1 太湖—红安—宣化店榴辉岩组合
北部榴辉岩微粒金刚石产地
K+R 白垩系+第三系
MF 变质复理石
ECL2 潜山—英山—新县榴辉岩组合
基性超基性岩
前陆褶皱冲断带

图 42.1　大别山地质略图[1, 2]

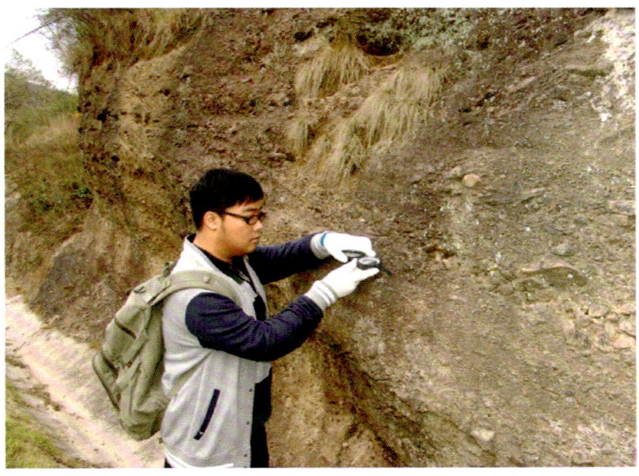

图 42.2　河湖相沉积地层

从沉积相看，其洪积相的冲、洪积相红色碎屑岩主要见于凤凰台组，以紫红色厚层-巨厚层砾岩为主，夹层为砂岩。

3. 岩性描述[2-4]

从砂砾岩特征看，其砾石直径 2～15mm。颜色呈新鲜面灰紫色，胶结物呈红褐色（图 42.3）。碎屑成分有砂质泥岩岩屑、石英岩、石灰岩岩屑、花岗斑岩岩屑、碱性长石碎屑。胶结物有方解石、钙质胶结物、黏土杂基。结构为巨厚层，块状。岩体抗压强度坚硬，单轴干抗压强度可达 100.86MPa，抗风化能力强（图 42.4）。地貌表现一般为崖壁和正地貌。砂砾岩的采样点位于皖西大裂谷入口处。

图 42.3　皖西大峡谷砂砾岩岩相

图 42.4　砂砾岩偏光显微镜照片

从砂岩特征看，颜色呈砖红色、肉红色（图 42.5）。结构为巨厚-薄层，块状或层状，与砾石互层。岩体单轴抗压强度为 62.58MPa，抗风化能力较弱。地貌表现多为岩壁、正地貌，砾岩夹砂岩时凹进为岩槽。砂岩的采样点位于雄起岩岩壁处。试验数据表明该区以细粒砂状结构为主，碎屑物粒径多数为 0.06～0.25mm，少数为 0.3～0.4mm，最大达 0.7mm，分选中等，磨圆度差、以次棱角状为主。碎屑物占 65%，成分为石英 57%、长石 2%、白云母 5%、黑云母 1%，偶见重矿物锆石。个别石英碎屑中含大量微小柱状矿物包裹体。长石为斜长石，发育聚片双晶。白云母碎屑无色透明，呈片状，一组解理极完全，干涉色鲜艳，为二级顶部，常见弯曲变形。黑云母呈碎屑片状，一组解理极完全，呈深红褐色至黄色，具很强的多色性和吸收性，常见弯曲变形。填隙物占 35%，为钙质胶结物，为它形粒状微晶-细晶方解石（图 42.6）。

图 42.5　皖西大峡谷砂岩岩相

图 42.6　砂岩偏光显微镜照片

4. 构造描述[2-4]

大裂谷的大地构造位置位于皖西大裂谷，地处大别山北麓、北淮阳构造带东段、凤凰台盆地东部，主要构造线大别山构造带是北以固始-肥中深断裂，南以襄樊-广济深断裂为界，东止于郯城-庐江断裂带，西与秦岭褶皱系相连，是由深大断裂合围的地质块体，连接华北与扬子两个板块，以桐柏-桐城剪切带为界可进一步划分为大别山隆起构造带和北淮阳褶皱构造带 2 个次级构造单元。褶皱以郯庐断裂为界与下扬子板块接邻，北以寿县-定远断裂为界，与蚌埠隆起接邻，西以吴集断裂为界，与长山隆起接邻。这再次说明北淮阳褶皱构造带隆起抬升，断层区内基本上受北东-南西向和北西-南东向两组断裂控制。节理以北东-南西向和北西-南东节理为主。皖西大裂谷地处大别山北麓地区，大别山特殊的地质构造形成了皖西大别山北麓地区的上、中、下 3 个构造层：上构造层的磨拉石盆地；中构造层的佛子岭群绿片岩相-角闪岩相变质岩；下构造层的大别杂岩及其高角闪岩相、麻粒岩相变质岩。而皖西大裂谷就是处在上构造层的磨拉石盆地——凤凰台盆地中[4]。

42.3 地貌属性

1. 地貌单元[2-4]

大裂谷位于大地貌单元上的六安大地构造位置，隶属秦岭褶皱系东端和中朝准地台南缘两个一级构造单元。六安地势位于大别山北坡面向淮北平原的斜面上，西南高、东北低，由南向北呈阶梯状分布，大体分山地、丘陵、岗地和平原 4 个类型[4]。六安大地构造，自南向北跨武当淮阳隆起、北秦岭褶皱带和华北断拗 3 个次级构造单元，进一步划分，则为大别山复背斜、佛子岭复向斜、合肥六安凹陷等次级构造单元。

2. 地貌类型[2-4]

依据岩性，该区以砂砾岩、砂岩为主。依据产状，以近水平产状为主，倾角小于 30°。依据外动力该区属半湿润气候，依据主动力属于水蚀丹霞（图 42.7）。流水、风化和重力作用是重要的常规动力。依据形态正地貌崖坡类型以直立坡和陡崖坡为主；大多数山体均有多级陡缓相间的坡面特点。山峰发育较少。崩积体有崩积堆，一般陡崖坡下均有崩积堆，有些地段陡崖坡下被侵蚀则不易保存；一般陡崖坡下或沟谷均有崩积岩块（图 42.8）。负地貌中丹霞洞穴如顺层洞穴、水平洞穴、壁龛式洞穴、蜂窝状洞穴、竖向洞穴、崩积洞穴均十分发育（图 42.9）。群体组合疏密相间，剥蚀量超过 50%。

图 42.7 丹霞单面山（岩层倾角 15°）

图 42.8　皖西大裂谷单面山

丹霞沟谷

凹槽

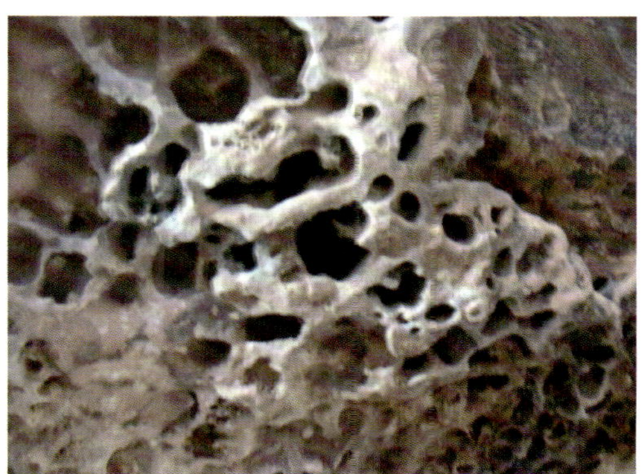

蜂窝状洞穴

图 42.9　皖西大峡谷丹霞负地貌

3. 坡面特性

大裂谷陡崖的最大高度是263m，一般高度153m，陡崖最大坡度90°，一般坡度60°～90°。坡面形态中平直型、波浪型、横向槽脊型、竖向槽脊型均有。边角特征以圆化型为主，崩塌面局部保持棱角型（图42.10）。

图42.10　圆化型丹霞山峰

4. 重要景观

标志性景观为大裂谷。个性化景观包括皖西大裂谷栈道、丹霞波痕。地貌造型有江淮第一岩、双蟾岩。综合景观为皖西大裂谷综合景观（图42.11）。

图42.11　皖西大裂谷综合景观

42.4　自然地理环境

1. 自然环境

大裂谷的气候类型属于北亚热带湿润季风气候，1 月均温 3.7℃，7 月均温 27.9℃，年均温 16.2℃，年降水量 1715.1mm。河流主要有东汲河，流域面积 469km^2，干流长 82km，丰水期 5～9 月，发源于大别山、六安市裕安区独安镇西北的瓦岗冲，弯曲北流。流域内地形复杂，具有山区、丘陵、平原的地貌特征。

大裂谷土壤类型主要有山地红壤、山地黄棕壤、山地黄壤，以及山脚、河谷盆地中的水稻土（红砂土、猪肝土、黄砂土、青泥土、黄泥土）。该区域土壤的分布随不同地形而相应地变化，黄壤和暗黄棕壤分布在海拔 700m 以上的中上部，黄红壤广泛分布于海拔 700m 以下的中山、低山和丘陵；棕色石灰土、石灰性紫色土、酸性紫色土、中性紫色土、灰潮土和水稻土等镶嵌分布在海拔 500m 以下的丘陵、河谷盆地。pH 为 4.5～6.5，有机质含量为 0.38%～9.30%，腐质层厚度为 10～30cm。

植被类型，属于北亚热带常绿阔叶林地带，系皖南山地丘陵植被区。

其综合自然地理环境是中亚热带丘陵森林景观。

该区自然环境中植被有乔木、灌木、草本植物三层林相结构，森林覆盖率达 65%，基本无水土流失和荒漠化迹象。红层生态问题主要是外围林木的破坏与人工林化。

2. 地质环境

该区有崩塌灾害，在丹霞地貌区，由于凹槽和洞穴不断扩大，顶部凌空的岩体在重力作用下，沿着破裂面崩塌滑落，形成崩积石（图 42.12）。该区滑坡主要由暴雨洪涝等气象灾害引起。对安全具有较大威胁的主要地质灾害是崩塌或落石，而滑坡灾害主要发生在修路时和建筑人工切坡处，一般规模较小。基本上无泥石流发生。

图 42.12　皖西大峡谷崩积石

42.5　地方文化及开发利用

1. 地方文化

大裂谷地区丹霞盆地内基本是汉族，其宗教是佛教（图 42.13）。建筑主要是徽派建筑。

图 42.13　皖西双蟾寺

2. 利用现状

从利用类型看，该景区已开发，为国家 AAAA 级旅游景区，利用程度较高，交通较为便捷，生态环境保护状况较好。

参 考 文 献

[1]　朱诚，马春梅，张广胜，等. 中国典型丹霞地貌成因研究. 北京：科学出版社，2015.

[2]　徐树桐，袁学诚，吴维平，等. 大别山黄石-六安反射地震剖面新的地质解释. 地质通报，2008，27（1）：19-26.

[3]　芦艳琳. 大别造山带北缘梅山群地层、岩石学特征及物源分析. 合肥：合肥工业大学，2014.

[4]　安徽省地质矿产局. 安徽省区域地质志. 北京：地质出版社，1987.

第五篇　江苏省丹霞地貌特征

[江苏省概况] ①

江苏省简称“苏”，省会南京，位于我国东部，长江、淮河下游，东临东海。春秋时分属齐、晋、宋、楚、吴、越等国，秦属东海、泗水、会稽郡，汉属徐、扬二州，三国时苏南为吴地、苏北为魏地，唐分属三道，元归河南泗水、江浙两行省，明直属南京，清初建江苏省。现辖 13 个地级市、22 个县级市、19 个县及 55 个市辖区。全省总面积 10.72 万平方千米。至 2016 年，人口 7998.6 万，有汉、回、苗、土家、蒙古、满等民族。2016 年，地区生产总值为 76086.2 亿元。

① 数据来源：江苏省 2016 年国民经济和社会发展统计公报.

第 43 章　南京石头城与乌龙山

43.1　基本信息

1. 名称及保护性命名[1]

南京石头城与乌龙山分别位于江苏省南京市鼓楼区石头城和栖霞区乌龙山。石头城现名石头城遗址公园，别名鬼脸城。从保护性命名看，1988 年，其丹霞地貌区的石头城作为南京城墙的一部分被列为国家级重点文物保护单位。

2. 概况（面积/高程/位置/行政区划/交通）

石头城景区面积为 0.19km^2，其丹霞地貌区面积约 0.01km^2，乌龙山景区占地 0.889km^2。从高程看，石头城最低海拔 17m、最高海拔 28m、一般海拔 22m，乌龙山最低海拔 16m、最高海拔 47.05m、一般海拔 20m。石头城经纬度范围北至 118°45′45″E、32°3′32″N，南至 118°45′48″E、32°3′9″N，东至 118°45′53″E、32°3′13″N，西至 118°45′27″E、32°3′27″N，中心点坐标 118°45′41″E、32°3′23″N。乌龙山其经纬度范围北至 118°52′59″E、32°10′12″N，南至 118°52′24″E、32°9′36″N，东至 118°54′1″E、32°10′9″N，西至 118°52′20″E、32°9′50″N，中心点坐标 118°53′7″E、32°10′3″N。

在政区位置上，石头城位于江苏省南京市鼓楼区，乌龙山则位于栖霞区。石头城遗址位于南京清凉门桥至草场门桥之间，东临虎踞路，西抵明城垣，北傍清凉山体育学校，南至清凉门、紧邻外秦淮河。

在对外交通上，在航空领域，两者距南京禄口机场都约 2 小时路程；在铁路领域，邻近有南京站和南京南站；在公路领域，交通便利。

43.2　地质数据[1-4]

1. 地质概况

石头城地处宁镇扬丘陵盆地，该盆地面积 500km^2。其形成时代为白垩纪。初始沉积于白垩纪早期，沉积结束于白垩纪晚期。图 43.1 为长江中下游盆地分布[1-3]。

2. 地层描述

从地层特征看，浦口组岩性可分为上、下两部分。其中，下部为红棕色含砾粉质黏土、黏土、碎石层，角砾或碎石成分因地而异，厚度一般为 0.3～2m；上部主要为

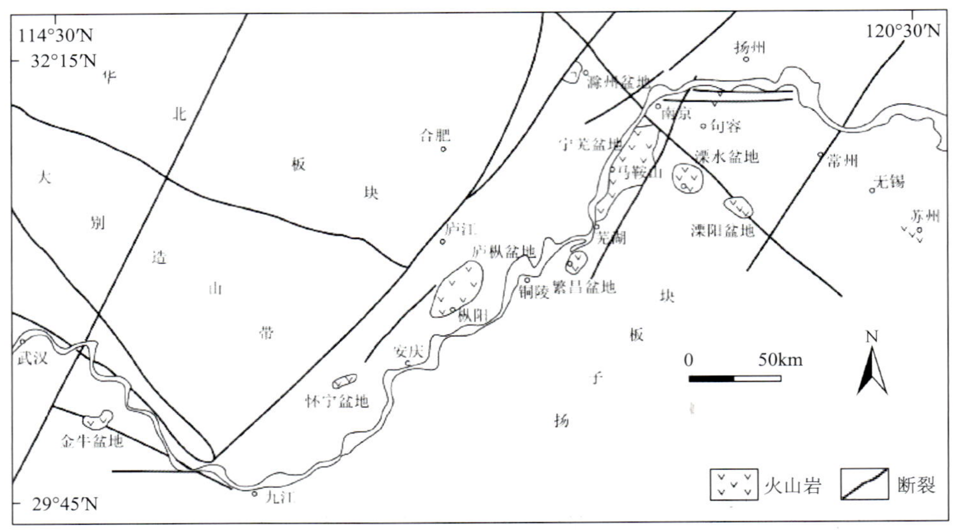

图 43.1　长江中下游盆地分布[1, 3]

褐棕、红棕色黏土、亚砂土，块状构造，具柱状节理，含钙质结核、铁锰结核和铁锰胶膜，结核常富集呈似层状，钙质结核以不规则姜状为主，有 2 层古土壤或壤化层，厚 4～12m。

从沉积相看，冲、洪积相的红色碎屑岩主要见于浦口组，以紫红色厚层-巨厚层砾岩、砂砾岩为主，夹砂岩、粉砂岩。河湖相沉积穿插在浦口组之间，以碎屑岩为主，夹粉砂岩及砂砾岩（图 43.2）。

石头城浦口组河湖相沉积地层

乌龙山河湖相沉积

图 43.2　沉积地层

3. 岩性描述

从砾砂岩特征看，其粒级以次棱角状-棱角状为主，砾石粒径以 2～6mm 为主，砂质物粒径以 0.2～1.2mm 为主。颜色新鲜面为灰褐色，胶结物为褐红色（图 43.3）。碎屑成分为石英岩、灰岩，少量燧石。胶结物主要为钙质胶结物和铁质胶结物，含少量高岭石。钙质胶结物为它形粒状中细晶方解石。结构呈巨厚层，块状，与砂岩互层，局部含砂质夹层。岩体抗压强度较坚硬，单轴抗压强度为 66.15MPa，抗风化能力强。地貌表现一般为岩壁和正地貌。砾砂岩采样点位于南京石头城城墙下方，海拔 16m。试验数据表明该区以不等粒砂状结构为主，少量砾状结构，碎屑物分选差，砂质物磨圆度差，以次棱角状-棱角状为主，砾石磨圆度较好，以次圆状为主（图 43.4）。

图 43.3　南京浦口组砾砂岩

图 43.4　砾砂岩偏光显微镜照片

从砂岩特征看，其粒径以 0.15～0.45mm 为主，少数达 1.0～2.1mm。颜色为砖红色、肉红色，碎屑主要成分为石英，偶见燧石岩屑和白云母碎屑（图 43.5）。胶结物为钙质胶结物。结构为巨厚-薄层，块状或层状，与砾石互层。岩体抗压强度坚硬，单轴抗压强度为 217.6MPa，抗风化能力较强。地貌表现多为岩壁和正地貌，砾岩夹砂岩时凹进为岩槽。砂岩采样点同样位于石头城城墙下。试验数据表明该区中细粒砂状结构，分选好，磨圆度好，以次圆状为主（图 43.6）。该岩石成岩作用较强，有些石英颗粒紧密接触，构成镶嵌胶结。

图 43.5　南京石头城砂岩

图 43.6　砂岩偏光显微镜照片

4. 构造描述

石头城的大地构造位置位于扬子准地台的扬子凹陷褶皱带，主要构造线为茅山断裂带。褶皱由 8 个次级构造单元所组成，即六合-全椒凹陷、老山凸起、天长隆起、高邮凹陷、沿江拗陷、宁芜火山岩断陷盆地、宁镇断块隆起和句容盆地。断层主要为北东向，发育北东向节理为主。从震旦纪以来长期交替沉积了各时代的海相、陆相和海陆相地层，下三叠统青龙群沉积以后，经印支运动、燕山运动发生断裂及岩浆活动，并在相邻凹陷区及山前、山间盆地堆积了白垩纪-第三纪红色岩系及侏罗纪-白垩纪的火山岩系。断裂构造受淮阳山字型构造东翼和下扬子破碎带的影响较明显。

43.3　地 貌 属 性[1-4]

1. 地貌单元

石头城在大地貌单元上属于下扬子板块，大地貌部位处于下扬子板块华南区。地势平缓。该区总体以低山缓岗为主，低山占总面积的 3.5%，丘陵占 4.3%，岗地占 53%，平原、洼地及河流湖泊占 39.2%。宁镇山脉和江北的老山横亘南京市域中部，南部有秦淮流域丘陵岗地南界的横山、东庐山。南京平面位置南北长、东西窄，成正南北向；南北直线距离 150km，中部东西宽 50～70km，南北两端东西宽约 30km。南面是低山、岗地、河谷平原、滨湖平原和沿江河地等地形单元构成的地貌综合体。

2. 地貌类型

依据岩性，该区以砂砾岩丹霞地貌为主。依据产状，该区为近水平岩层，一般岩层倾角小于 15°（图 43.7）。依据外动力，气候属湿润区丹霞，依据主动力属水蚀丹霞。流水是主动力，但风化和重力作用也是重要的常规动力。依据形态，该区主要为正地貌坡面类型。丹霞出露部分为直立坡（图 43.8）。崩积体较少，负地貌多为崖壁岩槽，水平岩槽发育为主（图 43.9）。依发育阶段，属于青年期丹霞地貌。该地区丹霞地貌为微观景观，具有重要的历史考古意义。

乌龙山炮台水平岩层

石头城水平岩层

图 43.7　近水平岩层

石头城丹霞陡崖

乌龙山丹霞陡崖

图 43.8　丹霞直立坡

石头城丹霞地貌凹槽

乌龙山凹槽

图 43.9　丹霞凹槽

3. 坡面特性

该区陡崖最大坡度 90°，一般坡度 70°～90°。坡面形态中平直型、波浪型、横向槽脊型、竖向槽脊型均有。边角特征以圆化型为主，崩塌面局部保持棱角型（图 43.10）。

图 43.10　乌龙山圆化型石峰

4. 重要景观

标志性景观为丹霞赤壁。个性化景观为丹霞鬼脸（图 43.11）。综合景观为南京石头城山水结合（图 43.12）。

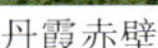

丹霞赤壁

石头城上鬼脸

图 43.11　标志性景观

图 43.12　南京石头城山水结合

43.4　自然地理环境

1. 自然环境

石头城地区气候类型属于亚热带季风气候。1 月均温 4℃，7 月均温 28℃，年均温 15.4℃，年降水量 1047.0mm。河流主要有秦淮河，流域面积 2600km^2，总径流量 65 900km^3，石头城景区内流程 700m，丰水期 5～9 月。

土壤类型有森林赤红壤、山地红壤和山地黄棕壤。土壤特点，总体土层较薄，砂粒含量高，含水量低。

其综合自然地理环境是亚热带丘陵森林景观。

该区自然环境中森林覆盖率占 40%。基本无水土流失和荒漠化迹象。红层生态问题主要是外围林木的破坏与人工林化。

2. 地质环境

该区崩塌落石现象常见，滑坡较少见，范围内不具备发生泥石流的条件（图 43.13）。

对安全具有较大威胁的主要地质灾害是崩塌或落石，滑坡灾害主要发生在修路时和建筑人工切坡处，一般规模较小。乌龙山有一定山体滑坡危险。

石头城崩积巨石

乌龙山崩积石

图 43.13　典型崩塌落石

43.5　地方文化及开发利用

1. 地方文化

该地区丹霞盆地内基本是汉族，丹霞地貌面积较小。建筑方面，石头城城墙依丹霞而建，城墙遗址使用大小相当的扁平青砖砌筑，层层叠叠、严丝合缝（图 43.14）。现代保存下来的主要为东垣和北垣遗迹，两段遗迹呈北高南低的形势，长约 760m。其中，东垣遗迹呈西北至东南走向；北垣遗迹呈曲线状，东起八角亭，全线长约 570m。

2. 利用现状

从利用类型看，石头城遗址公园已初步开发，未来将会再次进行深度开发。景区交通发达，有直达的公交和地铁。生态环境保护状况良好。

图 43.14　古城墙遗迹

参考文献

[1] 江苏省地质矿产局. 江苏省及上海市区域地质志. 北京：地质出版社，1984.

[2] 白云凤，程日辉，孔庆莹，等. 下扬子地区晚白垩世浦口期沉积古地理及地质背景. 吉林大学学报（地球科学版），2007，37（4）：684-689.

[3] 侯可军，袁顺达. 宁芜盆地火山-次火山岩的锆石 U-Pb 年龄、Hf 同位素组成及其地质意义. 岩石学报，2010，26（3）：888-902.

[4] 殷维翰. 南京山水地质. 北京：地质出版社，1979.

第 44 章　溧水胭脂河

44.1　基 本 信 息

1. 名称及保护性命名

溧水胭脂河位于江苏省南京市溧水区，现名溧水胭脂河。从保护性命名看，1995 年被列为省市重点文物保护单位，其丹霞地貌区 2005 年被列为国家级 AAA 级旅游区。

2. 概况（面积/高程/位置/行政区划/交通）[1]

溧水胭脂河其景区面积为 1.27km^2，其丹霞地貌区面积为 1km^2。从高程看，其最低海拔 17m，其最高海拔 42m，其一般海拔为 30m。其经纬度大致位于 118°59′E、31°39′N。

在政区位置上，溧水胭脂河位于江苏省南京市溧水区。在宁高公路西侧，距县城 3km。

在对外交通上，在航空领域，距禄口国际机场 18km；在铁路领域，邻近溧水高铁站；在公路领域，公路交通发达。

44.2　地 质 数 据[1-4]

1. 地质概况

溧水胭脂河地处溧水盆地，该盆地面积 300km^2。其形成于白垩纪早期。初始沉积于白垩纪早期，沉积结束于白垩纪晚期。

2. 地层描述

从地层特征看，为浦口组，描述详见 43.1 节。图 44.1 为溧水地区地层图。图 44.2 为常见的河湖相沉积地层。

3. 岩性描述

从砾岩特征看，其砾石粒径 2.5～23mm，砂质碎屑大小以 0.3～1.5mm 为主。颜色新鲜面为灰褐色，胶结物为红褐色（图 44.3）。碎屑物成分主要为岩屑（80%）和石英（10%），砾石成分为岩屑。砂质物为石英和岩屑，岩屑种类有灰岩、硅质岩和沉积石英岩等。胶结物中填隙物占 10%，为铁质胶结物和细粉砂杂基。结构呈巨厚层、块状，与砂岩互层，局部含砂质夹层。岩体较坚硬，单轴抗压强度为 66.15MPa，抗风化能力强。地貌表现一般为岩壁和正地貌。砾岩的采样点位于天生桥岸边。试验数据表明为砾状结构，砾石之间为砂状结构，碎屑物分选差，砾石磨圆度较好，以次圆状为主（44.4），砂质物磨圆度较差，以次棱角状为主。

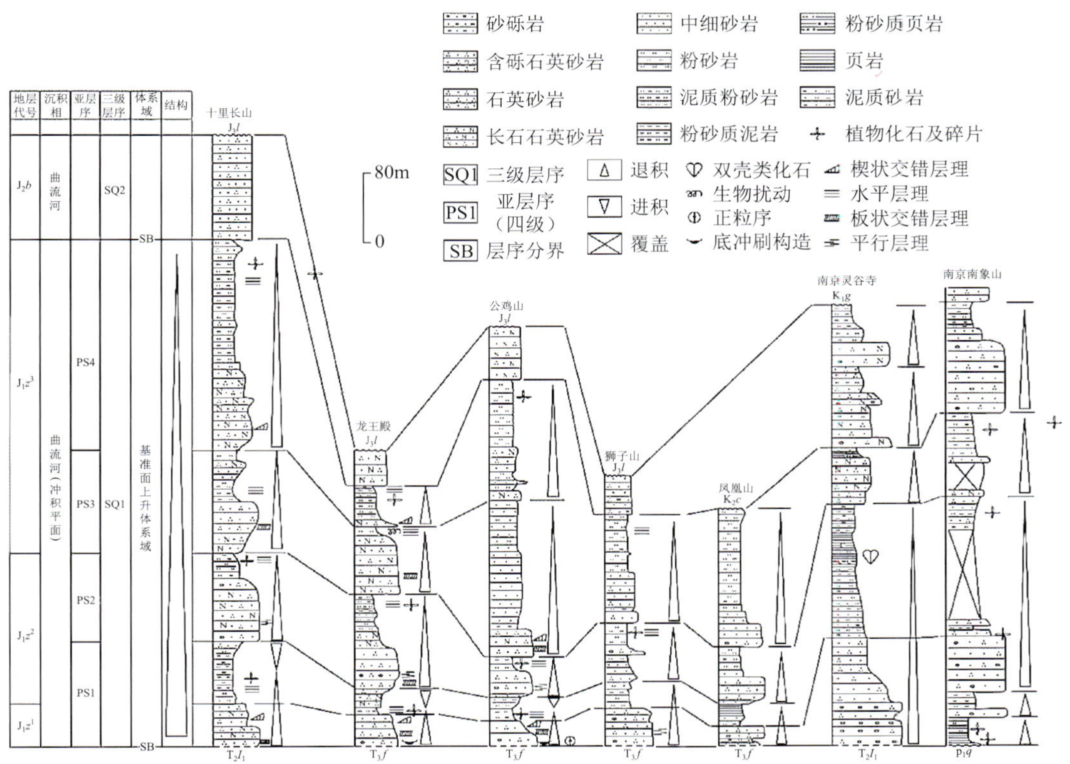

图 44.1　溧水地区地层图

图 44.2　浦口组河湖相沉积地层

图 44.3　胭脂河两岸砾岩岩相

图 44.4　砾岩偏光显微镜照片

从砂岩特征看，其碎屑物粒径以 0.1～0.5mm 为主（图 44.5）。颜色新鲜面为砖红色、肉红色，碎屑成分碎屑物占 80%，主要有岩屑（45%）和石英碎屑（35%），偶见重矿物

图 44.5　胭脂河两岸砂岩岩相

锆石。岩屑绝大多数是灰岩岩屑，含少量燧石岩屑，灰岩岩屑由微晶方解石组成，燧石由它形粒状微晶石英组成。填隙物占 20%，主要为铁质胶结物，少量为黏土杂基。结构为巨厚-薄层，块状或层状，与砾石互层。岩体较坚硬，单轴抗压强度为 72MPa，抗风化能力较强。地貌表现多为岩壁、正地貌，砾岩夹砂岩时凹进为岩槽。砂岩的采样点位于天生桥风景区入口处。试验数据表明其分选中等，磨圆度差，为次棱角状-棱角状。

图 44.6　砂岩偏光显微镜照片

4. 构造描述

胭脂河的大地构造位置位于扬子准地台的扬子凹陷褶皱带，主要构造线为茅山断裂带。描述可以参考 43.2 节。

44.3　地 貌 属 性[1-4]

1. 地貌单元

胭脂河在大地貌单元上属于下扬子板块，大地貌部位处于下扬子板块华南区。地势平缓。总体上溧水区属宁镇扬丘陵山区，地势东南高西北低，低山丘陵面积占总面积 72.5%，最高海拔 368.5m。区境内有浮山、东庐山、回峰山、芳山、秋湖山、无想山，拱据东南，连绵环列，而西横山突兀西端，逶迤绵延。

2. 地貌类型

依据岩性，该区以砂砾岩、砂岩为主。依据外动力该区属亚热带季风气候，依据主动力该区属于水蚀丹霞或人工丹霞。依据形态正地貌坡面类型以直立坡与河岸为主。负地貌主要有丹霞沟谷、人工河道、崖壁岩槽、水平岩槽发育为主（图 44.7）。

图 44.7　胭脂河凹槽

3. 坡面特性

该区丹霞地貌主要是胭脂河河岸，坡面几乎垂直，有人工开凿的痕迹。

4. 重要景观

标志性景观主要有天生桥与天生桥下的小三峡（图 44.8）。地貌造型有天生桥。综合景观为胭脂河山水景观（图 44.9）。

图 44.8　天生桥与小三峡

图 44.9　胭脂河山水景观

44.4　自然地理环境

1. 自然环境[1, 2]

胭脂河地区的气候类型属于亚热带季风气候，1 月均温 4℃，7 月均温 28℃，年均温 15.4℃，年降水量 1047.0mm。河流主要有胭脂河，流域面积 300km^2，总径流量 3590km^3，区内流程长 1km，丰水期 7～9 月。胭脂河开凿于明洪武年间，北至秦淮河口，南达洪蓝埠入石臼湖，全长 7.5km。此河的开凿，沟通了南京与江浙其他地区的漕运。河道最深处 35m，底宽 10 余 m，上部宽 20 多 m。

胭脂河土壤类型有森林赤红壤、山地红壤和山地黄棕壤。农田为水稻土，土壤特点：总体土层较薄，砂粒含量高，含水量低。

植被类型有 8 种，包括暖性针叶林、暖性针阔混交林、落叶阔叶林、常绿落叶阔叶林、常绿阔叶林、竹林、灌丛、水生植被。植物种类与动物种类与石头城及乌龙山相近，详见 43.4 节。

其综合自然地理环境是亚热带丘陵森林景观（图 44.10）。

图 44.10　溧水胭脂河综合自然地理环境

2. 地质环境

该区地质环境基本无水土流失和荒漠化迹象。红层生态问题主要是外围林木的破坏与人工林化。该区崩塌落石现象常见（图 44.11），而滑坡较少见，范围内不具备发生泥石流的条件。

图 44.11　胭脂河崩积石

44.5　地方文化及开发利用

1. 地方文化[4]

胭脂河地区丹霞盆地内基本是汉族，无宗教建筑。胭脂河与天生桥均为朱元璋派李新开凿而成。据史载，朱元璋定都南京，派李新开凿胭脂河，有一天然巨石横于河中，挡住去路，遂利用热胀冷缩原理，焚石凿河十五华里，中凿石孔十余丈，以通舟楫，上接石臼湖，下连秦淮河，其间 10 年劳役死者万人，终于创造出天生桥-胭脂河这样的人间奇迹。桥因势而成，故名“天生”[4]。

2. 利用现状

从利用类型看，该区已开发为风景名胜景区，景区交通较发达，生态环境保护状况良好。图 44.12 为本书作者在胭脂河考察工作照。

图 44.12　天生桥风景区工作照

参 考 文 献

[1]　江苏省地质矿产局. 江苏省及上海市区域地质志. 北京：地质出版社，1984.

[2]　高晓峰，郭锋，李超文，等. 溧水盆地两类晚中生代中酸性火山岩的岩石成因. 岩石矿物学杂志，2007，26（1）：1-12.

[3]　郭刚，贾根，徐士银，等. 江苏宁芜和溧水地区下中侏罗统象山群层序划分及沉积相演变分析. 地质科技情报，2014（6）：39-45.

[4]　溧水县地方志编纂委员会. 溧水县志（1986～2005）. 北京：方志出版社，2012.

第 45 章　新沂马陵山

45.1　基 本 信 息

1. 名称及保护性命名

新沂马陵山位于江苏省徐州新沂，现名马陵山，古称司吾山、司镇山、吾山。从保护性命名看，1995 年被列为省级风景名胜区、自然保护区，其丹霞地貌区 2005 年被列为国家 AAAA 级旅游区。

2. 概况（面积/高程/位置/行政区划/交通）

新沂马陵山其景区面积为 28.9km^2，其丹霞地貌区面积为 25km^2。而保护区面积为 56km^2。从高程看，其最低海拔 27m，其最高海拔 122.9m，其一般海拔 35m。其经纬度范围北至 118°21′19″E、34°12′35″N，南至 118°21′3″E、34°11′32″N，东至 118°21′28″E、34°12′13″N，西至 118°20′53″E、34°12′2″N，中心点坐标 118°21′13″E、32°12′10″N。

在政区位置上，新沂马陵山位于江苏省徐州新沂，地跨临沭、郯城、新沂三地，是一条低山丘陵。

在对外交通上，在铁路领域，该区铁路可到达徐州；在公路领域，从徐州东店子上转连徐（连云港方向）可到新沂南下。

45.2　地 质 数 据

1. 地质概况[1, 2]

马陵山地处骆马湖盆地，该盆地面积 120km^2。其形成时代为侏罗纪晚期。新沂地处鲁南丘陵与苏北平原过渡带，在地质上由于郯庐断裂晚第四期活动作用，构成一系列断凸和断凹，产生了西部骆马湖盆地——湖荡洼地，海拔一般在 20m 以下。中部及东部为鲁中南低山丘陵的南延部分，丘陵起伏，海拔一般在 30m 以上，最高点为北马陵山，海拔 95.8m。境内以平原坡地为主，既有广阔的冲积平原，也有起伏的剥蚀岗地和交错分布的湖荡洼地。新沂最低点是时集镇蒋沟村，海拔 11.4m。地势大致为东北高、东南低，自高向低呈现丘陵-岗地-缓岗地-倾斜平原规律性分布。初始沉积于侏罗纪晚期（J_3），沉积结束于晚白垩世（K_2）。

2. 地层描述

从地层特征看，K_2q 青山组，巨厚，露头较少。K_2w 王氏组，厚层，总厚度 50～1300m。

此外，洪冲积砾岩、砂岩-砾岩互层。K_2q 青山组主要为玄武岩、安山岩，还包括流纹岩和火山凝灰岩、火山角砾岩组成的火山复杂陆相建造。K_2w 王氏组以河湖相页岩、砂页岩、砂砾岩为主的含蒸发岩的红色磨拉石建造，可以参考《江苏盆岭构造探讨》和《江苏省及上海市区域地质志》中的江苏盆岭构造图[1, 2]。

从沉积相看，有河湖相和河床相（图 45.1），河床相有卵砾岩、含砾砂岩和砂岩，王氏组常见。

图 45.1　河湖相沉积

3. 岩性描述[1, 2]

从砾砂岩特征看，其砂质物粒径以 0.2～1.0mm 为主。颜色为灰褐色、红褐色（图 45.2）。碎屑物成分有石英 53%、长石 8%、岩屑 15%和白云母 4%，偶见重矿物锆石。长石为微斜长石（具格子双晶）和斜长石（具有聚片双晶）。填隙物占 20%，主要为钙质胶结物（分布不均匀），少量粉砂质杂基。钙质胶结物为它形粒状中细晶方解石。

图 45.2　砾砂岩岩相

结构为巨厚层-薄层、块状或层状，岩体单轴干抗压强度为 116.3MPa，抗风化能力较强。地貌表现多为崖壁和正地貌。砾砂岩的采样点位于马陵山丹霞虎踞边。试验数据表明其以中粗粒砂状结构为主，少量砾状结构，碎屑物分选差，磨圆度差，以次棱角状-棱角状为主（图 45.3）。

图 45.3　砾砂岩偏光显微镜照片

从砾岩特征看，其碎屑物粒径为 0.2～0.7mm，颜色呈灰褐色（图 45.4）。碎屑成分斑晶约占 30%，胶结物约占 70%。岩体单轴干抗压强度为 100.3MPa，抗风化能力较强。地貌表现多为丘陵状正地貌，作为夹层时凹进为岩槽或顺层洞穴。该砾岩采栏点位于马陵山丹霞虎踞边。试验数据表明其中酸性火成岩斑状结构，斑晶为黑云母和长石。黑云母呈片状，呈深褐红色至浅黄色，具很强的多色性和吸收性，无蚀变很新鲜。长石呈板状，蚀变很强，全部被黏土矿物取代，仅残留板状的形态（长石假象）。基质为微晶-隐晶质结构。微晶质矿物为微小的长英质矿物（图 45.5）。

图 45.4　砾岩岩相

图 45.5　砾岩偏光显微镜照片

4. 构造描述[1, 2]

马陵山的大地构造位置位于沂沭断裂带，由地壳岩体断裂的断块活动形成的块垒丘陵，主要构造线为沂沭断裂带。其形成主要分为 4 个阶段：①侏罗纪晚期（J_3），燕山运动使地壳缘早先断裂成带产生断陷谷地；②白垩纪早期（K_1），地幔上拱地壳强烈拉张，断裂进一步拓展引发强烈岩浆活动形成青山组巨厚而复杂的陆屑建造；③白垩纪晚期（K_2），地壳继续拉张产生差异升降，形成地堑地堡的构造格局，沉积 5000m 左右的红色河湖相磨拉石建造；④白垩纪末期（K_3），由于太平洋向亚欧板块俯冲，东西方向变为挤压使裂谷闭合消亡。

45.3　地 貌 属 性

1. 地貌单元

马陵山在大地貌单元上属于大地构造华北断块区的南部，在地震区划上则属于大华北地震区的南缘，其大地貌部位处于鲁中南低山丘陵的南延部分，丘陵起伏。总体而言，新沂马陵山属于苏北平原的大面积沉降区。地貌上表现为地势低平，在断陷盆地内的沉积物厚度较大（几百米到几千米），表现出共震荡运动的特征。在断裂构造上，徐州地区断裂较为发育，按其规模大小和地质发展历史上所起的作用，最主要的是北、东向的断裂分布较广[1, 2]。

2. 地貌类型[1, 2]

依据岩性，以河床相卵砾岩、含砾砂岩和砂岩为主。依据产状，以北北东走向为主，在平面上多呈圆丘状或长条状顶部开阔平坦（图 45.6）。该区属气候湿润区丹霞，依据主动力为水蚀丹霞。陡崖坡基本上是崩塌后壁或被风化、水蚀改造的坡面（图 45.7）。依据形态，主要有正地貌崖壁；负地貌岩槽如顺层凹槽、顺层岩槽、丹霞洞穴、顺层洞穴、水平洞穴、穿层洞穴、穹形洞穴、壁龛式洞穴、竖向洞穴、崩积洞穴、溶蚀洞穴、沟谷壶穴均有发育（图 45.8）。依发育阶段分为两个部分：中间发育较新，两端发育较老。

图 45.6　马陵山岩层倾向近水平

图 45.7　马陵山缓坡

图 45.8　马陵山丹霞洞穴凹槽

3. 坡面特性

该区丹霞地貌陡崖最大高度 91m，一般高度 20～30m，最大坡度 80°，一般坡度 60°。

坡面形态中平直型、波浪型、横向槽脊型、竖向槽脊型均有。边角特征以圆化型为主，崩塌面局部保持棱角型。

4. 重要景观

标志性景观为赤壁丹崖。个性化景观有瀑布、三仙湖。地貌造型有三仙湖、丹霞虎踞、老虎窝等。综合景观为马陵山山水结合（图 45.9，图 45.10）。

千岩竞秀

老虎窝

虎啸岩

三仙湖

图 45.9　马陵山典型景观

图 45.10　马陵山山水结合

45.4　自然地理环境

1. 自然环境

马陵山的气候类型属于亚热带季风气候，1 月均温−1℃，7 月均温 27℃，年均温 17.7℃，年降水量 904mm。河流主要有新沂河，丰水期 5～9 月。新沂河西起骆马湖嶂山闸，途经徐州、宿迁、连云港三地的新沂、宿豫、沭阳、灌南、灌云，东至堆沟、燕尾二港，与灌河会合后并港出海，全长 146km。新沂河既是骆马湖的排洪出路，又是沂沭泗流域洪水两大出海通道之一，还是分泄淮河洪水、增加淮河入海出路的一条分洪道，直接关系到骆马湖周边、沂南、沂北 802 万亩耕地。

马陵山土壤类型有黄土、包浆土、板土、岭砂土和紫砂土。土壤 pH 为 7.3。

植物种类有 107 科 316 属 521 种。特色植物树木类有柳、杨、桑、槐、榆、松、柏等 150 种；药材类有半夏、何首乌、车前草、茵陈、白芍等 200 余种；草类有芦、蒲、三方草、抓秧草、稗、白毛草等近百种；粮食作物有三麦、水稻、玉米、高粱等；油料作物有油菜、大豆、芝麻、花生等；果树类有杏、桃、梨、苹果、柿子、枣等。

动物种类有 70 多种。特色动物方面，1949 年前新沂境内尚有虎、狼、獾狗等野生动物，后绝迹。现境内野生动物尚有哺乳类的狐狸、黄鼠狼、家鼠、蝙蝠等；爬行类的动物有蛇、壁虎、蜥蜴等；两栖类动物有青蛙、蟾蜍等；软体动物有蜗牛、蚌、螺等；环节动物有蚯蚓、水蛭等；节肢动物有蟹、虾、螳螂、蚂蚁等；鱼类有鲤、鲫、鲢、鲶、黄颡、银鱼、草鱼、鳊、泥鳅、黄鳝等；鸟类有麻雀、鹰、乌鸦、喜鹊、燕子、啄木鸟、猫头鹰、斑鸠、布谷鸟等。

该区森林覆盖较好，占40%左右。其综合自然地理环境是亚热带丘陵森林景观(图45.11)。

图 45.11　马陵山综合自然地理环境

2. 地质环境

该区地质环境基本无水土流失和荒漠化迹象。红层生态问题主要是外围林木的破坏与人工林化。

45.5　地方文化及开发利用

1. 地方文化

该地区丹霞盆地内基本上是汉族。其宗教为佛教，建筑有宫、寺、庙，史迹有花厅古文化遗址和小徐庄遗址（图 45.12）。民俗活动有祭灶、扫屋、拾金子、点狼烟、擀糖等。

图 45.12　马陵山寺庙

2. 利用现状

从利用类型看，马陵山作为旅游景区开发开放，铁路和公路交通尚可，生态环境保护状况良好。

参 考 文 献

[1]　刘志平，徐宁玲，蒋梦林，等. 江苏盆岭构造探讨. 地质学刊，2014，38（4），567-574.

[2]　江苏省地质矿产局. 江苏省及上海市区域地质志. 北京：地质出版社，1984.

第六篇　丹霞地貌成因研究

第 46 章　中国南方丹霞地貌发育阶段的特殊性

46.1　地层沉积同期异相与地貌景观多期并存

按照戴维斯地貌循环理论，对于某一特定区域，假若制约地貌演化的物质基础和主导动力在区域内变化不大时，地貌演化通常经历幼年期、壮年期和老年期，区域内的地貌演化阶段会相对一致，同时期形成的地貌形态具有相似的特征。但对于中国南方白垩纪山间盆地而言，由于构成地层的粗碎屑沉积岩岩性组合特征与磨拉石类似而被统称为类磨拉石建造，成景系统的岩性、构造与外动力条件在空间上具有不一致性，其结果是不同位置、不同层位上岩石的抗侵蚀强度不一致，造成盆地内不同位置地貌演化速率不一致，地层沉积时的同期异相导致了不同发育阶段的地貌景观同时并存。这也是本章研究区江郎山所在的峡口盆地内部呈现出老年期的山麓面，而盆地边缘呈现出高位孤峰与深切峡谷组合的青年—壮年期地貌格局的原因之一。

文献分析信江盆地丹霞地貌的成景系统表明，影响丹霞地貌形态发育的因素有：盆地的边界及内部的构造形迹（如断层活动）、岩块节理密度及其走向、河流位置和水系发育特征、沉积岩岩性等。因此在信江盆地内，从边缘向盆地中心，地貌发育存在以下空间分异规律：①在盆地边缘一般为峰林型“顶斜”丹霞地貌（如广丰九仙山白花岩）；②在盆缘和中心部位之间的过渡地区往往是峡谷方山型“顶平”丹霞地貌（龙虎山马祖岩）；③接近盆地中部地区，则呈现出缓丘型“顶圆”丹霞地貌（弋阳南岩山）；④其他构造形迹、水系不发育的地区则主要形成平原地貌。陡崖型丹霞地貌发育多与边缘冲积扇相有关（表 46.1）[1-8]。

表 46.1　信江盆地不同区域丹霞地貌发育阶段及景观特征[5]

位置	丹霞地貌区	构造	地层岩性	外动力条件	景观特征	发育阶段
盆地北缘	横峰仙垄山 横峰油桐山 上饶月岩	受边界断裂活动影响，两组互相垂直的竖直节理发育	莲荷组砾岩、砂砾岩及砂岩，铁质胶结和钙泥质，岩石可溶性成分中等	水系不发育；重力崩塌作用较强烈；岩石破碎风化作用强烈	石峰、峡谷、陡崖岩洞、穿洞等顶斜型	以壮年早期为主
过渡地带	龙虎山马祖岩 弋阳弋阳东 贵溪挂榜山南	边界断层影响中等，一般发育两组节理	河口组上段、塘边组、莲荷组下段以砂岩为主，钙泥质，岩石可溶性成分中等	主要受信江支流影响；重力崩塌作用中等；机械风化强而化学风化弱	方山、峡谷、石崖、巷谷等顶平型	幼年期至青年期为主
盆地中部	横峰赭亭山 铅山马窝水库 铅山九狮山 贵溪挂榜山 弋阳南岩寺	边界断层影响弱，主要受区域性节理控制	塘边组砂岩，钙泥质，岩石可溶性成分中等	信江干流强烈侵蚀、溶蚀；重力崩塌作用弱；化学风化作用强	石墙、岩丘、石梁岩洞群等顶圆型	青年期至壮年早期阶段

续表

位置	丹霞地貌区	构造	地层岩性	外动力条件	景观特征	发育阶段
盆地南缘	龙虎山应天山 龙虎山仙水岩 广丰乌岩山 广丰六石岩 广丰九仙山 铅山仙年寨 弋阳龟峰	受边界断裂活动影响，二至三组互相垂直的竖直节理发育	茅店组、河口组砾岩、砂砾岩及砂岩，铁质胶结为主、钙泥质胶结弱，岩石可溶性成分低	信江支流泸溪河、罗塘河、丰河等强烈侵蚀；重力崩塌作用强烈；岩石破碎机械风化作用强烈	石寨、石峰、峰林、峰丛、陡崖、峡谷、造型石等顶斜型	壮年晚期至老年早期

从理论上分析，红层盆地上的红色碎屑岩系都有可能发育成丹霞地貌，但在盆地的边缘丹霞地貌往往发育比较典型。这是因为红层一般发育在山间内陆盆地和湖泊环境，其沉积特征是粒径在水平方向和垂直方向上呈现出一定的规律[9]：在水平方向上，粒径从盆地边缘到中心由粗变细；在垂直剖面上，湖盆中心岩性的垂直变化一般较小，沉积的细碎屑岩所含的可溶性物质较多，透水性较差因而比较软弱，当固结成岩后构造隆升，这些抗风化能力较差的岩体又会最先遭到外力的侵蚀、风化和剥落，所以在中国南方湿润气候区，古山间盆地的中心地带难以形成赤壁丹崖型的“丹霞地貌”。而陡崖型丹霞地貌主要发育于冲积体系中的扇根、扇中亚相，且并不是所有的冲积扇都能够形成陡崖型丹霞地貌，必须是多旋回沉积才能为丹霞地貌的形成提供充足的物质来源[4]，如江西信江盆地发育了众多相互叠加连接的冲积扇群，在广丰九仙山、上饶九狮山、弋阳龟峰、贵溪象山、鹰潭龙虎山 5 个冲积扇朵状体都有丹霞地貌发育，陡崖型丹霞地貌是在多期次叠加的冲积扇体的基础上发育而来，同时盆地内呈现出多阶段地貌形态共存的现象（图 46.1、图 46.2）。

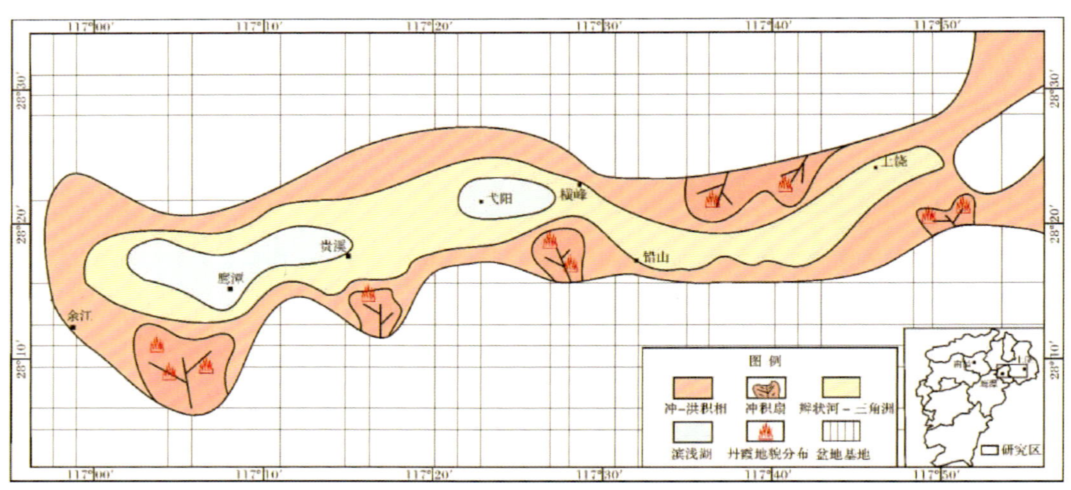

图 46.1　信江盆地上白垩统沉积体系展布与丹霞地貌分布的关系

龙虎山排衙峰密集型峰丛

龙虎山仙水岩宽谷疏散型峰林

弋阳龟峰平缓型丹霞丘陵

上饶月岩缓丘

弋阳南岩风成沙丘丘陵

龙虎山排衙峰峰丛外围的丹霞孤峰

图 46.2　信江盆地内部多阶段地貌形态共存

红层盆地形成过程中，构造沉积具有多旋回性，这样在盆地内部局部地带也可能会孕育出丹霞地貌发育的“胚胎”，影响丹霞地貌水平分异的随机性。同时，由于红层盆地类型复杂，规模不同，丹霞地貌水平分异更加复杂化。红层盆地为丹霞地貌的发育提供了空间和物质基础，红层盆地的构造、发育、沉积和规模非常复杂，致使丹霞地貌的水平分异规律不甚明显，但从已有研究的地区来看，红层盆地影响丹霞地貌水平分异的基本规律有以下几点：①丹霞地貌主要发育在红层盆地的边缘；②红层盆地的构造沉积旋回可能影响丹霞地貌水平分异的随机性；③红层盆地的类型和规模，会使丹霞地貌水平分异更加复杂化。

总之，在同一盆地内的不同部位，丹霞地貌往往以多时态特征产出，不宜对同一盆地内的丹霞地貌单独赋予一个发育阶段。

46.2　中生代火山活动对丹霞地貌寿命的影响

中国华东地区中生代火山活动频繁，在浙江、江西、福建、江苏等地的多处丹霞地貌区，地层物质来源中含有火山岩成分，既包括沉积过程中加入的火山岩屑，也包括沉积后的火山侵入岩。火山岩和火山作用的存在，使岩体结构复杂而致密不透水，岩脉顺着地层内部的原生节理侵入，填充了地层的孔隙，又使围岩重结晶，与岩浆黏结成一体，这些都使地层的抗压、抗侵蚀强度增加，导致区域地貌演化速率产生变化，最典型的例子当属浙江江郎山。以下我们来讨论地层沉积过程中火山碎屑岩对丹霞地貌寿命的影响。

我们在完成科技部相关项目过程中，对中国华东地区 45 处丹霞地貌点进行了采样并作了岩体抗压试验（附表 46.1），发现浙江省、福建省、江西省的白垩纪地层沉积过程中，存在大量火山岩成分，岩石样品中，直接以火成岩或火山岩屑砂岩、火山岩屑砾岩形式存在，受火山活动影响显著。作者尝试将东南地区丹霞地貌点岩体抗压强度超过 100MPa 的样品做一个排序（表 46.2），寻找抗压强度与岩性的关系。

表 46.2　东南地区丹霞地貌抗压强度＞100MPa 样品排序表

序号	地点	抗压强度/MPa	岩性（镜下定名）	备注
1	东阳屏岩山	289.16	熔结凝灰岩	东天门下索道终点
2	东阳屏岩山	211.41	熔结凝灰岩	（有裂隙）

续表

序号	地点	抗压强度/MPa	岩性（镜下定名）	备注
3	江郎山	199.67	火山岩屑砾岩	登天坪灵石回风
4	龙游三叠岩	183.51	火山岩	
5	仙居观音山	182.14	火山岩屑砾岩	S322 路边洞穴
6	诸暨汤江岩	167.57	火山岩屑砾岩	公路边
7	龙南小武当山	155.39	铁质钙质中粗粒砂岩	
8	武义大红岩	153.46	火山岩屑砾岩	悟经洞
9	江郎山	144.59	火山岩屑砾岩	灵峰基座
10	邵武天成岩	143.12	流纹质熔结凝灰岩	景区门口
11	金华九峰山	137.98	火山碎屑岩	景区入口桥底
12	泰宁宝盖岩	134.43	砂岩	观音寺下路边
13	新宁崀山	132.66	砾岩	白面寨凹槽凸起处
14	江郎山	131.32	火山岩屑砾岩	登天坪郎峰
15	永安桃源洞	118.73	含熔结凝灰岩岩屑砾岩	公路边
16	新昌穿岩十九峰	115.57	含砾火山岩屑砂岩	
17	南平武夷山	114.29	含砾长石岩屑中-粗粒砂岩	
18	仁化丹霞山	113.72	砂岩	锖石岩凹槽处
19	义乌德胜岩	112.92	火山碎屑岩	山下公路边
20	弋阳龟峰	110.90	酸性火山岩屑砾岩	龟源山庄
21	龙虎山	108.33	含火山岩屑角砾凝灰岩	瑞林山庄
22	江郎山	102.24	中粗粒火山岩屑砂岩	盘山公路塔基
23	会昌汉仙岩	101.74	熔结凝灰岩	G35 观景台
24	休宁齐云山	100.86	不等粒长石石英砂岩	
25	仙居观音山	100.04	泥质微晶灰岩	

从表 46.2 可以看出，岩体抗压强度超过 100MPa 的地区，主要分布在我国华东地区中生代火山活动活跃地带——赣杭构造带和武夷山脉北段附近，且抗压强度高的岩体大多含有火山岩岩屑，尤其是抗压强度越高，这种趋势越明显。而实地调研的许多区域没有出现在表格当中，例如江西赣州、瑞金、石城、铜鼓、宁都、瑞金、福建连城、安徽六安、巢湖、江苏新沂，这些地区的抗压强度都小于 100MPa，与它们所在盆地白垩纪受火山活动干扰较少不无关系。同时，我们在以往的抗压强度试验结果中发现，丹霞地貌岩体成分当中若含有火山岩成分的砂砾岩时，其抗压强度往往高于当地不含火山岩成分的砂砾岩。含有火山岩成分的地层，其地貌寿命要比不含火山岩成分的地层长久。

在我们调研过的丹霞地貌中，江西广丰、铅山、江苏南京、溧水等地，丹霞地貌的红层中也有不少火山岩岩屑，但试验结果也没有出现较高的抗压强度。这些地方可能因为采样不够理想，或因砾石粗大，切面凹凸不平，试块制备过程中出现裂痕等因素，影响了抗压强度的鉴定结果。浙江省作为中生代火山活跃的地方，绝大部分调研地点的丹霞岩体都呈现出较高的抗压强度，因此可以证明上述结论。

华东地区丹霞地貌形成的物质基础不一样，有的地方抗压强度很高，有的地方很低，意味着它们的地貌生命周期各有各的尺度，不具有可比性，使用戴维斯理论来对各形成背景不同的丹霞地貌区进行统一的年龄阶段界定，既不科学，又违反了戴维斯理论的使用规则。

华东地区白垩纪红层的沉积物颗粒总体上从东部向西部减小，东南部发育的丹霞地貌比西南地区抗风化、抗侵蚀程度高，正是如此，我们才得以在浙江省看到岩体坚硬的所谓老年期丹霞地貌景观。

46.3 丹霞地貌与丹霞岩溶作用

岩石是丹霞地貌发育的物质基础，根据对前人工作的总结，许多丹霞地貌发育区的碎屑岩中含有钙质胶结物。

福建泰宁崇安组地层岩性为巨厚-厚层砾岩、复成分砾岩、砂砾岩，夹少量含细砾泥质长石细砂岩，夹层不稳定，常呈透镜体。岩石中含少量钙质，其中一些岩石胶结物中约50%为 $CaCO_3$[11]形成江郎山的丹霞地貌主体砾岩中的基质主要为酸性熔岩，胶结物为钙质（方解石）。少量铁质氧化物（附表 46.2）。浙江永康方岩丹霞地貌发育的主体地层 K1*f* 砂砾岩中，胶结物也都含有 $CaCO_3$[12, 13]。云南黎明丹霞地貌由第三系始新统地层构成，其中砾岩与钙质粉砂岩互层[14]。广东丹霞山发育丹霞地貌的丹霞组红层中，各类岩石的 $CaCO_3$ 含量为 0.29%～38.55%，平均含量为 7.33%[15]。根据黄进引用肖自心的数据，湖南崀山一带的红色岩层中，CaO 平均含量为 7.42%，$CaCO_3$ 平均含量为 8.75%，该处有丹霞岩溶现象，甚至发育丹霞喀斯特地貌[16]，如图 46.3 所示。福建武夷山丹霞地貌发育的崇安组

图 46.3 崀山五柱洞的丹霞岩溶现象

为一套紫红色粗碎屑岩为主的岩石组合，岩石主要为紫红色厚-巨厚层砾岩、砂砾岩，偶夹紫红、灰绿色砂页岩。砂砾岩的胶结物为钙泥质物质，砾石成分复杂，多见熔岩、花岗岩、脉石英[17]。

再如湖南耒江中游的郴州飞天山，天生桥数量众多，在瓦窑坪发育巨大的穿坦岩天生桥，长 200 余 m，东西跨度 60m，高 31m，桥宽 18m；在永兴县碧塘乡便江左岸的黑坦洞，洞口宽 55m，高 12m，深 106m，乃中国丹霞洞穴进深之最[18]。而福建泰宁大金湖船岩宽 100m，高 33m，深 24m，其容积达 48 750m^3；泰宁李家岩顺层岩槽全长 241.3m，被评为中国最长的丹霞岩槽（图 46.4，图 46.5）。中国最大丹霞天生桥之一的湖南崀山“仙人桥”，桥面宽 14m，桥中部岩层厚约 5m，桥高约 20m，长达 64m；崀山的牛鼻寨一线天，长 233m，高 55～90m，平均宽 0.5m，最窄处 0.27m，有“天下第一巷”的美誉[19]。同样，福建永安桃源洞一线天，也发育了长约 127m，谷底高差 90m，宽度最窄处 0.4m，最宽处 1.2m 的线谷规模（图 46.6）。这些负地貌的成因一方面是由于岩体抬升卸荷或挤压剪切，内部产生节理和构造面，成为流水优先侵蚀的构造面，逐渐拓宽而成谷；另一方面则来自于岩体成分的差异，在相同的外部条件下，软弱和易溶岩层遭受侵蚀或溶蚀，发生类似喀斯特地貌区的岩溶现象。

负地貌是丹霞地貌的典型特征，华东地区丹霞地貌往往拥有多种多样的负地貌类型，如峡谷、巷谷、一线天、顺层凹槽、顺层洞穴、竖向洞穴、穿洞、穹顶石锅、天生桥、石门等，因为这些负地貌的存在，才发育出奇峰、深峡、断崖、岩穴、仙人桥、象鼻石等奇特景观，具有高度的观赏价值，它是使丹霞地貌从红层地貌中脱颖而出的一大关键。发育丹霞地貌的岩石中大多含有钙质胶结物，丹霞地貌独特的山峰形态是否与钙质胶结物有关，此问题值得深入研究。

图 46.4　泰宁李家岩顺层岩槽

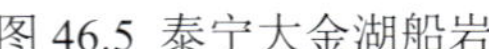

图 46.5 泰宁大金湖船岩

图 46.6 永安桃源洞一线天

至于岩溶程度更深的丹霞-喀斯特复合地貌，则是受岩性因素控制，由一般的流水侵蚀、风化作用和喀斯特溶蚀-侵蚀作用双重影响所形成的一种混合成因地貌类型，并具有显著的过渡性质，其是因红层的溶蚀性加强而由丹霞地貌向喀斯特地貌转变的一种地貌类型[20]。

发育丹霞-喀斯特地貌的地层，并非发育丹霞地貌的标准红层（陆相红色砂岩、砂砾岩），而主要是由钙、泥质、铁质胶结的砾岩，这些砾岩的砾石大小差别很大，其成分大多是由灰岩、白云岩或灰云岩、大理岩组成，因而都具有不同程度的可溶性，且因红层沉积时盆地边缘大多为粗颗粒物质堆积，其饱和的 $CaCO_3$ 溶液极易发生沉淀，而构成红层碎屑岩的钙质胶结物也具有可溶性。但与发育喀斯特的主要地层海相碳酸盐岩相比，无论在形成环境、岩相组合、物质结构和可溶性程度上都有重大差别，不宜因其具有可溶性而划归为碳酸盐类岩石并称为砾状石灰岩、泥灰岩、含泥质砾状灰岩[21]。因为研究表明，砂岩、石英岩、甚至花岗岩在湿热的气候条件下，也都有溶蚀作用现象[22]。因此这种可溶性碎屑岩，属钙质砾岩或钙质砂砾岩，而且其孔隙度也都较红层（砂岩、砂砾岩、粉砂岩、泥岩）低，通常在 2.89%～3.68%，孔隙直径大，常在 12.5μm 以上，而次生孔隙直径常达 5～10cm，硬度大，抗压强度高，常达 43.4～48.7MPa[23, 24]。这又构成利于溶蚀作用进行的岩石物理力学条件，但其物质结构仍属碎屑岩。

而对于丹霞-喀斯特地貌，除溶蚀洞穴外，溶蚀洼地、漏斗、落水洞、地下暗河等岩溶地貌与地表的丹霞地貌形成双重结构[20]。除湖南崀山外，诸如四川芦山大洞的红层（K_2j）溶洞长 1500m[25]，广东乐昌星子镇红层（E）的红岩地下河、黑岩地下河分别长 2400m 及 1200m[26]，四川青城山红层（K_2）的神仙洞深约 500m，圣母洞长 245m[27]，甘肃成县红层（K_1）的溶洞长 3000m，江西贵县红层（K_2g）的溶洞长 150m[28]，贵州江界河红层（K_2）的溶洞、地下河长几十米到 300m 以上[29]，这些较长较大的溶洞、地下河，虽然与发育十几千米至几十千米长的碳酸盐岩喀斯特洞穴、地下河不能等同，但毕竟比丹霞地貌多一套地下洞穴（溶洞）和暗河系统，标志性地貌形态两者差异还是显著的。

中国华南、西南地区是丹霞地貌的集中分布区，同时碳酸盐类岩石分布广，以石炭系、二叠系灰岩发育最强。一些丹霞红层盆地沉积的物质即来源于周边出露的灰岩，使岩层中的 $CaCO_3$、CaO 含量增加，形成可溶性红层碎屑岩，流水在岩层中发生溶蚀作用，导致发育岩溶地貌。研究红层物质体系中这一作用过程将能确立丹霞-喀斯特地貌发育的机理和演变的基本规律。

喀斯特地貌因具有独特的演化机理及其影响因素，对其发育阶段的认识必须独立于戴维斯流水地貌演化理论，这一点不少学者已认识到并展开了深入探讨[30-33]。因此，对于存在岩溶作用的丹霞地貌区，更不能仅用戴维斯理论来研究其演化阶段。探索建立丹霞地貌的发育机理和发育阶段理论，完善丹霞地貌的基础理论研究，可谓当务之急。

46.4　丹霞地貌学的发展

在国外半个多世纪以来，戴维斯的地貌旋回模型一直是景观解释的主要模板，把景观描绘成隆升地块上发生侵蚀变化的一个阶段性序列[34]，像幼年期、壮年期、老年期这些词汇，就小尺度的地貌单体而言是合乎情理的，例如将石城通天寨丹霞地貌龟裂凸包的形成过程分为萌芽期、幼年期、成年期、老年期、消亡（新生）期 5 个阶段[5]。同样有学者将非丹霞地貌的克什克腾世界地质公园花岗岩石臼的发育阶段，划分为萌芽期、雏形期、中期、成熟期、消亡期[35]，这也无可厚非。而这种尺度一旦扩大到一个构造区、涉及某区域的地貌演化阶段时，则意味着把经过复杂内外动力作用后的区域地貌特征和它所处的演化阶段混为一谈，很容易产生一些不严谨的问题。

中国华东地区丹霞地貌发育阶段存在一系列不能满足戴维斯理论使用条件的特殊性：构造多次抬升、类磨拉石建造、火山活动影响、岩性不均一、地层同期异相、崩塌作用强烈、存在岩溶现象等，这些问题表明丹霞地貌是多成因的，对其分类应实事求是，开展多学科综合交叉集成研究，结合实际建立丹霞地貌自己的演化模型。

国内多数学者对此都深有体会，我国对丹霞地貌的成因理论研究较少，基础研究还很薄弱。当代地貌学在新方法、新技术不断更新的冲击下，已经突破了戴维斯学术思想的理论框架，地貌和地貌学两者都被视为一个开放系统，研究范围和任务得到充分的扩展和更新，研究的时空尺度也在叠加和创新，新的理论成果陆续诞生[36]。回首国内百余年来的地貌学，对基础理论、综合性整体理论严重忽视，不能将学科的前沿成果用来及时更新和充实教材内容，分支学科和研究方向愈来愈细，各自闭门造车，部分之和远远大于整体，经典理论仍以戴维斯模型为主，这些因素都必将导致地貌学在我国前景萧条和后继人才不足[37]。

丹霞地貌是中国人自己命名并走向国际舞台的地貌，要使其跟上地貌学发展的步伐并受到国际同行的认可，需要中国学者的努力。目前丹霞地貌的概念依旧悬而未决，与对其发育机理的认识程度有关，探索建立丹霞地貌的发育机理和发育阶段理论，完善丹霞地貌的基础理论研究，为丹霞地貌概念的最终确立提供充足的依据，可谓学科发展的当务之急。

总之，岩性和地质构造是丹霞地貌景观与形态发育的内因，如果要单纯研究气候（外动力作用）对丹霞地貌形态演化的影响，必须考虑以同等的地质背景为前提。不同地区的地貌发育阶段不具可比性，不应将不同条件下发育的带有不同阶段特征的形态，归纳到同一个谱系之中。在确定演化阶段和找寻演化系列时，应弄清两个问题：用于对比的丹霞地貌对象分别在什么背景下发育？什么原因使老的形态继续保留从而我们今天还能看到？

附表 46.1 丹霞地貌区域表

调研地点	调研时间	调研地点	调研时间
连城冠豸山	2014.4.23～4.25	会昌汉仙岩	2016.3.27
南平武夷山	2014.4.26～4.28	瑞金罗汉岩	2016.3.28
泰宁上清溪、寨下大峡谷	2014.4.28～4.30	永安桃源洞	2016.3.29
鹰潭龙虎山	2014.4.30～5.2	宁都翠微峰	2016.3.30
弋阳龟峰	2014.5.2～5.3	石城通天寨	2016.3.30～3.31
都江堰—青城山	2014.5.21～5.26	铜鼓七重门、铜鼓石	2016.4.12～4.13
江山江郎山	2014.7.17～7.19	铜鼓天柱峰	2016.4.14
永康方岩	2014.7.21～7.23	邵武天成岩	2016.4.15
泰宁大金湖、李家岩	2014.7.25～7.28	广丰九仙山、白花岩	2016.4.16
新昌南岩、穿岩、潜溪	2015.4.20～4.23	铅山鹅湖书院	2016.4.17
义乌德胜岩	2015.4.24	弋阳南岩山	2016.4.17～4.18
泰宁红石沟、九龙潭	2015.7.2～7.5	诸暨汤江岩	2016.4.23
连城冠豸山	2015.7.6～7.9	东阳屏岩山	2016.4.24
南京石头城	2015.9.10	仙居观音山	2016.4.24
溧水胭脂河天生桥	2015.9.13	武义大红岩	2016.4.25
句容赤山	2015.9.13	金华九峰山	2016.4.26
徐州新沂马陵山	2015.9.16	龙游三叠岩	2016.4.26
江山江郎山	2015.9.20～9.23	龙游石窟	2016.4.27
六安皖西大裂谷	2015.10.30～10.31	衢州烂柯山	2016.4.27～4.28
巢湖中庙	2015.11.2	克州乌恰玉奇塔什	2016.7.26～7.27
句容赤山	2015.12.1	贵州赤水	2016.9.20～9.22
赣州通天岩	2016.3.25	江山江郎山	2016.10.22～10.24
龙南九连山	2016.3.26	南京乌龙山	2016.12.31
龙南小武当山	2016.3.26	休宁齐云山	2017.5.7～5.8

附表 46.2　江郎山岩石样品薄片偏光显微镜鉴定结果

编号	地点	纬度、经度、海拔/m	岩性	光性/倍数	显微镜下岩性特征
1	郎峰天游步道	28°31′N 118°33′E 702	K_1f中的粗面岩	正交/×10	斑状结构，少量气孔构造。斑晶含量约 15%，大小约 0.5～0.8mm，主要为长石，长石斑晶蚀变较强（泥化），可见卡双晶，多为正长石。基质约占 85%，主要为微晶长石，少量不透明矿物。长石小晶体呈板状，大小约 0.02～0.05mm，半定向排列。不透明矿物约 10%，主要为磁铁矿，多为立方体状
3	郎峰天游步道	28°31′N 118°33′E 742	K_1f中的凝灰岩	正交/×10	岩石主要由晶屑和酸性熔岩基质构成。晶屑约占 25%，主要为石英、长石（条纹长石、正长石、酸性斜长石）等组成。石英晶屑，多具熔蚀圆化现象。条纹长石、酸性斜长石晶屑，可见阶梯状断口。晶屑较为粗大，多为 0.5～3.0mm。酸性熔岩基质约占 75%，具霏细结构、球粒构造等，由很细小的它形粒状石英、长石组成，局部为纤维状长石石英，构成球粒构造
4	郎峰天游步道	28°31′N 118°33′E 742	K_1f中的岩屑砂岩	正交/×4	中粗粒砂状结构，分选差，碎屑物粒径为 0.2～1.5mm，磨圆度差，主要为次棱角-棱角状，个别（很软弱的泥岩颗粒）磨圆度很好，为圆状。碎屑物约占 85%，主要为岩屑、石英、长石等。岩屑约占 40%，以火山岩（多为熔岩）为主，偶见（约 1%）磨圆度很好的粉砂质泥岩岩屑。有些火山岩岩屑具球粒构造，为球粒流纹岩。长石约占 10%，已强烈蚀变（泥化），主要为正长石、条纹长石和酸性斜长石。石英约占 35%。填隙物约占 15%，以细粉砂为主，少量方解石和铁质氧化物。方解石胶结物约占 5%，它形粒状，较粗大，分布很不均匀。铁质氧化物约占 2%
8	郎峰天桥	28°31′N 118°33′E 758	K_1f中的钙质细砾砂岩	正交/×4	细粒砂状结构，含少量中粒砂状。碎屑颗粒分选中等到好，颗粒粒径为 0.1～0.3mm，少量为 0.5～0.9mm。磨圆度差，以次棱角状为主。碎屑颗粒占六成，成分一半是石英、其余为火山岩岩屑、长石和少量白云母。胶结类型为孔隙胶结。胶结物约占 40%，主要为方解石，呈不规则它形粒状，分布不均匀。少量铁质氧化物（约 2%）
9	郎峰天桥	28°31′N 118°33′E 742	K_1f中的钙质细砾砂岩	正交/×10	中粗粒砂状结构。碎屑颗粒分选中等，颗粒粒径为 0.3～2.0mm，少数（约 15%）粒度较粗，为 2～3mm，达细砾结构。磨圆度中等-差，以次棱角状-次圆状，不同成分磨圆度差别较大，其中火山岩岩屑磨圆度相对较好，石英磨圆度差。碎屑颗粒约占 65%，主要成分是中性和酸性火山岩岩屑（安山岩和流纹岩等）40%、石英 22%、长石（为酸性斜长石和条纹长石）3%。有些石英具明显的高温熔蚀边，是火山作用的产物。胶结物约占 35%，主要为方解石（33%），少量铁质氧化物（约 2%）。方解石胶结物，呈不规则它形粒状，分布不均匀
10	天宫洞	28°31′N 118°33′E 773	K_1f中的含砾岩屑砂岩	正交/×10	该岩石蚀变很强，薄片偏厚，颗粒界线较模糊，其成分很难准确判别。描述较粗糙。含砾砂状结构。碎屑物约 80%，主要为火山岩岩屑（35%）、长石（10%）和石英（35%）。长石以条纹长石和酸性斜长石为主，有些石英具明显的高温熔蚀边，是火山作用的产物。填隙物主要为很细小的碎屑物（细粉砂等），模糊不清
12	天宫洞	28°31′N 118°33′E 773	K_1f中的凝灰熔岩	单偏/×4	岩石主要由晶屑和酸性熔岩基质构成。晶屑约占 50%，主要为石英、长石（以条纹长石为主，少量酸性斜长石）等组成，偶见黑云母和蚀变角闪石晶屑。石英晶屑，多具港湾状熔蚀边和贝壳状断口。晶屑较为粗大，多为 0.5～2.5mm。黑云母晶屑可见暗化边，蚀变角闪石可见角闪石式节理。酸性熔岩基质约占 50%，具霏细结构等，由很细小的它形粒状石英、长石组成，蚀变较强。基质中偶见晶型很好的高温石英斑晶（见于薄片的边缘）
13	天宫洞	28°31′N 118°33′E 773	K_1f中的钙质细砾岩	正交/×10	砂砾状结构，碎屑物磨圆度较差，分选差。砾石占三分之一，直径 3～5mm，次圆状，磨圆度中等，成分以斑状结构流纹岩岩屑为主，以及少量玻晶交织结构安山岩岩屑。砾石之间充填火山岩屑砂岩，碎屑颗粒约 80%，粒径 0.1～0.8mm，分选差，磨圆度差。岩石中火山岩岩屑、长石等蚀变较强。 胶结物约占五分之一，以方解石为主。呈不规则它形粒状，分布很不均匀

续表

编号	地点	纬度、经度、海拔/m	岩性	光性/倍数	显微镜下岩性特征
19	郎峰钟鼓洞底部	28°31′N 118°33′E 527	K_1f中的含砾细砂岩	正交/×4	粉砂结构为主，含少量砾石和砂粒。砾石约占5%，砂粒含量约20%，粉砂含量约35%，填隙物约40%，碎屑物分选极差，磨圆度差。碎屑物（60%）中砾石直径多为3～4mm（薄片中仅见两个颗粒），砂粒多数为0.1～0.5mm，粉砂粒径多数为0.03～0.06mm。主要成分为石英、长石和岩屑。岩屑约占15%，长石约占10%，石英碎屑约占35%。岩屑成分多为酸性熔岩岩屑。填隙物（40%），主要为泥质物（约30%）和铁质氧化物胶结物（约10%）
20	郎峰钟鼓洞上部	28°31′N 118°33′E 527	K_1f中的钙质砂岩	正交/×10	中细粒砂状结构。碎屑颗粒分选中等，粒径多为0.1～0.4mm，磨圆度中等-差，次棱角状-次圆状，不同成分磨圆度差别较大，其中石英磨圆度很差，火山岩岩屑磨圆度较好。碎屑颗粒占七成，主要成分是火山岩岩屑（蚀变安山岩和流纹岩等，中性和酸性），约占35%，另有石英20%、长石（为酸性斜长石和条纹长石）15%。有一颗锆石胶结物及其粒间孔隙（约30%），胶结物约10%，分布不均匀，薄片的一边较多，另一边极少，主要成分为方解石。粒间孔隙约有两成之多，局部可见方解石的溶蚀现象，据此推测，粒间孔隙或是胶结物溶蚀所成。但粒间孔隙也可在样品处理过程中产生，需要进一步工作加以判别
21	郎峰下会仙岩	28°31′N 118°33′E 460	K_1f中的砂岩	正交/×10	中粗粒砂状结构，磨圆度中-差。碎屑物有四分之三，分选中等，粒径为0.2～1.0mm，个别达1.2mm，多数为0.2～0.6mm，成分：三分之一岩屑，四分之一石英碎屑，长石15%。岩屑成分为流纹岩、流纹质凝灰岩等。长石为酸性斜长石、条纹长石和正长石等。酸性斜长石较新鲜，具密集的聚片双晶。方解石胶结物约10%，薄片的一边较多，另一边极少。少量铁质胶结。粒间孔隙约占12%。局部可见方解石胶结物的溶蚀现象（在薄片中画的圆圈内可以清晰地看到），据此推测，粒间孔隙很可能是方解石胶结物溶蚀的产物。但粒间孔隙也可在样品处理过程中产生，需要进一步工作加以判别
22	郎峰下会仙岩	28°31′N 118°33′E 460	K_1f中的砂岩	正交/×10	不等粒砂状结构，细粒砂状为主，碎屑物分选很差，磨圆度差。碎屑物（60%）粒径为0.05～0.4mm，多数为0.05～0.2mm，少数（约15%）粒径较粗，为0.4～0.8mm。主要成分为石英（三分之一）、长石（一成）和岩屑（一成五）。岩屑成分为火山岩岩屑（安山岩、流纹岩等中酸性），长石为条纹长石和斜长石。填隙物（40%）：主要为泥质物（约32%）和铁质氧化物胶结物（约8%）
23	一线天亚峰一侧崖壁	28°31′N 118°33′E 523	K_1f中的熔结凝灰岩	正交/×10	浆屑、晶屑和基质组成。薄片的一边浆屑分布很多，含量可达70%，另一边则很少。其颜色比周围基质略深，呈浅褐红色，形态多为不规则条带状、火焰状，呈半定向排列，长度0.4～4mm，宽度0.2～1.4mm。具有脱玻化现象，羽毛状构造。晶屑约三分之一，其中一半为长石晶屑，一半为石英晶屑。很多石英为高温石英（其特征为锥面发育很好，柱面很短），并且常见高温熔蚀现象。长石主要有条纹长石、正长石、正长条纹长石。基质约占四成，非常细小，颗粒界线不清，光性微弱。该岩石中的假流纹构造不是很清楚，可能反映熔结程度较弱。该岩石与野外定名差别很大，应注意在标本和野外露头上观察有无较大的肉眼可辨的火焰状浆屑
24	一线天亚峰一侧崖壁	28°31′N 118°33′E 523	K_1f中的含砾岩屑砂岩	正交/×4	砾砂状结构，成分以砂粒为主，剩下五分之一为砾石，填隙物一成五，碎屑物磨圆度差，分选差。碎屑物中砾石直径（仅从薄片测量）为2～14mm，砂粒多为0.4～1.4mm。主要成分将近一半为火山岩岩屑、石英约三分之一，长石占一成。较大的碎屑物均为火山岩岩屑。薄片中最大的一颗砾石为流纹岩岩屑，具有气孔构造，气孔呈椭圆状。该岩屑已强烈泥化，含有约20%的细小毛发状的黏土矿物。另一颗较大的岩屑直径约5mm，为熔结凝灰岩岩屑，由石英晶屑和塑变玻屑组成，石英晶屑呈棱角状较粗大（约3mm），该岩屑具有较清晰的假流纹构造填隙物有一成五，为细粉砂及少量黏土。岩石中含较多蚀变矿物，呈黄绿色、细小鳞片状，交代火山岩岩屑和长石，干涉色为二级中部。局部见有硅化现象

续表

编号	地点	纬度、经度、海拔/m	岩性	光性/倍数	显微镜下岩性特征
25	登天坪	28°31′N 118°33′E 615	辉绿岩岩脉	正交/×10	辉绿-间粒结构，主要由斜长石和暗色矿物组成。其中六成为斜长，自形：细长板条状，长 0.2～0.8mm，双晶不明显。隐约可见卡双晶和卡钠复合双晶。暗色矿物占 40%，半自形：柱状-它形粒状，它形粒状者充填于长石构成的格架中，大多已强烈蚀变。个别蚀变较弱者为辉石
26	亚峰西侧上部	28°31′N 118°33′E 575	K_1f 中的含砾砂岩	正交/×4	岩石的砾石间填隙物含有大量性质不明的熔岩
27	亚峰西侧一线天下部	28°31′N 118°33′E 481	K_1f 中的角砾岩	正交/×4	角砾状结构，由角砾和填充物构成。一半为角砾，大小为 3～9mm，为火山岩岩屑和石英晶屑。火山岩屑如安山岩、熔结凝灰岩、流纹岩等。填充物主要是石英、长石晶屑，粒径多为 0.1～1.6mm
29	亚峰东侧上部	28°31′N 118°33′E 588	K_1f 中的细砂岩	正交/×10	细粒砂状结构为主。碎屑物约占 75%，磨圆度差，多为棱角状，分选差，粒径为 0.05～0.8mm，多为 0.1～0.15mm。有 10%粒径略大为 0.25～0.8mm。成分当中近一半为石英、四分之一为长石，以正长石为主，少量斜长石。岩屑为酸性火山岩岩屑，仅 5%。填隙物约 25%，是一种突起中等，很细小它形粒状的矿物，光学微弱，难以识别
30	亚峰南端火山岩与砂岩交汇处	28°31′N 118°33′E 590	K_1f 中的含砾岩屑砂岩	正交/×10	含砾砂状结构，砂粒占七成左右，两成为砾石，剩下一成填隙物。分选差，磨圆度中等-差。碎屑物（90%）：其中砾石直径 2～7mm，砂粒多为 0.3～1.6mm。 主要成分为：七成火山岩岩屑，有安山岩、流纹岩等。一成五石英晶屑。半成长石。一成胶结物，淡黄绿色，突起高，干涉色较鲜艳（见薄片圆圈中），主要为细粒它形粒状的帘石类矿物。少量铁质氧化物。方解石胶结物，呈不规则它形粒状
37	亚峰东侧，大弄峡路边	28°31′N 118°33′E 505	K_1f 中的细砂岩	正交/×4	细粒砂状结构为主。碎屑物约占 85%，粒径多为 0.05～0.3mm，少数（＜5%）为 0.5～4.5mm，分选差，磨圆度差，棱角状。由岩屑、石英和长石组成。石英占 45%，长石占 30%，主要为斜长石和正长石，蚀变较强。岩屑 10%，以流纹岩岩屑为主。最大的一颗流纹岩岩屑，粒径约 4.5mm，具气孔构造，霏细结构。填隙物约 15%，成分为铁质氧化物、泥质物和细粉砂，三者混杂于一起，含量大致相同（各占 5%左右）
44	悬空寺下	28°32′N 118°33′E 260	K_1f 中的含砾钙质岩屑砂岩	正交/×4	三分之一为胶结物，主要是方解石（呈不规则它形粒状）和极少量的铁质氧化物。岩石中含较多方解石细脉（薄片中可见 9 条）
54	须女湖	28°32′N 118°33′E 149	K_1f 中的细砂岩	正交/×4	中细粒砂状结构，碎屑物分选中等，磨圆度差，以次棱角状为主。碎屑物约 80%，其中石英 35%，长石 25%，岩屑 20%。粒径为 0.2～0.7mm。岩屑为酸性火山岩（流纹岩、熔结凝灰岩等）岩屑。长石为酸性斜长石和条纹长石填隙物约 20%，成分为方解石（5%）、铁质氧化物（3%）、泥质物（5%）和细粉砂（7%），它们混杂于一起，含量大致相同（各占 5%左右）
55	须女湖	118°33′E 28°32′N 244	粗粒长石岩屑砂岩	正交/×20	以粗粒砂状结构为主，碎屑颗粒粒径大多为 0.5～2.0mm，少数中粒砂状结构和细砾结构，分选差，磨圆度差，次棱角状-次圆状碎屑颗粒：85%，其中岩屑 35%、石英 20%、长石 30%。岩屑为中性熔岩（安山岩）岩屑和酸性熔岩岩屑。安山岩具安山结构，主要由板条状斜长石微晶半定向排列构成。酸性熔岩岩屑主要由它形粒状石英、长石微晶组成，晶粒界线模糊不清。长石以正长石、条纹长石为主，少量斜长石。填隙物：15%，为黏土杂基、细粒碎屑颗粒、钙质胶结物（3%）和硅质胶结物（5%）

续表

编号	地点	纬度、经度、海拔/m	岩性	光性/倍数	显微镜下岩性特征
56	须女湖	118°33′E 28°32′N 244	中粗粒长石岩屑砂岩	单偏/×5	中粗粒砂状结构，碎屑颗粒粒径 0.25～1.30mm，分选差，磨圆度差，棱角状-次棱角状。八成为碎屑颗粒，主要成分岩屑 35%、石英 25%、长石 20%。岩屑主要为熔结凝灰岩岩屑；长石多为条纹长石（具有条纹构造）、正长石（中等强度泥化，较混浊，具卡双晶）和斜长石（具有聚片双晶）。填隙物：20%，为黏土杂基（12%，呈细小毛发状-鳞片状）和钙质胶结物（8%，呈不规则它形中-细晶粒状）
57	悬空寺下	28°32′N 118°33′E 260	K_1f中的细砂～粉砂岩	正交/×20	粉砂结构，少量细砂结构和砾状结构，碎屑物分选中等-好，磨圆度差，多为棱角状。岩石中的碎屑物明显地分为粗细不同的两类。细碎屑物粒径 0.03～0.06mm，占碎屑物总量的 85%。粗碎屑物粒径 0.2～4.0mm，占碎屑物总量的 15%。其中细碎屑物分选好。碎屑物 85%，其中石英占 68%，长石 4%，白云母 3%，岩屑占 10%，偶见黑云母。长石以酸性斜长石为主。岩屑多为较粗的碎屑物，成分为酸性火山岩岩屑，分布不均匀，多位于薄片的一角。填隙物 15%，主要为黏土矿物，少量（2%）铁质氧化物
58	盘山公路塔基	118°33′E 28°32′N 441	中粗粒火山岩屑砂岩	单偏/×5	中粗粒砂状结构，碎屑颗粒粒径 0.25～1.10mm，分选差，磨圆度差，以次棱角状为主，少数次圆状。碎屑颗粒：75%，主要成分岩屑 35%、石英 30%、长石 10%。岩屑主要为火山碎屑岩（凝灰岩）岩屑、酸性火山熔岩（流纹岩）岩屑；长石多为条纹长石和泥化正长石。填隙物：25%，为黏土杂基（17%）和钙质胶结物（8%）
59	登天坪（郎峰）	118°33′E 28°31′N 610	粗面岩	单偏/×5	薄片裂纹较多，可能为磨片所致，填隙物模糊不清。细砾状结构，砾石大小多为 2-5mm，分选中等，磨圆度为次圆状-次棱角状。砾石之间的碎屑颗粒为砂质结构。砾石：85%，成分主要为中性～酸性火山岩岩屑（约 75%），少量（约 10%）粗大的条纹长石碎屑和微晶灰岩岩屑。其中中性者为粗面岩岩屑，酸性者为熔结凝灰岩和酸性熔岩岩屑 砾石间填隙物：15%，主要为黏土杂基和砂质碎屑颗粒（12%），少量钙质胶结物（3%）。砂质碎屑物成分为长石、石英和火山岩岩屑

参考文献

[1] 郭福生，姜勇彪，胡中华，等. 龙虎山世界地质公园丹霞地貌成景系统特征及其演化.山地学报，2011，29（2）：195-201.

[2] 郭福生，姜伏伟，姜勇彪，等. 丹霞地貌研究的几个发展方向. 东华理工大学学报（社会科学版），2013，32（3）：207-212.

[3] 姜勇彪. 江西信江盆地丹霞地貌研究. 成都：成都理工大学，2010.

[4] 姜勇彪，郭福生，刘林清，等. 江西信江盆地丹霞地貌形成机制分析. 热带地理，2011，31（2）：146-152.

[5] 姜勇彪，郭福生，陈珊珊. 江西信江盆地丹霞地貌空间分布及其成因. 山地学报，2013，31（6）：731-737.

[6] 任舫. 龙虎山地质公园丹霞地貌成因模式研究. 北京：中国地质大学，2009.

[7] 朱志军，黄宝华，郭福生，等. 江西龙虎山世界地质公园白垩系辫状河相沉积及其丹霞地貌发育特征. 地球学报，2012，33（3）：379-387.

[8] Chen L Q，Guo F S，Tang C. Evolution of the Late Cretaceous Yongfeng-Chongren basin in Jiangxi Province，southeast China：insights from sedimentary facies analysis and pebble counting. Journal of Mountain Science，2016，13（2）：342-351.

[9] 彭华，潘志新，闫罗彬，等. 国内外红层与丹霞地貌研究述评. 地理学报，2013，68（9）：1170-1181.

[10] 郭福生，朱志军，黄宝华，等. 江西信江盆地白垩系沉积体系及其与丹霞地貌的关系. 沉积学报，2013，31（6）：954-964.

[11] 高天钧，梁诗经，陈泽霖，等. 福建泰宁盆地地质构造与丹霞地貌的研究. 福州：福建省地图出版社，2004.

[12] 朱诚，彭华，欧阳杰，等. 浙江方岩丹霞地貌发育的年代、成因与特色研究. 地理科学，2009，29（2）：229-237.

[13] Ouyang J，Zhu C，Peng H，et al. Types and spatial combinations of Danxia landform of Fangyan in Zhejiang Province. Journal of Geographical Sciences，2009，19（5）：631-640.

[14] 黄义忠，杨世瑜. 云南黎明丹霞地貌景观特征及成因研究. 昆明理工大学学报（理工版），2004，29（5）：23-26.

[15] 黄进. 丹霞山地貌. 北京：科学出版社，2010.

[16] 黄进. 崀山丹霞地貌. 北京：科学出版社，2011.

[17] 福建省地质矿产局. 福建省区域地质志. 北京：科学出版社，1985.

[18] 齐德利，于蓉，张忍顺，等. 中国丹霞地貌空间格局. 地理学报，2005，60（1）：41-52.

[19] 樊雄强. 论崀山旅游资源开发. 经济地理，1996，16（增刊）：34-37.

[20] 杨明德. 丹霞喀斯特地貌特性及其演化驱动力研究. 经济地理，2003，23（增刊）：39-45.

[21] 刘尚仁，黄瑞红. 广东红层岩溶地貌与丹霞地貌. 中国岩溶，1991，10（3）：183-189.

[22] White W B. Geomorphology and Hydrology of Karst Terrains. Oxford：Oxford University Press，1988.

[23] 冯启言，韩宝平，曹丁涛，等. 红层的微观结构与工程地质特性研究. 水文地质工程地质，1994，5：15-16.

[24] 陈伟海，黄敬熙，张之淦. 小平阳红层区水文地质特征与水资源开发. 中国岩溶，1995，14（4）：336-342.

[25] 林化岭. 四川天全-芦山西部地带白垩纪砾岩岩溶发育规律探讨. 水文地质工程地质，1988，1：35-37.

[26] 刘尚仁. 丹霞地貌概念与外国部分丹霞地貌简介. 地貌 • 环境 • 发展--2004丹霞山会议文集，2004，296-304.

[27] 张彦儒. 青城后山红层岩溶景观类型及其成因机制与旅游价值探讨. 四川地质学报，1988，2：23-26.

[28] 吴应科，梁永平. 长江中上游红层岩溶刍议. 中国岩溶，1987，6（2）：111-119.

[29] 谢运球，何师意，章程. 第三系红层下石林的岩溶动力学特征. 地质地球化学，2003，30（3）：78-81.

[30] 袁道先. 论峰林地形. 广西地质，1984，创刊号：79-86.

[31] 朱学稳. 峰林喀斯特的性质及其发育和演化的新思考（2）. 中国岩溶，1991，10（1）：137-150.

[32] 邹成杰，何宇彬. 喀斯特地貌发育的时空演化问题初论. 中国岩溶，1995，14（1）：49-59.

[33] 李高聪. 中国南方喀斯特地貌全球对比及其世界遗产价值研究. 贵阳：贵州师范大学，2014.

[34] Church M. Space，time and the mountain-How do we order what we see.Rhoads BL，Thorn CE. Scientific Nature of Geomorphology. Chichester：John Wiley and Sons Ltd，1996，147-170.

[35] 孙洪艳，田明中，武法东. 克什克腾世界地质公园青山花岗岩臼的特征及成因研究. 地质论评. 2007，53（4）：486-490.

[36] 高抒. 台维斯学术思想的继承与突破. 地理研究，1989，8（1）：50-56.

[37] 高红山，潘保田，李炳元，等. 地貌学的基本范式及其在教学科研中的作用. 地理科学，2015，35（12）：1591-1598.

第 47 章　华东地区丹霞地貌演化和成景过程分析

47.1　华东地区丹霞盆地的演化

华东赣闽地区丹霞地貌处于华南加里东褶皱系，江山-绍兴深断裂与丽水-大埔-莲花山深断裂之间的各类盆地之中，该区域自震旦纪开始隆起成陆，形成大型的宽展型褶皱，印支期，在太平洋板块与欧亚板块的相互作用下，以强烈褶皱的活动方式使华东赣闽所在区域形成一系列北东向褶皱和断裂构造；燕山期，发生了强烈构造运动，这个时期研究区以断裂为主的剧烈构造形变及大规模的酸性岩浆活动为主，导致大陆边缘裂解，陆内断陷，形成了星罗棋布的内陆盆地。该区丹霞地貌所处的红层盆地就是从晚侏罗世到早白垩世开始沉积的紫红色陆源碎屑建造。

华东赣闽地区红层盆地演化的根本内在动因是地壳断陷下降到隆升的构造机制，给丹霞红层的沉积带来一定的特征。陆相盆地的沉积旋回总体具有下粗上细的粒序结构特征，底部及中下部为盆地边缘相的厚层块状砾岩、砂岩，上部为中心相的薄层状粉砂岩[1]。总体上来说丹霞岩壁、石峰等景观的发育均遵循这种沉积顺序，华东地区丹霞正地貌景观底部以及中下部相对于上部抗侵蚀能力较强，形成丹霞石峰基底。景观的侵蚀发育也多从丹霞顶部开始，这可能与这种底部较为坚硬，上部较为松软的沉积有关（图 48.1）。

图 47.1　基底相连的福建冠豸山丹霞地貌

大量地质资料表明，震旦纪与燕山期剧烈的火山活动给华东地区红层盆地的沉积带来火成岩的物质基础，岩石样品中大量的火成岩岩屑可能来源于这个时期，正是由于大量的火成岩沉积母岩使得研究区丹霞地貌景观的发育更具有多样性，华东局部景观中局部火成岩岩屑的聚集也增强了岩石本身的抗侵蚀能力，增强了岩性差异性。浙江、江西、福建等地富含火成岩岩屑的丹霞地貌石峰景观发育较为丰富，丹霞峰丛、孤峰、石堡、丹霞赤壁等均有发育，如新昌穿岩十九峰、南平武夷山（图 48.2）。

图 47.2　石峰发育丰富的武夷山丹霞地貌

47.2　地质构造的控盆作用

晚三叠世时期，太平洋板块俯冲入亚欧大陆，华东地区进入滨太平洋大陆边缘活动阶段，形成了隆升背景上的拉张构造环境，继承性的北东-北北东向断裂活动，形成了一系列的构造隆起与断陷[1]。

赣、闽、浙三省丹霞地貌红层盆地受到 5 个深大断裂以及大量次级断裂共同控制作用，主要控盆断裂多具有相同的性质，沿着这些断裂构造形成大量的半地堑式箕形盆地。这些盆地在断裂一侧，沉积具有一定特征，从断裂边缘向盆地中央，沉积物由粗厚向细薄转变。该区断裂活动强烈，受到造山运动、板块运动和火山运动明显影响，盆地断陷程度较高，断裂边缘砂砾岩建造十分发育。晚侏罗世至白垩纪形成的强烈的箕状盆地，沉积了巨厚的砂砾岩建造，为研究区丹霞地貌红层盆地的发育奠定了基础。该区丹霞地貌发育较为丰富，多发育于盆地边缘地带。丹霞地貌陡崖块状、巨厚层的砂砾岩与薄层的粉砂岩互层。本书在岩石样品中讨论了岩石样品颗粒磨圆度分选普遍呈中等到差也说明沉积的物源较近，岩屑中火成岩成分较多，这种火成岩岩屑可能来源于地质运动较为频繁的断裂带以及该区发育的众多断裂带，说明华东地区断裂对丹霞红层盆地起到控制的作用（图 47.3）。

浙、闽地区丹霞地貌主要受到北东-北北东向深大断裂的影响，丹霞地貌区均分布在江山-绍兴断裂到丽水-大埔-莲花山深断裂之间的大大小小红层盆地之中。通过野外调研发现，该区丹霞地貌沟谷走向和丹霞石峰倾向多以北东-北北东方向为主，说明该区断裂节理对丹霞景观同样有着较为明显的控制作用（图 47.4）。

图 47.3　衢州烂柯山厚层砾岩与薄层砂岩互层

图 47.4　泰宁八仙崖丹霞峰丛（走向北东 15°）

华东地区构造运动控制的地貌类型极其发育，地壳隆升区形成山地后易发生侵蚀。作为一种典型的切割地貌，丹霞地貌受地壳抬升区域的地表水侵蚀和重力崩塌作用等多种影响。滨太平洋地区从新近纪以来基本以上升为主，隆起断块长期处于内动力抬升与外动力侵蚀的强烈作用，具备了丹霞地貌造型成景的地球动力条件，形成了中国东南部成群的丹霞地貌。

47.3　地表外力作用侵蚀成景

地质构造内动力为丹霞地貌的区域分布、发育部位、形态和类型等起到了控制作用，而丹霞地貌景观的形成主要是受地表外力作用与岩性特征共同决定的。华东地区处于亚热带季风气候，降水量普遍较高，昼夜温差较大，强烈的水热气候条件增强了华东地区丹霞地貌地表外力侵蚀的影响。该区河流广泛发育，曹娥江、赣江、信江、闽江等及其支流流经各丹霞地貌区。贯通丹霞地貌区的水文条件不仅给丹霞地貌景观带来美的享受，同时也表明各丹霞地貌区受流水切割作用较为明显（图 47.5）。

图 47.5　通天寨山水田园景观

在对华东地区丹霞地貌岩石标本做微观的分析后，发现丹霞地貌砂岩抗侵蚀能力较弱，岩体单轴抗压能力相对较低，颗粒间空隙率普遍较高，水容易渗透进入砂岩内部，砂岩颗粒比表面积较大，颗粒与渗透入砂岩中的水接触面积更大，填隙物以钙质铁质黏土杂基为主，钙质等可溶性离子被水侵蚀后被溶解，破坏了砂岩自身的稳定性，砂岩中粗颗粒在自身重力和外力侵蚀作用下脱落，形成蜂窝状洞穴和丹霞的造型景观。砂岩层在流水掏蚀风化等外力作用下进一步形成凹槽和岩穴。

华东地区丹霞地貌砾岩抗侵蚀能力相对较高，单轴抗压强度均高于砂岩，颗粒内孔隙率较高，多为不连通孔隙，流水不易侵入，多形成丹霞岩壁与景观基底，在受到节理断裂作用下顺着节理面发生侵蚀、重力崩塌作用，形成丹霞沟谷、丹霞峰丛、崩积石等丹霞景观。

华东地区丹霞地貌砂岩砾岩互层，砂岩层多发育有凹槽和岩穴，砾岩多直立于陡崖石峰，正是由于砂岩、砾岩岩性差异性与该区强烈的水热条件共同作用，产生了丰富多彩的丹霞地貌景观，如图 47.6 所示。

图 47.6　丹霞地貌砂岩（左）和砾岩岩相（右）

华东地区丹霞地貌岩体除砂岩和砾岩外，火成岩成分也是不可忽视的，我们采集的岩石标本中不仅含有火成岩岩石标本，一半以上砂岩、砾岩岩石标本中岩屑成分含有火成岩成分。火成岩岩石标本单轴抗压强度最高，岩石抗侵蚀能力最高。火成岩标本主要以火山碎屑岩、流纹岩和凝灰岩为主，火山侵入岩较多。火山侵入作用是在丹霞地貌景观形成过程中产生的，这种火山侵入作用可以增强含火山侵入岩岩壁的抗侵蚀能力，起到支撑作用，江郎山三爿石、东阳屏岩山、诸暨汤江岩等均发现这种火山侵入作用（图 47.7）。砂岩、砾岩中所含有的火成岩岩屑可能是在丹霞红层形成过程中沉积而来，试验表明含有火成岩岩屑的砂岩、砾岩比不含火成岩岩屑的砂岩、砾岩单轴抗压强度高，岩屑中的火成岩成分可能增强了岩石的抗侵蚀能力。我们在丹霞地貌区的丹霞孤峰、丹霞峰丛等岩石标本鉴定时均发现有火成岩岩屑或火山侵入岩，说明火山作用对丹霞地貌景观的发育有深刻的影响。

图 47.7　研究区火成岩岩相

华东地区丹霞地貌其正地貌景观普遍有丹霞方山、单斜山、孤峰、丹霞峰丛、丹霞赤壁、造型岩、崩积体（图 47.8）。丹霞地貌多处于盆地边缘，丹霞石峰以单斜山为主，方山较少，由于强烈的水热条件导致丹霞石峰顶部边角多圆化，形成丹霞石堡。岩石标本中火成岩成分说明该区多处丹霞地貌曾经历过强烈的火山作用，丹霞孤峰、丹霞峰丛的发育不仅与区域构造节理相关，还可能与岩体中火成岩岩屑与火山侵入岩的支撑作用有关，赤壁陡崖多发育于块状巨厚层丹霞砾岩地层中，主要受到流水切割和重力崩塌作用而形成。丹霞造型岩和丹霞崩积体景观主要由于岩性差异侵蚀而形成。

九连山丹霞石堡

缓倾斜岩层构成的单面山（龙虎山展旗峰）

新昌穿岩十九峰丹霞峰丛

邵武鸡冠岩丹霞赤壁

仙居观音山造型岩

图 47.8　研究区典型丹霞地貌正地貌景观

研究区丹霞地貌的负地貌景观主要有凹槽、岩穴、洞穴群、穿洞、天生桥和沟谷（图 47.9）。丹霞负地貌景观的形成机理多与岩性差异性和气候条件有关，岩石样品中普遍存在的钙质胶结物与砂岩、砾岩颗粒内孔隙率、空隙率的差异均能解释其主要形成机理。区丹霞凹槽岩穴在研究各丹霞地貌区砂岩岩层中均有发育，丹霞穿洞与天生桥主要是在岩穴发育过程中顺着岩体内部节理发生进一步侵蚀和崩塌作用所形成。沟谷的形成主要受到构造节理和流水切割作用，多发育为线谷。

龙游三叠岩水平凹槽

邵武天成奇峡峡谷

赣州通天岩穿洞

龟峰“一线天”

图 47.9　研究区典型丹霞地貌负地貌景观

研究区丹霞地貌绝大部分均有正、负地貌类型的存在，丹霞石峰、赤壁、崩积石、凹槽、洞穴和沟谷均有发育。虽然丹霞地貌在发育的不同阶段形成了不同的丹霞地貌景观，但是从景观分布上来看，典型丹霞地貌景观在研究区大多数丹霞地貌点均能发现，同一个地区往往有处于多种发育阶段的景观，这说明研究区丹霞地貌是一种复合型的发育。

参 考 文 献

[1]　骆丁，肖渊甫，湛龙，等.中国东南部丹霞地貌的区域构造控制. 东华理工大学学报（自然科学版），2010，33（2）：147-153.

第 48 章　丹霞洞穴的成因及分析

48.1　丹霞洞穴的成因类型分析

泰宁和冠豸山地区洞穴类型多样、形态不一、规模不等，基于野外实地调研情况和相关文献研读，我们将其成因类型可划分为水流冲刷侵蚀型、重力崩塌型、溶蚀风化型、溶蚀风化崩塌型四种主要类型[1]。

1. 水流冲刷侵蚀型

发育在泰宁和冠豸山丹霞地貌区沙县组和崇安组岩层，在断裂、节理或裂隙的控制下，受长期水流冲刷、掏蚀作用影响，同时受重力崩塌形成绮丽多姿的丹霞微地貌景观。

水蚀凹槽主要是在流水的长期冲刷侵蚀作用力下，在岩壁上出现不同凹坑等微地貌景观。其成因模式主要分为三种（图 48.1）：一是形成丹霞岩体的岩性差异致使其抗风化能力强弱差异，其中以含细砾砂岩、砂岩、泥质砂岩、粉砂岩等为主的较软岩层常常被水流掏蚀形成凹槽；二是在强烈流水侧向侵蚀作用力下，河流两岸较软岩层被冲刷掏蚀形成大型水蚀凹槽；三是研究区岩层中含有大量胶结程度差的砾石，受到流水冲刷作用而逐渐脱落，从而形成水蚀凹槽。

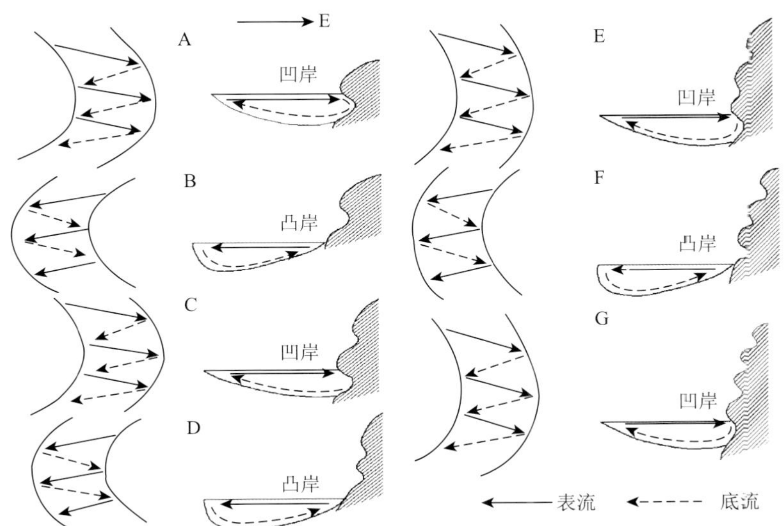

图 48.1　受河流侧蚀作用形成多道不同海拔高度凹槽的过程示意图[2]

水蚀凹槽在泰宁和冠豸山各景区均有较广分布，因其由流水侵蚀作用所致，当岩层近于水平分布时，其凹槽也多呈水平分布，成为扁圆状或者呈透镜体状。以泰宁九龙潭景区为例，其分布有大大小小不同凹槽，它们是沿陡崖壁顺岩层层理近水面处发育的一系列大型水蚀凹槽和溶穴，这些溶穴呈现额状洞，主要是崖壁上相对较软岩体受水流长期侧向侵蚀作用而形成的，该软弱岩石主要是由胶结程度较差的砂砾岩组成（图 48.2）。而冠豸山九龙湖景区，也分布了类似近水平发育的凹槽，由于冠豸山本身为单面体形态，其规模比泰宁要小，如九龙石洞（图 48.3）。

图 48.2　泰宁九龙潭

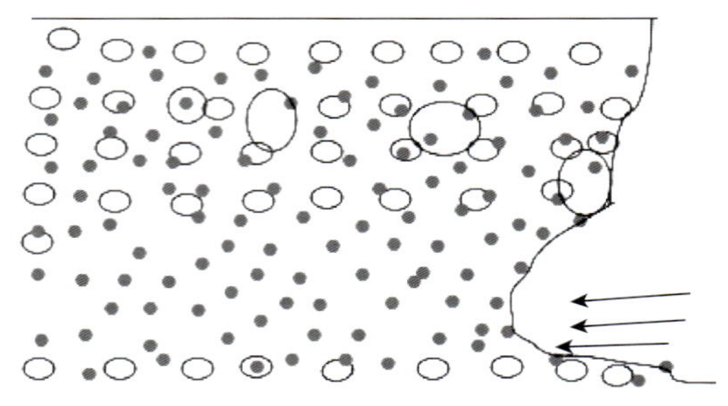

图 48.3　九龙石洞

密集分布于丹霞崖壁上形似槽形的洞穴称为岩槽，岩槽根据其形态又可分为顺层岩槽和垂直岩槽。顺层凹槽即为崖壁上沿崖壁层面水平延伸，顺层分布，因岩性差异明显，较软弱岩层在长期流水冲刷、掏蚀、溶蚀等综合作用力下，被侵蚀成的凹槽（图 48.4）。降水时，水流顺崖壁岩层纵向流淌，不断浸润侵蚀崖壁上近乎水平延伸的含粉砂岩等较软岩层，遂出现小型凹洞，随着流水面的加大而加大，在崖壁上逐渐形成沿软岩层分布大小不一、形态各异的圆形、椭圆形、扁豆形等洞穴。如泰宁九龙潭峡谷间槽状洞穴，有单个岩槽延伸达数十米，也有甚至长达百余米的岩槽，如冠豸山枭眼岩，单个洞穴成扁圆状，甚至洞穴之间呈串珠状顺岩层分布，各处崖壁岩槽层层叠叠，大小不一，别有天地。垂直凹槽形状呈半圆形、圆弧，且与崖面等高，垂直于崖壁分布[3]。崖顶接受大气降水，水流集中汇流到顶面缺口处，形成大股水流顺崖壁直泻而下，在长期流水冲刷作用影响下，崖壁被逐渐侵蚀成半圆状凹槽。如泰宁地区的朝天井和冠豸山地区的朝天井（图 48.5）及受垂直水流冲刷作用的冠豸山凤首崖（图 48.6）。

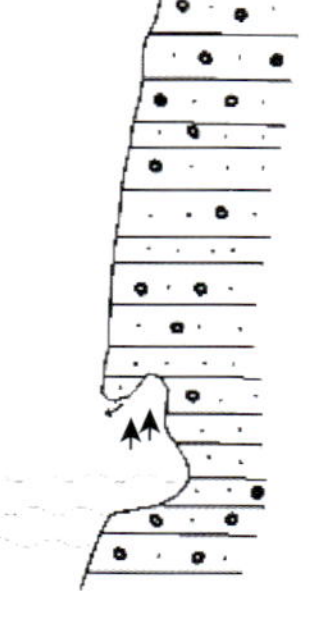

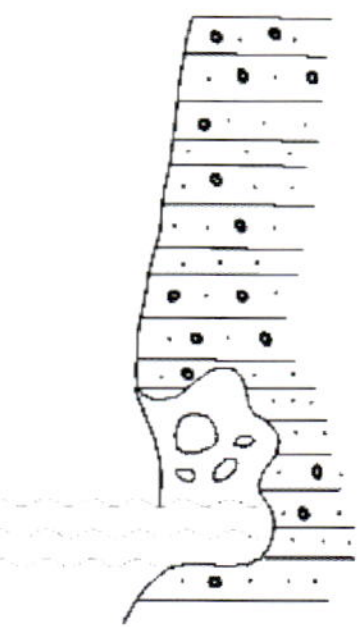

图 48.4　九龙石洞

图 48.5　泰宁朝天井（左）和冠豸山朝天井（右）

图 48.6　冠豸山凤首崖

2. 重力崩塌型

重力崩塌作用是丹霞地貌发育、形成和发展的重要形成方式之一。丹霞岩体沿节理、裂隙等破裂面发生整体崩塌，或长期受风化侵蚀作用，流水沿节理或裂隙切割等外力作用，使得原来稳定岩块失去力学平衡，从而导致岩块崩塌脱落。

重力崩塌型可细分为崩塌残余型和崩塌堆积型两种类型。崩塌残余型侧重于强调岩体沿断裂或节理发育，进而发生崩塌作用，导致山体底部或中部被掏空，后经长期物理化学风化作用而形成规模不等的洞穴类型。如泰宁虎啸岩，虎啸岩岩体受北东 20°节理走向控制，并产生卸荷节理，陡崖壁沿卸荷节理发生重力崩塌，长期发展，最后形成大型的崩塌洞穴。而冠豸山虎崖岩槽的不断扩大加深也是因凹槽顶部较坚硬岩层长期悬空，重力失衡从而沿层间节理、裂隙发生崩塌，促使槽顶不断增高，最终形成向槽口倾斜的大型顺层凹槽（图 48.7）。

图 48.7　冠豸山倾斜虎崖岩槽（左）和虎崖洞（右）

崩塌堆积型侧重于强调从丹霞崖壁上崩落的崩积体在山麓堆积架空形成洞穴。一般而言，崩塌堆积物存在的地方就会形成崩塌堆积洞穴，只是洞穴形状、大小不一，在丹霞地貌区，崩塌洞穴也是一种分布较广的丹霞微地貌。如冠豸山虎崖洞（图 48.8）和泰宁红石沟暗洞（图 48.9）。冠豸山虎崖洞为典型的崩塌堆积洞，这是由于此处岩石差异风化、重力崩塌等原因，从陡崖面崩塌脱落的巨大岩块在崖麓交互堆叠架空，从而形成可通行的空洞。

图 48.8　冠豸山虎崖洞

图 48.9　泰宁暗洞

3. 溶蚀风化型

崇安组是冠豸山和泰宁地区形成丹霞地貌的物质基础，为一套陆相盆地河流相、冲积扇相粗碎屑沉积，以紫红色厚-巨厚层、块状砾岩、砂砾岩为主，夹砂岩、粉砂岩、铁质、泥砂质、钙质基地式胶结。岩石胶结物中钙质含量高、孔隙度和含水率高，因此，当岩石与水流或大气降水接触或浸润时，岩石组成成分中的 Ca^{2+}则容易被带走流失，促进岩体进一步软弱松散，因此加快了岩石的风化速率，形成各种类型丹霞地貌，群居式洞穴群多半属于溶蚀风化形成的，如蜂窝状洞穴、套叠状洞穴、水平并列状洞穴、竖状洞穴。

（1）蜂窝状洞穴。由红色砾岩、砂砾岩、细砂岩、粉砂岩组成的丹霞岩体，在风化溶蚀、雨水冲刷、坡面片流及其他因素的单独或共同作用下，松动、脱落、溶蚀、流失而残留的凹坑，凹坑进一步发展形成众多直径约 3～15cm、深约 2～10cm 形状各异的凹坑、洞穴，常顺层密集分布，呈蜂窝状的地貌统称为蜂窝状洞穴。其形成过程是孔隙水沿砂岩体内上下贯通的柱状渗水带发育，而当砂岩体内渗水带遇到下方隔水层时会发生横向渗流，当侧流水体沿着临空面的崖壁渗出时，这些渗水带内活跃离子 K^+、Zn^{2+}、Ti^{2+}、Cu^{2+}和 PO_4^{3-} 及矿物质容易随渗水作用大量流失，最终导致蜂窝状洞穴的形成（图 48.10 左），如泰宁李家岩景区（图 48.10 右）和泰宁大金湖船岩（图 48.11）。

蜂窝状洞穴在丹霞地貌区广泛发育，将泰宁宁船岩中的大型砂岩蜂窝状洞穴的形成过程作一总结。第一阶段，蜂窝状洞穴多发育在具有一定坡度的岩壁中，由于岩石颗粒含砂砾岩、砂岩间具有不同的孔隙度，导致其颗粒间含水量不同，岩体孔隙度越大，含水量越高，对岩石的侵蚀力越大；第二阶段，受孔隙水的侵蚀控制，孔隙越发育的区域先侵蚀凹进，在崖壁外侧已呈干燥，而岩石内部仍处于湿润时，岩体内部干湿差异致使凹坑逐渐扩大；第三阶段，凹坑逐渐增大时，在其边缘发育新的微地貌形态，岩壁边缘温度差异，致使蒸发量差异，促使窝状洞穴脊尖端宽度变小，突出更加明显；第四阶段，边缘突出的脊在外力等综合作用下剥落，促使凹槽进一步扩大，周而复始重复这一过程，遂多发育蜂窝状洞穴（图 48.12）。这种现象在穿岩洞穴中是普遍存在的，正是这种不断的风化剥落才导致穿岩洞穴的不断向内加深[4]。

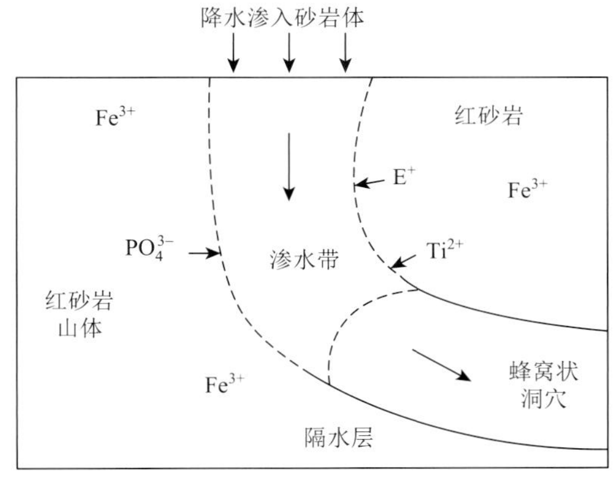

图 48.10　泰宁李家岩崖壁上蜂窝状洞穴形成示意图

图 48.11　泰宁“船岩”蜂窝状洞穴

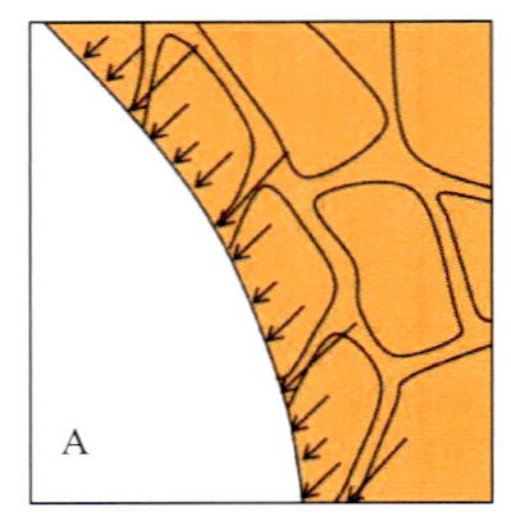

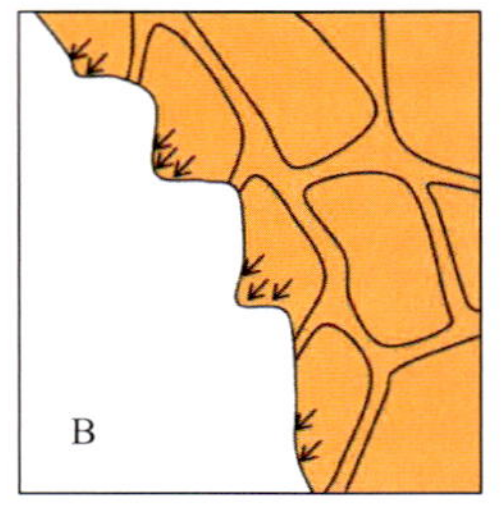

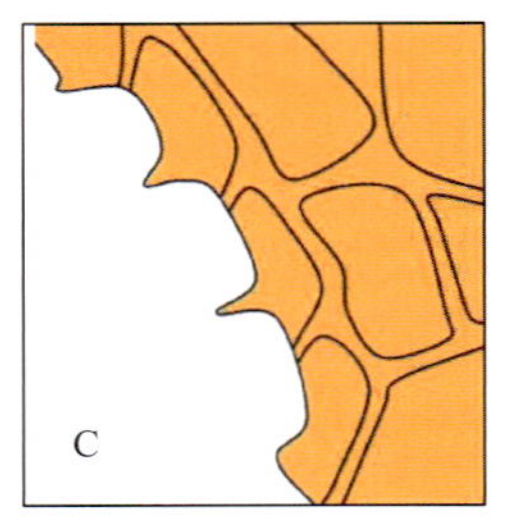

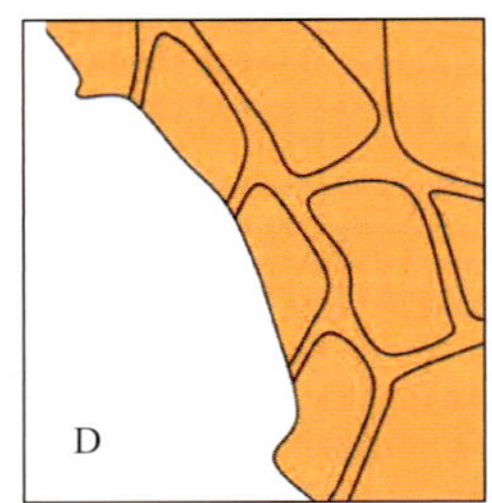

图 48.12　蜂窝状坑穴形成过程[4]

（2）套叠状洞穴。组成崖壁上的岩石为红色砂砾岩、砂岩、粉砂岩等，垂直水流受表面张力作用及砂砾岩孔隙的吸附作用，地表水或裂隙水自上而下侵蚀抗风化能力弱的软岩层，岩层湿胀干缩，日益风化侵蚀剥落，导致崖壁不断凹进，从而形成各具形态的丹霞洞穴，一般呈圆形、椭圆形、半圆形等，日积月累，形成呈圆弧形内凹的穹窿状洞穴，这种水流浸润产生球状、片状风化剥落，随季节性降雨发生周期性重复，遂不断扩大凹洞规模，次级凹洞随主洞扩大而扩大，周而复始，逐渐形成内壁分布圆形、扁圆形或椭圆形凹洞的大型穹窿状洞穴，如泰宁天穹岩（图 48.13）。

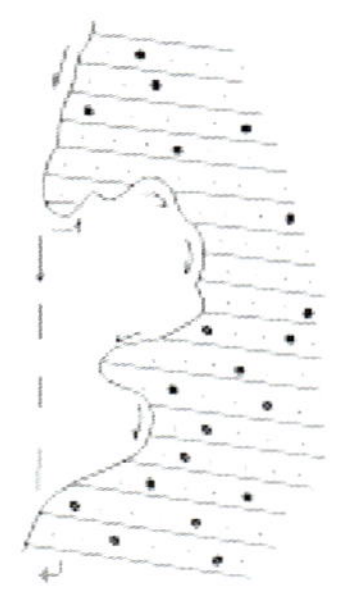

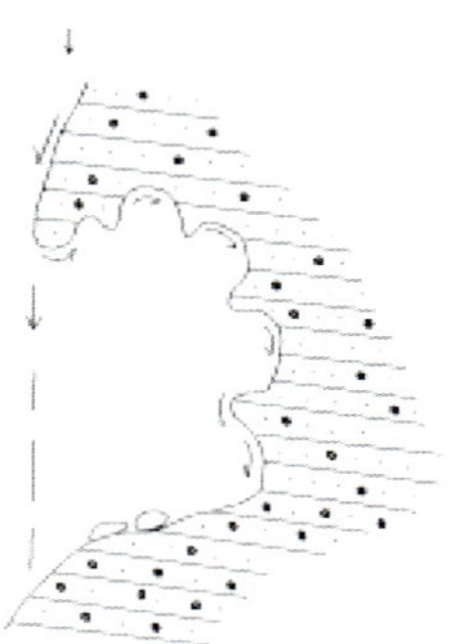

图 48.13　泰宁天穹岩成因示意图[3]

（3）水平并列状洞穴。数条线状水流沿丹霞崖壁自上而下流淌，沿着流水面侵蚀或溶蚀掉顺岩层层理发育的含砾细砂岩、粉砂岩等较软岩层，其厚度控制洞穴高度，遂形成各种圆形、椭圆形、扁圆形状洞穴。而抗风化能力较强的岩层未遭受侵蚀，形成宽窄不等、大小不一的竖隔板，从而崖壁上呈现出多个水平并列的洞穴群。若两洞相邻的崖壁在后期被侵蚀穿，则形成更大的扁圆形洞穴。

（4）竖状洞穴。在丹崖赤壁上，因沿垂直的节理或裂隙发育的岩石多较为破碎，抗侵蚀能力弱，易被风化侵蚀或水流冲刷流失，从而形成近于直立凹槽的长轴，由于崖壁下部下跌水流势能高于上部，故下部水流冲刷能力更强，往往形成类似漏斗状（上小下大）的竖状洞穴，一般长度远大于宽度和深度。如冠豸山的生命之门（图 48.14），崖壁受北西向垂直节理控制，后经水流掏蚀、风化剥蚀等综合外动力作用，形成深约 5m，外口宽约 3m，高约 10m 的流水剖蚀凹槽，其下部则受裂隙水影响进一步溶蚀形成圆洞。

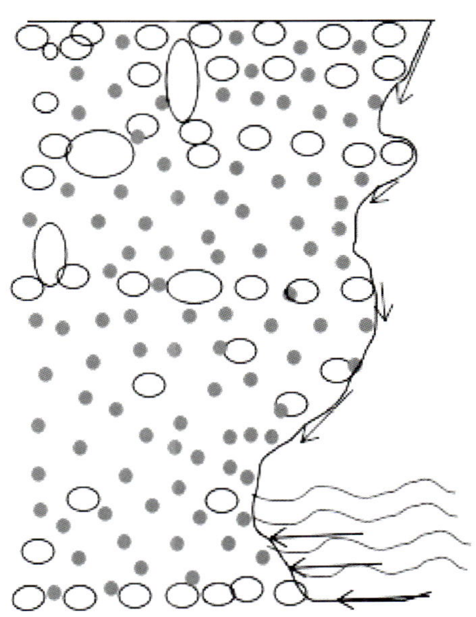

图 48.14　冠豸山石门湖“生命之门”

4. 溶蚀风化崩塌型

这种类型主要是在溶蚀风化和崩塌的综合力下产生的，丹霞崖壁上的厚-巨厚层状砂砾岩中岩性抗风化能力较弱的岩层，遭受风化剥蚀，逐渐向内凹进加宽加深，从而发育规模不等的扁平状洞穴。如果沿同一岩层发育为扁平状洞穴，则经过长期溶蚀风化崩塌等物理化学综合作用，易形成穿洞或天生桥。

（1）扁平洞。丹霞岩壁上崇安组砾岩相对砂岩具有孔隙度大的特性，岩体中的孔隙水易由砾岩下渗至透水性较差的粉砂岩、砂岩岩层中[5]。此外，当岩层层面向内倾斜，形成外高内低时，为流水顺层面侵蚀和溶蚀提供了有利条件。在巨厚层状砂砾岩岩层中，相对抗风化侵蚀能力弱的较软岩层，如钙质细砂岩或者粉砂岩夹层，逐渐被侵蚀凹进，后经重力崩塌作用，岩穴进一步加深加宽，成年累月遂形成扁平状洞穴，如泰宁状元岩。

（2）天生桥。在石墙或石梁腰部或狭窄处的两边，当沿同一较软岩层发育的扁平洞穴，日积月累，则可能把石墙或石梁山体蚀穿从而形成穿洞，而当穿洞继续受物理、化学、生物、风化剥蚀且发生崩塌剥落时，穿洞的高度和宽度都在不断扩大，而当其高度明显大于穿洞顶部的岩层厚度时，则易形成丹霞天生桥。如冠豸山旗石寨仙人桥，便是一处独特的微地貌景观。

综合以上分析得出，断裂、节理裂隙交切的模式、岩层的渗透性、岩石的胶结物、物理化学风化等外营力作用对泰宁和冠豸山地区丹霞洞穴的形成至关重要。水流的冲刷、侵蚀、溶蚀及搬运作用是影响丹霞洞穴形成的重要因素。水在化学风化作用过程中有着举足轻重的地位，影响着某些矿物的水解或水化，决定其化学风化发生和延续。福建丹霞地貌自新近纪开始逐渐形成，而此时该区域已处于湿润季风气候区，气候的冷暖干湿交替，为物理化学风化及其地表水流的侵蚀、溶蚀和剥蚀创造了非常有利的气候条件；与此同时，季节性或突发性降雨，往往引发洪水及河流泛滥，严重掏蚀其路径的丹霞岩层，促进洞穴发育。泰宁和冠豸山地区炎热的气温、充沛的雨量以及较高的水流落差，也决定了两地区的风化作用是以物理风化为主，化学风化和生物风化为辅。以流水侵蚀、风化剥蚀为主，化学溶蚀为辅的外营力条件不断塑造并改造现已存在的丹霞地貌景观。

48.2　泰宁和冠豸山丹霞洞穴产生差异的原因

1. 岩石抗侵蚀差异对比

两地区的岩性差异，对丹霞洞穴的发育、形成和发展有一定的影响。通过对两地区岩石抗压、抗酸侵蚀及其氧化物含量测定可以得出以下结论。

（1）在同一丹霞地貌区同一岩组采样点之间，扁平凹槽上方砾岩体的干（湿）抗压强度总是大于扁平凹槽处砂岩体的干（湿）抗压强度，研究地所有采样点同一砾岩或砂岩试块的干抗压强度均大于湿抗压强度。但就两研究区抗压强度对比而言，泰宁砾岩、砂岩抗压强度存在分异性，且同种岩性干、湿抗压强度也存在差异性，这可能表明泰宁岩性存在明显的不均一性，岩体中岩性硬则硬，软则软。当气候湿润多雨，抑或河流流经岩体，岩石结构发生改变，泰宁砂岩抗压能力会明显下降，加速了岩石的破碎，促使较软岩层的迅速凹进，进一步导致上覆坚硬岩体失重产生重力崩塌，促进洞穴的发育。

（2）泰宁和冠豸山地区的丹霞岩体对酸侵蚀作用具有高度敏感性，且砂岩抗酸侵蚀能力明显弱于砾岩，这对于白垩纪晚期多发生火山爆发继而形成酸雨的环境来说，有利于丹霞地貌区洞穴的发育。从侵蚀结果可知，泰宁岩体对 2%和 5%稀硫酸的敏感性均高于冠豸山。但从试验过程表明，泰宁不同岩体受同种酸侵蚀时，其侵蚀变化速率差异较冠豸山更为明显，这点可能与岩体的物质组成和结构相关，表现为其岩体本身的不均一性。

（3）从岩体的物质组成和氧化物含量可知，冠豸山和泰宁地区岩石胶结物主要为泥质和钙质，氧化钙含量相对较高。试验数据显示，冠豸山 CaO 含量相对稳定，泰宁岩石 CaO

含量差异则很明显，表现为岩石组分具有不均一性，其更容易差异性风化剥蚀。在含有 CO_3^{2-} 的雨水冲刷下，易发生溶蚀作用，致使岩石中大量 Ca^{2+} 流失，而泥质胶结物则容易分散，导致砂砾岩-砂岩-粉砂岩内部出现空隙，从而加剧了岩体遭受物理风化、流水侵蚀等外力作用，促进了泰宁地区丹霞洞穴的发育。

综合两地区试验岩石学可知，泰宁地区岩性差异性更明显，其岩石化学 CaO 含量由于是冲积扇相沉积，岩性不均一，无论是纵向或是横向岩相、岩性变化大，砾岩和砂岩抗压强度差异明显，同种岩性干、湿抗压强度差异大，致使丹霞岩体抗风化、抗剥蚀能力存在明显差异，表现为部分岩石抗风化能力强，部分抗风化能力弱，在此情况下则更容易促进洞穴的形成和发育。

2. 地形地貌差异对比

古太平洋板块向欧亚大陆板块俯冲碰撞挤压，产生一系列北北东向大断裂。泰宁的构造活动明显强于冠豸山。泰宁地区地处大断裂带，受地质构造运动影响较大，以差异性、间歇性隆升为特征，遂在泰宁红层盆地形成了 7 级夷平面。在地壳应力的作用下产生了以北东向、北西向、南北向为主的多组断裂（裂隙），后经流水侵蚀、风化剥蚀及重力崩塌产生一系列蜿蜒曲折、垂直陡峭的峡谷，峡谷两侧的陡坡地带，重力崩塌十分强烈，岩体崩塌面近乎垂直。此外，河流水系极为发育，故泰宁地区多以高山峡谷陡坡为主，在风化（物理、化学、生物）剥蚀、流水侵蚀综合作用下发生重力崩塌作用，促进洞穴的形成和发育（图 48.15）。冠豸山所属的构造盆地相对较小，其沉积类型相对单一，受多次构造运动影响，形成 4 级夷平面，但造貌运动为区域性垂直升降运动，盆地构造相对简单，呈现为壮年早期单斜式丹霞石墙-峡谷地貌特征，主要由 15°～25°紫红色块状砾岩砂砾岩构成，相对泰宁地区而言，多以石堡石墙、缓坡低山为主（图 48.16）。

图 48.15　泰宁九龙潭峡谷

图 48.16　冠豸山竹安寨

48.3　蚁狮生物活动对丹霞洞穴的影响分析

生物时时刻刻都在参与地球表层岩石风化的过程，在过去研究中，人们更多关注物理和化学风化作用，却极少关注生物的作用。通过多次丹霞野外实地调研，我们发现了一种很奇特的现象，即在多处丹霞地貌景区均能发现一些令人费解的“砂漩涡”（图 48.17），这种“砂漩涡”形态一致，但大小不等，在丹霞地貌以砂岩、粉砂岩为主砂质较细的平坦地区居多，并且在丹霞地貌的阳坡面这种场面则更为壮观。

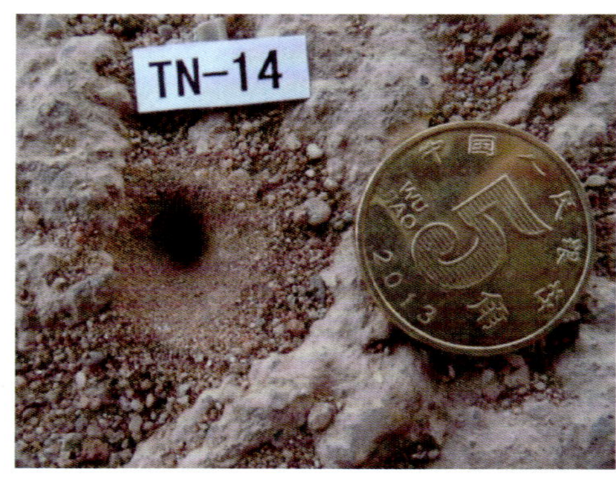

图 48.17　砂漩涡

随着对丹霞地貌研究逐步加深，我们细心观察到在全国多处丹霞地貌区均发现蚁狮的存在，而此前黄红英曾研究了丹霞山巴寨景区蚁狮种群的空间分布格局[6]。蚁狮是一种昆虫幼虫的简称，类属脉翅目（Neuroptera）蚁蛉科（Myrmeleontidae），体态近纺锤形，头扁平，前胸较小，腹部肥大，中后胸发达，前端有一对形如钳状的由上下颚分别形成的颚管[7, 8]。它们大多生活在干燥的地表下，在砂质土中造成漏斗状陷阱。蚁狮有较高的药用价值，国内学者对蚁狮的研究主要停留在其生物习性和药用价值上，但有关蚁狮对丹霞地貌微观风化作用的影响，国内外尚无研究。本节试图探讨研究蚁狮的分布与丹霞洞穴之间的关系，通过此研究了解其对丹霞地貌景区微观风化作用的影响（图 48.18）。

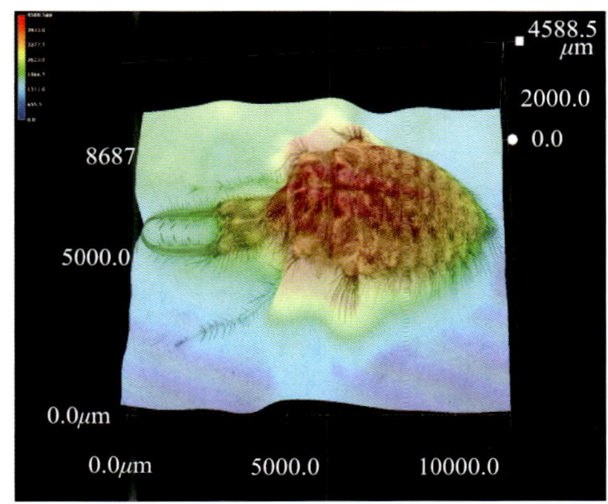

图 48.18　蚁狮

1. 蚁狮的生活习性

蚁狮只是幼虫的称谓，经过蜕皮、化蛹的变化，最后羽化出的成虫名叫蚁蛉，其成虫蚁蛉在自然界中至少需要 1 年时间才能完成 1 个世代[7]。刚孵化出来的蚁狮就会利用周围合适的砂土建造陷阱，它会在沙地上一边旋转一边向下钻，通过摆动腹部将表层沙土分开，呈倒退姿势，将腹部末端先钻进沙子里，慢慢地在沙地上做成一个漏斗状的陷阱（图 48.19），自己则躲在砂漩涡低端，以便于捕食。这种井壁具有相当坡度且呈漏斗状的陷阱便于其捕捉食物。

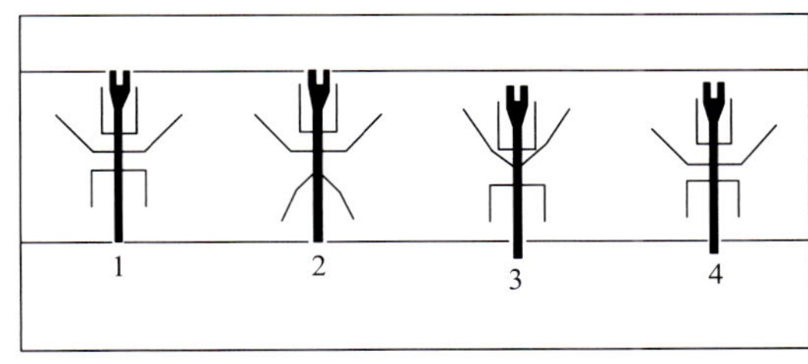

图 48.19　蚁狮倒退行走时的动作顺序[9]

当蚂蚁等一类小昆虫爬过附近，失足跌进陷阱并滑到井底，就会马上被蚁狮的钳形颚管钳住。当蚂蚁企图逃脱时，蚁狮急促地向上抛沙，使有坡度的陷阱壁上的沙粒在蚂蚁爬动时会向下滚动，蚂蚁也随之会滑到陷阱底部而被蚁狮抓住（图 48. 20）。

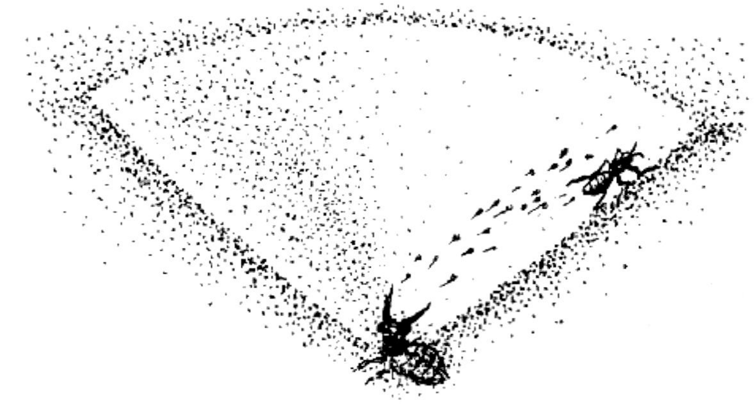

图 48.20　蚁狮捕捉蚂蚁纵向剖面图

（1）蚁狮的生境。蚁狮在丹霞地貌中生境类型主要是山洞型。在丹霞凹槽和洞穴洞口附近往往有大量岩石风化成的细灰土可供建造陷阱，岩洞又提供避风雨的条件，洞口的植物可以成为猎物昆虫的食物和栖息场所。因此，凹槽和洞穴洞口处是理想的建造陷阱的地方，愈向洞内深入则陷阱愈少，直到消失。洞口再向外，雨水容易打湿的地面也不存在陷阱，这就形成了特定的范围，我们称之为“山洞型”。

（2）环境因子。温度对蚁狮的影响，一方面是明显影响其发育速度；另一方面则是对其活动的影响，如建造陷阱、迁移等。对蚁狮来说，温度的影响主要来源于气温的变化和阳光的直射。蚁狮大部分时间都是待在陷阱里面，当底部的砂温低于 10℃时，头部缩回砂土中；当在 10～25℃时，为适宜温度；当温度在 25℃～35℃时，则头部缩进砂土中，颚管留在沙土外，便于捕捉食物；当温度高于 35℃时，则向更深的沙土中转移来躲避高温。蚁狮的发育受日照的制约，通常情况，1～2 龄的蚁狮需要在长日照条件下才能正常发育，而在短日照下则发育受阻滞，直到第二年的长日照来临，方能完成发育。因此，随季节变化的长日照和短日照严重影响蚁狮的成长发育。砂土中含水量的高低严重影响到蚁狮的生活，经过试验表明，砂土中含水量高于 4%以上则无法营造陷阱，甚至阻碍其活动，而对 3 龄幼虫测定表明，当砂土的含水率在 2%以下最为合适，因此干燥的砂土则是其生活的必要条件。这也就充分说明了丹霞地貌区为什么蚁狮大部分存在于干燥的洞穴里面，而湿润的洞穴里面几乎是不存在蚁狮的。当蚁狮处于缺食状态下，如得到足量的食物便迅速的生长发育，捕获量的多少严重影响其生长速度及发育过程[10]。如果获得的食物量不足以满足其发育，则是造成蚁狮（蚁蛉）越冬结茧的原因。

2. 蚁狮对丹霞洞穴的影响

蚁狮在丹霞地貌区分布尤为广泛，大体分布于干燥的大型单体洞穴外侧，陷阱的数量少则几个、十几个排列，多则几十个甚至上百个聚集。我们通过野外实地调研，发现在多个丹霞地貌区都普遍存在这种生物（图 48.21）。

图 48.21　蚁狮陷阱

一般情况下，成虫蚁蛉是将卵产至砂质土壤表层，根据野外实地考察可知，“砂漩涡”与蚁狮的个体大小呈正相关，蚁狮体积越大，体重越大，陷阱的直径也越大，且陷阱表层砂质颗粒较底层颗粒更粗（图 48.22）。这就毫无疑问地证明了蚁狮在维系自身物质需求和

图 48.22　陷阱大小与蚁狮形态大小对比图

筑造避难所的过程中，其生物活动促使砂质颗粒粒径变细变小，表现为蚁狮对地表岩层的机械破坏作用。蚁狮自恐龙时代已出现，尽管这种生物物理风化作用相对极其微弱，但仍促进岩石后期的进一步风化，而至于生物风化量目前尚无法获得定量化数据，值得作进一步深入观测。

参考文献

[1]　姜勇彪. 江西信江盆地丹霞地貌研究. 成都：成都理工大学，2010.

[2]　Zhu C，Wu L，Zhu T X，et al. Experimental studies on the Danxia landscape morphogenesis in Mt. Danxiashan，South China. Journal of Geographical Sciences，2015，25（8）：943-966.

[3]　梁诗经，文斐成，陈斯盾. 福建泰宁丹霞地貌中的洞穴类型及成因浅析. 福建地质，2007，27（3）：296-307.

[4]　谭艳，朱诚，吴立，等. 广东丹霞山砂岩蜂窝状洞穴及白斑成因. 山地学报，2015，33（3）：279-287.

[5]　朱诚，彭华，李中轩，等. 浙江江郎山丹霞地貌发育的年代与成因. 地理学报，2009，64（1）：21-32.

[6]　黄红英，秦钟，徐剑，等. 丹霞山风景区巴寨景点蚁狮的空间分布. 昆虫知识，2010，47（2）：401-403.

[7]　周汉辉，杨集昆. 谜一般的蚁蛉. 北京：中国农业科技出版社，2000.

[8]　王颖娟，李子忠. 蚁蛉的研究现状与发展动态. 贵州农业科学，2007，35（2）：121-123.

[9]　Bongers J，Koch M. How the ant-lion（euroleon nostras）digs its funnel-shaped trap. Neth. J. Zool，1981，31（2）：329-341.

[10]　杨沛. 蚁狮生物学和人工饲养. 动物药研究，2002，25（1）：9-11.

后　　记

我国华东地区丹霞地貌资源丰富，自然景观多姿多彩，既拥有世界自然遗产地、世界地质公园，也有国家级和省级的重点风景名胜区、地质公园、森林公园、自然保护区和文物保护单位等。随着本次全面系统调研工作的完成，基本摸清了华东五省丹霞地貌资源的“家底”，为这些自然瑰宝保护与开发利用规划的制定，为各地发展地方经济提供了基础资料，也为华东地区丹霞地貌成因研究提出了新思路和科学依据。

《华东地区丹霞地貌特征调查与研究》一书，能得以编著完稿，既与项目组人员在承担该项研究中具有刻苦拼搏钻研的精神有关，亦与受调研地区单位的大力支持密切相关。该项目能获得此研究成果还应感谢南京大学地理与海洋科学学院俞锦标教授、张捷教授、周生路教授和马春梅副教授、南京水利科学研究院胡智农研究员和王念国研究员、南京大学地球科学与工程学院孔庆友副教授和张光辉老师、南京大学现代分析中心刘笛高级工程师，他们对本项目地貌成因研究、岩体标本的抗压试验、岩性鉴定、岩体沉积地层的化学试验分析等方面均提供了大力的支持和帮助。感谢硕士生蒋小芳同志协助校对书稿。感谢中国科学院对地观测与数字地球科学中心主任郭华东院士、安徽省地质矿产勘查局教授级高工胡济源先生对本书的全面审核和指导，特别要感谢郭华东院士为本书题写的序言，为本书增添了光彩。在此对所有给予帮助的人士一并表示感谢。相信本书的出版将有力推动我国丹霞地貌成因研究及其旅游业的发展。

朱　诚